高等院校公共基础课规划教材

信息技术教程

主编：薛联凤　章春芳
参编：高琳明　袁庆萍
　　　蒋安纳　韦素云

东南大学出版社
SOUTHEAST UNIVERSITY PRESS
·南京·

内 容 提 要

本书是根据教育部计算机科学与技术教学指导委员会提出的《关于进一步加强高等学校计算机基础教学的意见》中的有关要求编写的，主要讲述信息技术的基础理论，分为6章，内容包括计算机与信息技术概述、计算机硬件系统、计算机软件、计算机网络与Internet应用、多媒体技术及应用、数据库技术与信息系统等。

本书更加注重计算机前沿和发展趋势方面的信息，在每章中添加了计算机发展的趣闻，增加学生见识和学习乐趣，并通过丰富的习题提高学生学习效果。

本书可作为各类高等院校计算机基础课程教材，也可作为计算机各类社会培训班的教材或者计算机初学者的自学参考书。

图书在版编目（CIP）数据

信息技术教程/薛联凤，章春芳主编. 一南京：东南大学出版社，2017.9（2023.6重印）

高等院校公共基础课规划教材

ISBN 978-7-5641-6961-9

Ⅰ. ①信… Ⅱ. ①薛…②章… Ⅲ. ①电子计算计一高等学校一教材 Ⅳ. ①TP3

中国版本图书馆CIP数据核字（2017）第234468号

信息技术教程

出版发行 东南大学出版社
出 版 人 江建中
社　　址 南京市四牌楼2号
邮　　编 210096

经　　销 全国各地新华书店
印　　刷 丹阳兴华印务有限公司
开　　本 787mm×1092mm 1/16
印　　张 18.5
字　　数 404千字
版　　次 2017年9月第1版
印　　次 2023年6月第9次印刷
书　　号 ISBN 978-7-5641-6961-9
定　　价 40.00元

前言 Preface

随着社会的发展，新的计算机技术不断涌现，计算机在社会中的应用更加深入广泛，新时期社会对人才的培养提出了更高的要求，迫切需要加强高等院校计算机基础的教学工作。根据教育部高等学校非计算机专业基础课程教学指导分委员会提出的《关于进一步加强高等学校计算机基础教学的意见》的要求，我们组织了一批多年工作在教学一线并且有丰富教学经验的教师，在《大学信息技术基础教程》一书的基础上又编写了《信息技术教程》，希望学生掌握计算机硬件、软件、网络、多媒体及其他相关信息技术的基本知识，提高学生的信息技术素养。

本书针对信息技术的发展和新时期高等学校学生的特点，由浅入深地讲述信息技术的相关概念、原理和应用。结构安排上做到知识体系全面系统，重点内容讲解透彻。学生通过本课程的学习，在掌握较为全面深入的信息技术的基本理论的同时，还能够了解信息技术发展前沿，为今后学习和工作打下良好的基础。

本书由薛联凤、章春芳主编，高琳明、袁庆萍、蒋安纳、韦素云参编，沈丽容、张黎宁、窦立君、夏霖、朱正礼等多位教师对本书进行审核并提出了许多宝贵的意见，在此表示衷心的感谢。在本书编写过程中参考了大量文献资料和网上资源，对相关文献和资源的作者，也在此表示衷心感谢。

由于时间仓促和编者水平有限，书中有欠妥和不足之处，恳请读者批评指正。

编者

2017年5月

目录 Contents

第 1 章　计算机与信息技术概述

电子计算机(Electronic Computer)又称为计算机(Computer),是一种能够高速、自动地进行信息处理的电子设备。它是 20 世纪人类最伟大的发明创造之一。在短暂的半个多世纪里,计算机技术取得了迅猛的发展。它的应用领域从最初的军事应用和科学计算扩展到目前的各个领域,有力地推动了信息化社会的发展。计算机现已成为信息社会中各行各业不可缺少的工具。

1.1　计算机发展概述

1.1.1　计算机的产生和发展

第二次世界大战期间,美国军方为了解决计算大量军用数据的难题,开始研制计算机。世界上第一台电子数字式计算机最终于 1946 年 2 月 15 日在美国宾夕法尼亚大学问世,称为 ENIAC,是电子数值积分计算机(Electronic Numerical Integrator And Computer)的缩写。它使用了 18 000 个电子管,耗电 150 千瓦,占地 170 平方米,重达 30 吨。虽然它的功能还比不上今天最普通的一台微型计算机,但在当时它在运算速度方面已是绝对的冠军,并且其运算的精确度和准确度也是史无前例的。一条炮弹的轨迹只需 20 秒钟就能被它算完,比炮弹本身的飞行速度还要快。ENIAC 标志着电子计算机的问世,人类从此大步迈进了计算

图 1.1　ENIAC 电子计算机

机时代，社会生活从此发生了巨大的变化。图 1.1 中即为 ENIAC。

ENIAC 诞生后短短的几十年间，计算机的发展突飞猛进。每一次计算机使用的电子器件的更新换代都使它的体积和耗电量大大减小，功能大大增强，应用领域进一步拓宽。人们根据计算机使用的电子器件（如图 1.2 所示），将其发展过程分成以下几个阶段：

① 第一代（1946—1957）是电子管计算机。计算机使用机器语言和汇编语言，运行速度慢，存储量小，主要用于数值计算。

② 第二代（1958—1964）是晶体管计算机。计算机使用 FORTRAN 等高级语言，体积明显缩小，运算速度大大提高，应用范围扩大到数据处理和工业控制。

③ 第三代（1965—1971）是小规模集成电路计算机。存储器进一步发展，体积更小，成本更低。计算机增加了多种外部设备，软件得到了一定的发展，开始使用操作系统，文字与图像处理功能得到加强。

④ 第四代（1972 年以后）是大规模、超大规模集成电路计算机。计算机的应用更加广泛，出现了微型计算机。

⑤ 到了 20 世纪 80 年代，美、日等国家开始研制智能型计算机。这种计算机可以模拟或部分代替人的智能活动，且可以具有人机自然通信的能力。

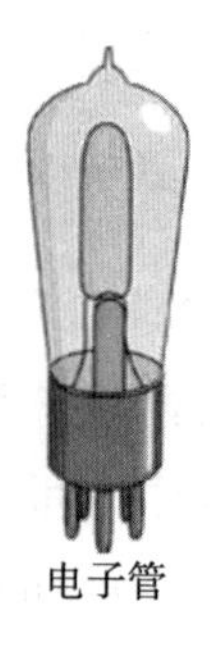
电子管

晶体管

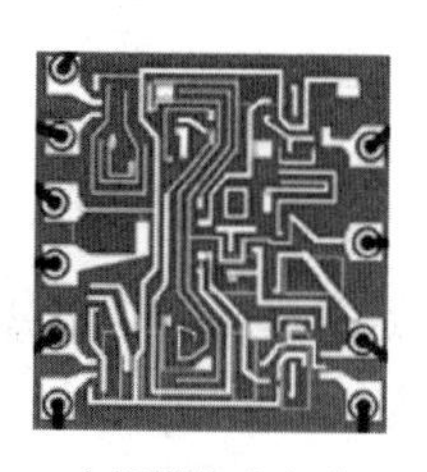
小规模集成电路

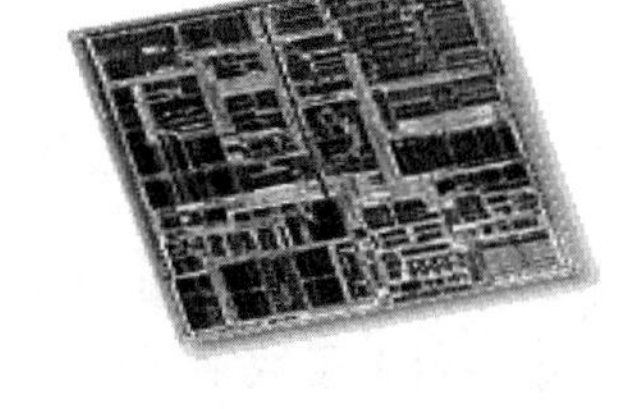
大规模、超大规模集成电路

图 1.2　历代计算机使用的电子器件

1.1.2　微电子技术

信息技术、通信技术、计算机技术的发展都离不开一项基础技术——微电子技术。微电子技术主要是指晶体管等基础元件尺寸在微米（10^{-6}米）数量级左右的半导体集成电路技术。微电子技术是 20 世纪人类最伟大的发明之一，其最重要的应用领域就是计算机技术领域。微型计算机的各个组成部分都是微电子技术的结晶。集成电路的高速发展，使得计算机的核心技术——微处理器的发展越来越快。

1971 年 Intel 推出的第一代微处理器 4004，主频只有 108 千赫，70 年代末推出的 16 位微处理器 8086，主频达到了 5～10 兆赫，性能比 8 位微处理器 8008 提高 100 倍以上。80 年代中期推出的 80386 芯片已采用 1 微米工艺，主频达到 33 兆赫。1993 年 Intel 推出的 66 兆赫主频的奔腾（Pentium）芯片采用了超标量技术，性能比 33 兆赫的 486 芯片高 5 倍。1995 年以后，由于采用先进的 RISC（Reduced Instruction Set Computing，精简指令集运算）技术、铜线技术等，芯片速度平均每年递增 50％以上。到 2000 年，主频 1G 赫兹以上的微处理器芯片已问世。

追根溯源，微电子技术的诞生应归功于晶体管的发明。1947年发明锗晶体管以后，人们又经过多年的努力，突破了提炼半导体材料硅单晶的障碍，晶体管的应用才开始普及。商品化的集成电路则是于1962年问世。第一代集成电路大部分采用双极型晶体管和晶体管-晶体管逻辑(TTL)，结构复杂，集成度低。到了70年代，金属-氧化物-半导体场效应晶体管，即MOS工艺成为集成电路的主流。MOS集成电路(包括PMOS、NMOS和CMOS等)的制造工艺简单、集成度高、噪声小，目前多数微处理器和存储器都属于这一类集成电路。HKMG是INTEL、AMD和台积电都在使用的一项技术，它以High-K绝缘层替代传统的SiO_2氧化层，并以金属材料替代硅材料栅极，这项技术有助于晶体管开关速度的提升。

数字集成电路多数由门电路组成，因此集成电路的规模可按一片集成电路包含的门电路数目(即集成度)分类。集成电路按集成度可分为六大类：小规模集成电路(SSI)、中规模集成电路(MSI)、大规模集成电路(LSI)、超大规模集成电路(VLSI)、特大规模集成电路(ULSI)和巨大规模集成电路(GLSI)，其分类标准如表1.1所示。

表1.1 集成电路的集成度分类

类别	SSI	MSI	LSI	VLSI	ULSI	GLSI
芯片所含门电路数	<10	$10\sim10^2$	$10^2\sim10^4$	$10^4\sim10^6$	$10^6\sim10^8$	$>10^8$
芯片所含器件数	$<10^2$	$10^2\sim10^3$	$10^3\sim10^5$	$10^5\sim10^7$	$10^7\sim10^9$	$>10^9$

1965年美国Intel公司的创始人之一戈登·摩尔根据1958年以来集成电路的发展，预测每18～24个月同样硅片面积上的晶体管数目将翻一番。这一预测在后来几十年中基本得到验证，被信息领域广泛引用为“摩尔定律”。摩尔定律带动了芯片产业竞争的白热化。2005年，作为Intel公司名誉主席的摩尔在纪念这一定律发表40周年之时说：“如果你期望在半导体行业处于领先地位，你无法承担落后于摩尔定律的后果。”

随着精细化技术的发展，器件尺寸已缩小到纳米(10^{-9}米)即毫微米级，这就是近几年蓬勃兴起的纳米技术，也有人预言21世纪将出现“纳电子”技术。目前22纳米已成为主流工艺。22纳米制程工艺的进化十分惊人，在2012年的Intel信息技术峰会IDF上，Intel副总裁施浩德向大家展示了一块直径300毫米的标准晶圆，大致数一下可以发现，纵向最多有37个内核，横向最多则有15个，单个内核的尺寸大概是8.1毫米×20毫米，也就是162平方毫米，一个针头可以放置一亿多个22纳米三栅极晶体管。Intel会陆续将工艺处理器升级至10纳米，之后则是7纳米甚至是5纳米。当今最先进的集成电路技术已经能够将23亿个晶体管集中在指甲盖大小的区间里。

摩尔定律问世至今已经半个多世纪了。在这半个多世纪里，计算机从神秘不可接近的庞然大物变成多数人都不可或缺的工具。人们不禁要问：这种令人难以置信的发展速度会无止境地持续下去吗？芯片上元件的几何尺寸不可能无限制地缩小下去，因为当电流微弱到仅有几十个甚至几个电子流动，晶体管将逼近其物理极限而无法正常工作。摩尔定律的出路何在？3D晶体管(如图1.3所示)让摩尔定律延续。

世界上第一个3D晶体管“Tri-Gate”由Intel于2011年5月6日宣布研制成功。Tri-Gate使用一个三维硅鳍片取代传统晶体管上的平面栅极，硅鳍片三面都安排了一个栅极用于辅助电流控制。在 Tri-Gate 中，由于三维硅鳍片都是垂直的，晶体管可以更紧密排列，能够在很大程度上提高晶体管密度。Tri-Gate 将晶体管的排列由平面转向立体，使单位面积中可以容纳更多的晶体管。图 1.4 形象地展示了 3D 晶体管。

打一个形象的比方，二维晶体管如同平房，3D 晶体管则是摩天大楼。在同样的占地面积下，楼房要比平房能够承载更多的房屋。可以说，在摩尔定律逐渐达到极限的现在，3D 晶体管是使其延续的最佳方法。

图 1.3　3D 晶体管

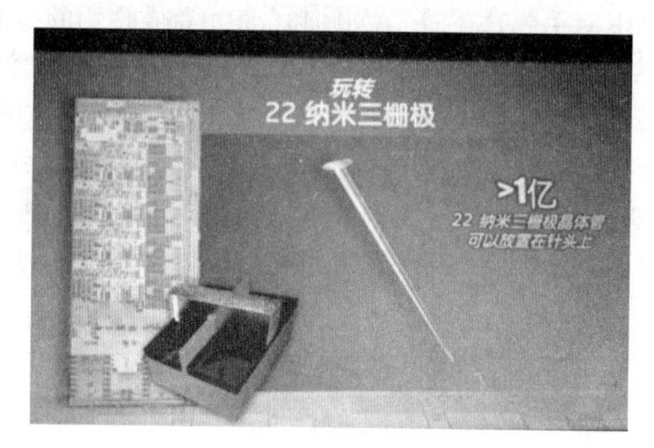

图 1.4　3D 晶体管将影响整个行业

（图片来源：www.zol.com.cn）

移动互联网时代，摩尔定律面临速度太慢的尴尬。Intel 公司的 CEO 表示，PC 时代，摩尔定律的周期是 18 个月，移动互联网时代则是 12 个月，甚至更短，摩尔定律需要改变节奏。

总之，作为现代信息技术的核心，微电子技术已经渗透到诸如现代通信、计算机技术、医疗卫生、环境工程、能源、交通、自动化生产等各个方面，成为一种既代表国家现代化水平又与人民生活息息相关的高新技术。

1.1.3　计算机的特点

计算机的主要特点有工作自动化、处理速度快、计算精度高、记忆能力强、逻辑判断能力可靠、通用性强、支持人机交互等。

(1) 工作自动化

计算机是由程序控制其操作过程的。只要根据应用的需要，事先编制好程序并输入计算机，计算机就能自动、连续地工作，完成预定的处理任务。计算机中可以存储大量的程序和数据。存储程序是计算机工作的一个重要前提，也是计算机能自动处理的基础。

(2) 运算速度快

计算机的运算部件采用的是电子器件，其运算速度远非其他计算工具所能比拟。目前世界上最快的计算机每秒可运算万亿次，普通 PC 每秒也可处理上百万条指令。这不仅极大地提高了工作效率，而且使时限性强的复杂处理可在限定的时间内完成。

(3) 计算精度高

由于计算机采用二进制数字进行计算，因此可以通过增加表示数字的设备和运用计算技巧等手段，使数值计算的精度越来越高，可根据需要获得千分之一到几百万分之一，甚至更高的精度。

(4) 记忆能力强

计算机的存储器类似于人的大脑,可以记忆大量的数据和计算机程序,随时提供信息查询、处理等服务。在运算过程中不必每次都从外部去取数据,而只需事先将数据输入存储器中,运算时直接从存储器中获得数据,从而大大提高了运算速度。

(5) 逻辑判断能力可靠

具有可靠的逻辑判断能力是计算机的一个重要特点,也是计算机能实现信息处理自动化的重要原因。在程序执行过程中,计算机根据上一步的处理结果,能运用逻辑判断能力自动决定下一步应该执行哪一条指令。计算机的计算能力、逻辑判断能力和记忆能力三者的结合,使得计算机的能力远远超过了任何一种工具而成为人类脑力延伸的有力助手。

(6) 通用性强

计算机能够在各行各业得到广泛的应用,原因之一就是其具有很强的通用性。同一台计算机,只要安装不同的软件或连接到不同的设备上,就可以完成不同的任务。

(7) 支持人机交互

计算机具有多种输入输出设备,配上适当的软件后,可支持用户进行方便的人机交互。以鼠标为例,当用户手握鼠标,只需将手指轻轻一点,计算机便随之完成某种操作功能,真可谓"得心应手,心想事成"。当这种交互性与声像技术结合形成多媒体用户界面时,更加可以使用户的操作达到自然、方便、丰富多彩。

1.1.4 计算机的发展趋势

随着计算机应用的广泛和深入,又向计算机技术本身提出了更高的要求。当前,计算机的发展表现出四种趋向:巨型化、微型化、网络化和智能化。

(1) 巨型化

天文、军事、仿真等领域需要进行大量的计算,要求计算机有更快的运算速度和更大的存储量,这就需要研制功能更强的巨型计算机。这是尖端科学的需要,也是记忆海量信息以及使计算机具有类似人脑的自主学习和复杂推理能力所必需的。巨型机的发展集中体现了计算机科学技术的发展水平。

(2) 微型化

专用微型机已经大量应用于仪器、仪表和家用电器中,而通用微型机大量进入办公室和家庭,但人们需要体积更小、更轻便、易于携带的微型机,以便出门在外或在旅途中均可使用计算机。应运而生的便携式微型机(笔记本型)、掌上型微型机、平板电脑、智能手机等正在不断涌现,其质量更加可靠,性能更加优良,价格更加低廉,整机更加小巧。

谷歌眼镜(Google Project Glass)是由谷歌公司于 2012 年 4 月发布的一款"拓展现实"眼镜(图 1.5),它具有和智能手机一样的功能,可以通过声音控制拍照、视频通话、辨明方向以及上网冲浪、处理文字信息和电子邮件等。

苹果 iWatch 手表(图 1.6)内置了 iOS 系统,支持 Facetime、Wi-Fi、蓝牙、Airplay 等功能,能配合苹果的多款移动设备使用并能接听电话,它还支持 Retina 触摸屏。

(3) 网络化

将地理位置分散的计算机通过专用的电缆或通信线路互相连接,就形成了计算机网络。网络化能够充分利用计算机的宝贵资源并扩大计算机的使用范围,为用户提供方便、及时、可靠、广泛、灵活的信息服务。人们足不出户就可获取大量的信息,与世界各地的亲友快捷通信,进行网上贸易等操作。

(4) 智能化

智能计算机具有解决问题、逻辑推理、知识处理和知识库管理等功能。人与计算机的联系是通过智能接口,用文字、声音、图像等与计算机进行自然对话而实现的。目前已研制出的各种"机器人"已能够部分地代替人的脑力劳动。智能化使计算机突破了"计算"这一初级的含意,从本质上扩充了计算机的能力,使其可以越来越多地代替人的脑力劳动。

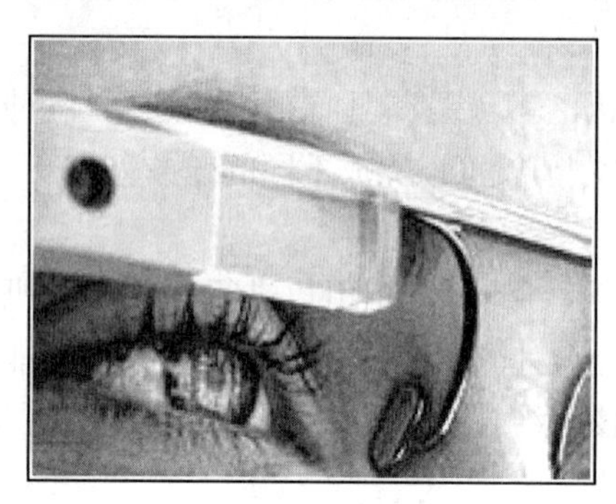

图 1.5　谷歌眼镜

图 1.6　苹果 iWatch 手表

计算机的发展趋势还可以从"高""广""深"三个维度来考虑。

第一维是向"高"度方向发展。计算机的性能越来越高,速度越来越快,主要表现在计算机的主频越来越高。目前世界上性能最高的通用计算机已采用上万台计算机并行,运行速度达到每秒几十万亿甚至几千万亿次。

第二维是向"广"度方向发展。计算机发展的趋势就是无处不在,以至于像"没有计算机一样"。未来,计算机也会像现在的马达一样,存在于家中的各种电器中。现在已有中小学校使用 iPad 作为教学工具,所有的课程教材、辅导书、练习题都在里面。所以有人预言未来计算机可能像纸张一样便宜,可以一次性使用,计算机将成为不被人注意的最常用的日用品。

第三维是向"深"度方向发展,即向信息的智能化发展。目前计算机的"思维"方式与人类思维方式有很大区别,人类还很难以自然的方式如语言、手势、表情与计算机打交道。近几年来计算机识别文字和口语的技术已有较大提高,估计未来 5～10 年内手写和口语输入将逐步成为主流的输入方式。计算机的手势和脸部表情识别技术也已取得较大进展。

1.1.5　计算机未来的发展方向

近年来,通过进一步的深入研究,人们发现由于电子电路的局限性,理论上电子计算机的发展也有一定的局限,因此人们正在研制不使用集成电路的计算机,例如仿生的生物计算机、二进制的非线性量子计算机、光子计算机、混合计算机、智能计算机、超导计算机等。

1. 仿生的生物计算机

生物计算机的主要原材料是使用生物工程技术产生的蛋白质分子，并以此作为生物芯片，利用有机化合物存储数据。在这种芯片中，信息以波的形式传播，当波沿着蛋白质分子链传播时，会引起蛋白质分子链中单键、双键结构顺序的变化，例如一列波传播到分子链的某一部位，它们就像硅芯片集成电路中的载流子那样传递信息。仿生的生物计算机的运算速度要比当今最新一代计算机快10万倍，它具有很强的抗电磁干扰能力，并能彻底消除电路间的干扰，但能量消耗仅相当于普通计算机的十亿分之一，且具有巨大的存储能力。由于蛋白质分子能够自我组合再生新的微型电路，使得生物计算机具有生物体的一些特点，如能发挥生物本身的调节机能，自动修复芯片上发生的故障，还能模仿人脑的机制等。

生物计算机的优越性是十分诱人的，现在世界上许多科学家在研制它，不少科学家认为，50年前的真空电子管，有谁会想到今天的电子计算机能风靡全球；当前的生物计算机正在静悄悄地研制着，有朝一日出现在科技舞台上，就有可能彻底实现现有计算机无法实现的人类右脑的模糊处理功能和整个大脑的神经网络处理功能。

2. 量子计算机

量子计算机是利用原子所具有的量子特性进行信息处理的一种全新概念的计算机。量子理论认为，非相互作用下，原子在任一时刻都处于两种状态，称之为量子超态。原子会旋转，即同时沿上、下两个方向自旋，这正好与电子计算机0与1完全吻合。如果把一群原子聚在一起，它们不会像电子计算机那样进行线性运算，而是同时进行所有可能的运算，例如量子计算机处理数据时不是分步进行而是同时进行。只要40个原子一起计算，就相当于今天一台超级计算机的性能。量子计算机以处于量子状态的原子作为中央处理器和内存，就像一枚信息火箭，在一瞬间搜寻整个互联网，也可以轻易破解当前的任何安全密码。

3. 光子计算机

1990年初，美国贝尔实验室制成世界上第一台光子计算机。光子计算机是一种由光信号进行数字运算、逻辑操作、信息存储和处理的新型计算机。光子计算机的基本组成部件是集成光路，包括激光器、透镜和棱镜。由于光子比电子速度快，光子计算机的运行速度可高达每秒一万亿次。目前，许多国家都投入巨资进行光子计算机的研究。随着现代光学与计算机技术、微电子技术相结合，在不久的将来，光子计算机将成为人类普遍运用的工具。光子计算机与电子计算机相比，主要具有以下优点：

(1) 超高的运算速度。光子计算机的并行处理能力强，因而具有更高的运算速度。电子的传播速度是593 km/s，而光子的传播速度却高达 3×10^5 km/s。对于电子计算机来说，电子是信息的载体，它只能通过一些相互绝缘的导线来传导，即使在最佳的情况下，电子在固体中的运行速度也远远不如光速，尽管目前的电子计算机的运算速度不断提高，但它的能力还是有限的；此外，随着装配密度的不断提高，会使导体之间的电磁作用不断增强，散发的热量也在逐渐增加，从而制约了电子计算机的运行速度。而光子计算机的运行速度要比电子计算机快得多，对使用环境条件的要求也比电子计算机低得多。

(2) 超大规模的信息存储容量。与电子计算机相比，光子计算机具有超大规模的信息存储容量。光子计算机具有极为理想的光辐射源——激光器，光子的传导是可以不需要导线的，而且即使在相交的情况下，它们之间也不会产生丝毫的影响。光子计算机无导线传递信息的平行通道，其密度实际上是无限的，一枚五分硬币大小的棱镜，它的信息通过能力竟是全世界现有电话电缆通道的许多倍。

(3) 能量消耗小，散发热量低，是一种节能型产品。光子计算机的驱动只需要同类规格的电子计算机驱动能量的一小部分，这不仅降低了电能消耗，大大减少了机器散发的热量，而且为光子计算机的微型化和便携化研制提供了便利的条件。科学家们正试验将传统的电子转换器和光子结合起来，制造一种"杂交"的计算机，这种计算机既能更快地处理信息，又能克服巨型电子计算机运行时内部过热的难题。目前，光子计算机的许多关键技术，如光存储技术、光互连技术、光电子集成电路等，都已经取得突破，最大幅度地提高光子计算机的运算能力是当前科研工作面临的攻关课题。光子计算机的问世和进一步研制、完善，将为人类跨向更加美好的明天提供无穷的力量。

4. 混合计算机

混合计算机(Hybrid Computer)是可以进行数字信息和模拟物理量处理的计算机系统。混合计算机通过数模转换器和模数转换器将数字计算机和模拟计算机连接在一起，构成完整的混合计算机系统。混合计算机一般由数字计算机、模拟计算机和混合接口三部分组成，其中模拟计算机部分承担快速计算的工作，而数字计算机部分则承担高精度运算和数据处理的工作。混合计算机同时具有数字计算机和模拟计算机的特点：运算速度快、计算精度高、逻辑能力强、存储容量大和仿真能力强。随着电子技术的不断发展，混合计算机主要应用于航空航天、导弹系统等实时性的复杂大系统中。

在混合计算机上操作时，来自模拟计算机的模拟变量通过模数转换器转换为数字变量，传送至数字计算机。同时，来自数字计算机的数字变量通过数模转换器转换为模拟信号，传送至模拟计算机。除了计算变量的转换和传送外，还有逻辑信号和控制信号的传送，用以完成并行运算的模拟计算机和串行运算的数字计算机在时间上同步。数字计算机每完成一帧运算，就与模拟计算机交换一次信息，修正一次数据，而在两次信息交换的时间间隔(帧)内，两种计算机都以前一帧的计算结果作为初值进行运算。这个时间间隔称为帧同步时间。对混合程序的设计，要求用户考虑模型在不同计算机上的分配、对帧同步时间的选择以及对连接系统硬件特性的了解等。

现代混合计算机已发展成为一种具有自动编排模拟程序能力的混合多处理机系统。它包括一台超小型计算机、一两台外围阵列处理机、几台具有自动编程能力的模拟处理机，在各类处理机之间，通过一个混合智能接口完成数据和控制信号的转换与传送。这种系统具有很强的实时仿真能力，但价格昂贵。

5. 智能计算机

智能计算机(Intelligent Computer)迄今未有公认的定义。计算理论的奠基人之一A.图灵定义计算机为处理离散量信息的数字计算机。而对数字计算机能不能模拟人的智能这一原则问题，存在截然对立的看法。1937年A.丘奇和图灵分别独立地提出关于人的思维能力与递归函数的能力等价的假说。这一假说后来被一些人工智能学者表述为：如果一个可以提交给图灵机的问题不能被图灵机解决，则这个问题用人类的思维也不能解决。这

一学派继承了以逻辑思维为主的唯理论与还原论的哲学传统，强调数字计算机模拟人类思维的巨大潜力。另一些学者如H.德雷福斯等哲学家肯定地认为，以图灵机为基础的数字计算机不能模拟人的智能。他们认为数字计算机只能做形式化的信息处理，而人的智能活动不一定能形式化，也不一定是信息处理，不能把人类理智看成由离散、确定的与环境局势无关的规则支配的运算。这一学派原则上不否认用接近于人脑的材料构成智能机的可能性，但这种广义的智能机不同于数字计算机。还有些学者认为不管什么机器都不可能模拟人的智能，但更多的学者相信大脑中大部分活动能用符号和计算来分析。必须指出，人们对于计算的理解在不断加深与拓宽。有些学者把可以实现的物理过程都看成计算过程。基因也可以看成开关，一个细胞的操作也能用计算加以解释，即所谓分子计算。从这种意义讲，广义的智能计算机与智能机器或智能机的范畴几乎一样。

6. 超导计算机

超导计算机是利用超导技术生产的计算机及其部件，其理论开关动作所需时间为千亿分之一秒，电力消耗只是大规模集成电路的百分之一。其运算速度比现在的电子计算机快100倍，而电能消耗仅是电子计算机的千分之一。如果目前一台大中型计算机每小时耗电10千瓦，那么同样一台的超导计算机只需一节干电池就可以工作了。但是，现在这种计算机的电路必须在低温下工作。若将来发明了常温超导材料，整个计算机世界将被改变。

1.2　计算机的分类

计算机的分类多种多样，可以按照其内部的逻辑结构划分，也可以按照其性能和用途划分为如下几大类。由于计算机技术发展迅猛，不同类型的计算机之间的界限已非常模糊。

(1) 超级计算机(Super Computer)

超级计算机采用大规模并行处理结构，具有极强的运算处理能力，其速度以每秒的浮点运算(FLOPS)作量度单位。目前，超级计算机主要用于战略武器(如核武器和反导弹武器)的设计、空间技术、石油勘探、长期天气预报以及社会模拟等尖端领域。世界上只有少数几个国家能生产超级计算机，包括美国、德国、中国、日本、法国、意大利等，我国的超级计算天津中心的"天河一号"超级计算机在2012年的全球超级电脑500强排名中名列第5，超级计算深圳中心的"星云"超级计算机名列第10。2013年，我国的"天河二号"夺得全球最快超级计算机的宝座。"天河二号"的持续运算测试达到每秒3.39亿亿次浮点运算，其峰值指令周期高达每秒5.49亿亿次，令其他计算机望尘莫及。2016年，我国的"神威·太湖之光"超级计算机获得了国际高性能计算机应用领域最高奖"戈登贝尔奖"。

(2) 大型计算机(Main Frame)

要以大型计算机和其他外部设备为主，并且配备众多的终端，组成一个计算机中心，才能充分发挥其作用。大型计算机主要用于大量数据和关键项目的计算，例如银行金融交易及数据处理、人口普查、企业资源规划等。对于现代大型计算机，并非主要通过每秒运算次数(MIPS)来衡量其性能，而是以可靠性、安全性、向后兼容性和极其高效的I/O性能来衡量。大型计算机通常强调大规模的数据输入输出，着重强调数据的吞吐量。大型计算机可以同时运行多操作系统，因此不像是一台计算机而更像是多台虚拟机，一台大型计算机可以替代多台普通的服务器，是虚拟化的先驱。同时大型计算机还拥有强大的容错能力。

(3) 小型计算机(Mini Computer)

小型计算机一般为中小型企事业单位或某一部门所用，例如高等院校的计算机中心都以一台小型机为主机，配以几十台甚至上百台终端机，以满足大量学生学习程序设计课程的需要。当然其运算速度和存储容量都比不上大型计算机。

(4) 个人计算机(Personal Computer)

个人计算机又称为PC，是第四代计算机时期出现的一个新机种。它虽然问世较晚，却发展迅猛，初学者接触和认识计算机多数是从PC开始的。PC的特点是轻、小、价廉、易用。今天，PC的应用已遍及各个领域，几乎无处不在，无所不用。

1.3 计算机的应用

计算机的应用已渗透到社会的各行各业，正在改变着传统的工作、学习和生活方式，推动着社会的发展。计算机的主要应用领域如下：

(1) 科学计算

科学计算指利用计算机来完成科学研究和工程技术中提出的数学问题的计算。在现代科学技术工作中，科学计算问题是大量的和复杂的。利用计算机的高速计算、高精度、大容量和连续运算的能力，可以实现人工无法解决的各种科学计算问题。科学计算是计算机最早的应用领域。

(2) 信息处理

信息处理指对各种数据进行收集、存储、整理、分类、统计、加工、利用、传播等一系列活动的统称。据统计，80%以上的计算机主要用于数据处理，这类工作量大、面宽，决定了计算机应用的主导方向。目前，信息处理已广泛地应用于办公自动化、企事业计算机辅助管理与决策、情报检索、图书管理、电影电视动画设计、会计电算化等各行各业。信息正在形成独立的产业，多媒体技术展现在人们面前的信息不仅是数字和文字，也有声情并茂的声音和图像。

(3) 计算机辅助工程

计算机辅助工程包括计算机辅助设计CAD(Computer Aided Design)、计算机辅助制造CAM(Computer Aided Manufacturing)和计算机辅助教学CAI(Computer Aided Instruction)等多方面，是近几年来迅速发展的一个计算机应用领域。CAD广泛应用于船舶、飞机、汽车、建筑、电子和轻工业等领域，可提高设计工作的自动化程度和设计质量；CAM则是利用计算机系统进行生产设备的管理、控制和操作，能提高产品质量、降低成本、提高生产率和改善劳动条件；CAI使教学手段达到一个新的水平，即利用计算机模拟一般教学设备难以表现的物理或工作过程，可实现交互教育、个别指导和因人施教，引导学生循序渐进地学习，极大地提高了教学效率。

（4）过程控制

过程控制也称为实时控制，是使用计算机对连续工作的控制对象实行自动控制。要求计算机能及时搜集检测信号，通过计算处理，发出调节信号对控制对象进行自动调节。过程控制应用中的计算机对输入信息的处理结果的输出总是实时进行的。例如，在军事上常使用计算机控制导弹等武器的发射与导航，自动修正导弹在飞行中的航向。过程控制已在机械、冶金、石油、化工、纺织、水电、航天等部门得到广泛的应用。

（5）人工智能

人工智能是研究、解释和模拟人类智能、行为及其规律的一门学科，其主要任务是建立智能信息处理理论，进而设计可以展现某些近似于人类智能行为的计算机系统。目前人工智能的研究已取得不少成果，有些已开始走向实用阶段。例如，能模拟高水平医学专家进行疾病诊疗的专家系统，具有一定思维能力的智能机器人等。

（6）网络应用

计算机技术与现代通信技术的结合构成了计算机网络，实现了信息双向交流，各种软、硬件资源的共享，同时利用多媒体技术扩大了计算机的应用范围。例如，利用计算机辅助教学和网络技术，开设网络远程教育来代替传统的教学方式。以计算机为核心的信息高速公路的实现将进一步改变人们的生活方式。

（7）多媒体技术

多媒体技术指把数字、文字、声音、图形、图像和动画等多种媒体有机组合起来，利用计算机、通信和广播电视技术，使它们建立起逻辑联系并能对它们进行加工处理（包括对这些媒体的录入、压缩和解压缩、存储、显示和传输等）的技术。目前多媒体计算机技术的应用领域正在不断拓宽，除了知识学习、电子图书、商业及家庭应用外，在远程医疗、视频会议中都得到了极大的推广。

1.4　信息技术的基本概念

1.4.1　什么是信息

我们生活在一个信息时代。企业家了解市场信息来确定产品的生产销售策略，教师和学生通过教学大纲来教学和学习，老百姓离开有关衣、食、住、行的信息将一刻也无法生活。信息社会的到来，以计算机和网络技术为核心的现代技术的飞速发展，正深刻地改变着我们的生产、生活和学习方式。那么，什么是信息呢?

信息本身并不是实体，必须通过载体才能体现，但不随载体的物理形式而变化。书籍报刊上的文字、数字、符号、图形等是信息的载体，电视中播放的声音、图像是信息的载体，电话、收音机中传输的语音也是信息的载体。它们所蕴涵的内容都是信息。可以通俗地认为：信息是对人有用的数据，这些数据将可能影响人们的行为与决策。

信息的载体以及处理和加工设备很多，电视机就是一种集声音、图像等各种信息表现形式为一体的信息处理和加工设备。而使用计算机处理信息，一般是指利用计算机的速度快、精度高、存储能力强、具有逻辑判断和自动运行能力等特点，使用计算机和其他辅助方式，把人们在各种实践活动中产生的大量信息按照不同的要求及时地收集储存、整理、传输和应用。如报刊排版、资源调查、卫星跟踪等，都是用计算机处理信息的具体表现。

1.4.2 信息技术

人类通过感觉器官(眼、耳、鼻、舌、身)获取信息，使用神经网络传递信息，利用思维器官(大脑)处理信息并再生信息，再通过效应器官(手脚)使用信息。信息技术是指用来扩展人的信息器官功能、协助人们进行信息处理的一类技术。感知与识别技术可以扩展人类的感觉器官功能，提高人们的感知范围、感知精度和灵敏度；通信技术与存储技术则可以扩展神经网络功能，消除人们交流信息的空间和时间障碍；计算处理技术能扩展思维器官功能，增强人们的信息加工处理能力；控制与显示技术可以扩展效应器官功能，增强人们的信息控制能力。

人们使用计算机收集、储存、整理、传输和应用信息的能力将成为现代人的基本素质。当今世界，发展信息技术与信息产业，实现信息化，已经成为各国参与世界范围的政治、经济、军事竞争，进行综合国力较量的焦点。信息能力正成为衡量一个国家综合国力的重要标志。在信息时代，谁占有信息，谁就拥有政治、经济、军事的主动权。

1.5 信息在计算机中的表示

计算机应用的实质是使用计算机进行信息处理。任何信息，包括数字、文字、声音、图像等，都必须转换成为二进制数据后才能由计算机进行表示、处理、存储和传输。数字和文字的表示方法在下文介绍，而关于声音和图像等信息的表示方法将在后面的章节中介绍。

1.5.1 数制及数制转换

首先来考察一下我们熟悉的十进制计数系统。十进制的英文为“Decimal”，为与其他进制数有所区别，可在十进制数字后面加字母“D”，如 169.7D。一个十进制数可用 10 个不同的符号(0,1,2,3,4,5,6,7,8,9)来表示，每个符号处于十进制数中的不同位置时，它代表的实际数值是不同的。例如，169.7 代表的实际数值是

$$(169.7)_{10}=1\times10^2+6\times10^1+9\times10^0+7\times10^{-1}$$

一般地，一个十进制数 S 可以表示为

$$S=K_nK_{n-1}\cdots K_1K_0.K_{-1}K_{-2}\cdots K_{-m}$$

其所代表的实际数值是

$$S=K_n\times10^n+K_{n-1}\times10^{n-1}+\cdots+K_1\times10^1+K_0\times10^0+$$
$$K_{-1}\times10^{-1}+K_{-2}\times10^{-2}+\cdots+K_{-m}\times10^{-m}$$

其中：$K_j(j=n,n-1,\cdots,1,0,-1,-2,\cdots,-m)$可以是 0,1,2,3,4,5,6,7,8,9 这 10 个数字符号中的任何一个。

十进制中的“10”称为十进制的基数(Radix)，10^j 称为 K_j 的权(Weight)。十进制中低位

计满 10 之后就要向高位进 1，即日常所说的“逢十进一”。

同理，二进制的基数是“2”，使用两个不同的数字符号即 0 和 1 来表示一个数，采用“逢二进一”的计数规则。二进制的英文为“Binary”，数字后面加“B”即表示二进制数。例如，二进制数$(1010.1)_2$也可以表示为 1010.1 B，它代表的实际数值是

$$(1010.1)_2=1\times 2^3+0\times 2^2+1\times 2^1+0\times 2^0+1\times 2^{-1}=(10.5)_{10}$$

一般地，一个二进制数 S 可以表示为

$$S=K_nK_{n-1}\cdots K_1K_0.K_{-1}K_{-2}\cdots K_{-m}$$

其所代表的实际数值是

$$S=K_n\times 2^n+K_{n-1}\times 2^{n-1}+\cdots+K_1\times 2^1+K_0\times 2^0+$$
$$K_{-1}\times 2^{-1}+K_{-2}\times 2^{-2}+\cdots+K_{-m}\times 2^{-m}$$

其中：$K_j(j=n,n-1,\cdots,1,0,-1,-2,\cdots,-m)$只可以是 0 或 1 这两个不同的数字符号中的任何一个。

在日常生活中人们通常使用十进制计数，这是人们长期生活形成的习惯。那么为什么计算机采用二进制，而不采用人们熟悉的十进制呢?

首先，二进制中只有 0 和 1 两个符号，使用有两个稳定状态的物理器件就能表示二进制数的每一位数，而制造有两个稳定状态的物理器件要比制造有多个稳定状态的物理器件容易得多，且易于实现高速处理。

其次，二进制的运算规则非常简单。

第三，二进制中的 0 和 1 与逻辑代数中的“真”和“假”相吻合，逻辑“真”用 1 表示，逻辑“假”用 0 表示，为计算机实现逻辑运算和程序中的逻辑判断提供了便利。

1.5.2　二进制数的运算

二进制数的运算分为算术运算和逻辑运算两种。最简单的算术运算是加法和减法，其基本运算规则是：

加法

$$\begin{array}{r}0\\+\ 0\\\hline 0\end{array}\qquad\begin{array}{r}0\\+\ 1\\\hline 1\end{array}\qquad\begin{array}{r}1\\+\ 0\\\hline 1\end{array}\qquad\begin{array}{r}1\\+\ 1\\\hline 1\ 0\end{array}$$

（向高位进1）

减法

$$\begin{array}{r}0\\-\ 0\\\hline 0\end{array}\qquad\begin{array}{r}0\\-\ 1\\\hline 1\end{array}\qquad\begin{array}{r}1\\-\ 0\\\hline 1\end{array}\qquad\begin{array}{r}1\\-\ 1\\\hline 0\end{array}$$

（向高位借1）

基本的逻辑运算有三种：或运算（也称逻辑加运算，使用符号“∨”表示）、与运算（也称逻辑乘运算，使用符号“∧”表示）和非运算（也称取反运算，使用“－”表示）。它们的基本运算规则是：

或运算

$$\begin{array}{r}0\\ \vee\ \ 0\\ \hline 0\end{array}\qquad\begin{array}{r}0\\ \vee\ \ 1\\ \hline 1\end{array}\qquad\begin{array}{r}1\\ \vee\ \ 0\\ \hline 1\end{array}\qquad\begin{array}{r}1\\ \vee\ \ 1\\ \hline 1\end{array}$$

与运算

$$\begin{array}{r}0\\ \wedge\ \ 0\\ \hline 0\end{array}\qquad\begin{array}{r}0\\ \wedge\ \ 1\\ \hline 0\end{array}\qquad\begin{array}{r}1\\ \wedge\ \ 0\\ \hline 0\end{array}\qquad\begin{array}{r}1\\ \wedge\ \ 1\\ \hline 1\end{array}$$

取反运算最简单，0 取反后是 1，1 取反后是 0。

需要注意的是，算术运算是会发生进位和借位运算的，而逻辑运算则按位独立进行运算。例如，1010 和 0110 分别进行逻辑加和逻辑乘的运算如下：

$$\begin{array}{r}1\ 0\ 1\ 0\\ +\ 0\ 1\ 1\ 0\\ \hline 1\ 0\ 0\ 0\ 0\end{array}\qquad\begin{array}{r}1\ 0\ 1\ 0\\ -\ 0\ 1\ 1\ 0\\ \hline 0\ 1\ 0\ 0\end{array}\qquad\begin{array}{r}1\ 0\ 1\ 0\\ \vee\ 0\ 1\ 1\ 0\\ \hline 1\ 1\ 1\ 0\end{array}\qquad\begin{array}{r}1\ 0\ 1\ 0\\ \wedge\ 0\ 1\ 1\ 0\\ \hline 0\ 0\ 1\ 0\end{array}$$

1.5.3 二进制与其他进制之间的转换

1. 八进制与十六进制

从十进制数和二进制数的概念出发，可以进一步推广到更一般的任意进制数。最常用的有八进制数和十六进制数两种。

八进制数使用 0，1，2，3，4，5，6，7 共 8 个符号来表示，逢八进一。八进制的英文为“Octal”，数字后面加字母“O”即表示一个八进制数。有时为了与数字“0”区别，在数字后面加“Q”来表示八进制数，如八进制数 103.6 可以表示为$(103.6)_8$、103.6O 或 103.6Q。

十六进制数使用 0，1，2，3，4，5，6，7，8，9，A，B，C，D，E，F 共 16 个符号来表示，逢十六进一。十六进制的英文为“Hexadecimal”，数字后面加字母“H”即表示一个十六进制数，如十六进制数 8A.4 可以表示为$(8A.4)_{16}$或 8A.4H。表 1.2 是常用的几种进制的相互转换表。

表 1.2 常用的几种进制的相互转换表

十进制	二进制	八进制	十六进制	十进制	二进制	八进制	十六进制
0	0	0	0	8	1000	10	8
1	1	1	1	9	1001	11	9
2	10	2	2	10	1010	12	A
3	11	3	3	11	1011	13	B
4	100	4	4	12	1100	14	C
5	101	5	5	13	1101	15	D
6	110	6	6	14	1110	16	E
7	111	7	7	15	1111	17	F

2. 二进制数转换成十进制数

采用“按权展开求和法”，注意小数点左边第一位的权为 2^0，小数点右边第一位的权为 2^{-1}，例如：

$$(101.01)_2=(1\times2^2+0\times2^1+1\times2^0+0\times2^{-1}+1\times2^{-2})_{10}=(5.25)_{10}$$

将给定的二进制数转换成十进制数的“按权展开求和法”具有普遍意义。用这种方法可实现将八进制数、十六进制数转换成为十进制数，仅仅是展开式中的权不同而已。例如：

$$(103.6)_8=(1\times8^2+0\times8^1+3\times8^0+6\times8^{-1})_{10}=(67.75)_{10}$$

$$(8A.4)_{16}=(8\times16^1+10\times16^0+4\times16^{-1})_{10}=(138.25)_{10}$$

3. 十进制整数转换成二进制整数

采用“除 2 逆序取余法”，注意一直要除到商为 0 为止。例如，将十进制数 37 转换成二进制数为：

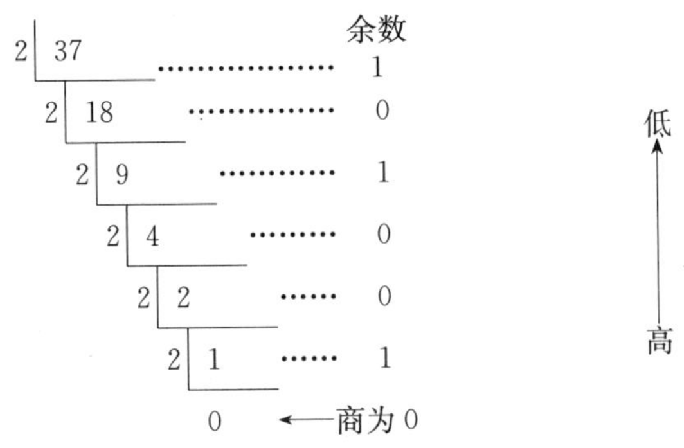

即 $(37)_{10}=(100101)_2$。

显然，这种方法可以推广，若要将十进制整数转换成八进制整数，就可以用“除 8 逆序取余法”；若要转换成十六进制整数，则使用“除 16 逆序取余法”，此时需要注意余数，如果余数大于 9，则应该把余数转换成对应的字母来表示。

4. 十进制纯小数转换成二进制纯小数

采用“乘 2 顺序取整法”，即把待转换的十进制纯小数乘以 2，取其积的整数部分(0 或 1)作为二进制小数的最高位，而将其小数部分再乘以 2，取第 2 次积的整数部分为二进制的次高位，以此类推，直到小数部分为 0 或达到所要求的位数为止。注意，最后的结果不要漏掉 0 和小数点。例如，将 $(0.375)_{10}$ 转换成二进制纯小数为：

$0.375\times2=0.750$　　整数部分=0　　高

$0.75\times2=1.50$　　整数部分=1　　↓

$0.5\times2=1$　　整数部分=1　　低

即 $(0.375)_{10}=(0.011)_2$。

将 $(0.46)_{10}$ 转换成二进制纯小数为：

$0.46\times2=0.92$　　整数部分=0

$0.92\times2=1.84$　　整数部分=1　　高

$0.84\times2=1.68$　　整数部分=1

$0.68\times2=1.36$　　整数部分=1　　↓

$0.36\times2=0.72$　　整数部分=0　　低

……　　……

即$(0.46)_{10}=(0.01110)_2$，是个近似值。

同理，把一个十进制纯小数转换成八进制纯小数采用“乘 8 顺序取整法”，转换成十六进制数采用“乘 16 顺序取整法”。

5. 二进制数转换成八(十六)进制数

以小数点为界，分别向左、向右将每三位(四位)二进制数分成一组，若最左边或最右边的一组不足三位(四位)，则在最左边或最右边以零补足，然后每一组用一位八(十六)进制数表示即可。例如，将$(1010011.10101)_2$分别转换成八进制数和十六进制数为：

$$(1010011.10101)_2=(001\ 010\ 011.101\ 010)_2=(123.52)_8$$

$$(1010011.10101)_2=(0101\ 0011.1010\ 1000)_2=(53.A8)_{16}$$

6. 八(十六)进制数转换成二进制数

以小数点为界，分别向左、向右将每一位八(十六)进制数展开成三位(四位)二进制数，最终最左边和最右边的零可以略去。注意，一位八(十六)进制数的“0”也同样要展开成三位(四位)二进制数“000”(“0000”)。例如，将$(306.741)_8$转换成二进制数为：

$$(306.741)_8=(011\ 000\ 110.111\ 100\ 001)_2=(11000110.111100001)_2$$

将$(2B.08)_{16}$转换成二进制数为：

$$(2B.08)_{16}=(0010\ 1011.0000\ 1000)_2=(101011.00001)_2$$

1.5.4 信息的计量单位

如前所述，计算机中的信息都是采用二进制数表示的。信息的最小单位是“比特”，英文是“bit”，是“binary digit”的缩写。比特也称为“二进制位”或“位”，使用“b”表示，它有且仅有“0”和“1”两个值。

较比特稍大的单位是“字节”，英文是“byte”，使用“B”表示。一个字节包含 8 个比特，即

$$b_7\quad b_6\quad b_5\quad b_4\quad b_3\quad b_2\quad b_1\quad b_0$$

其中：每个 b_i 表示一个二进制位，b_7 和 b_0 分别代表最高位和最低位。

计算机运算和处理信息时还经常使用“字”(word)。值得注意的是，字长并不统一，不同的计算机中字长有可能不同，有的由 2 个字节构成，有的由 4 个、8 个甚至更多个字节构成。

计算机在存储信息时存储容量使用字节或字长为单位显然不合适，需使用更大的单位。这些单位都是 2 的幂次，这样做的目的是有助于存储器的设计。常用的存储容量单位有：

① 千字节(kilobyte，简写为 KB)，1 KB=2^{10}字节=1 024 B；

② 兆字节(megabyte，简写为 MB)，1 MB=2^{20}字节=1 024 KB；

③ 吉字节(gigabyte，简写为 GB)，1 GB=2^{30}字节=1 024 MB；

④ 太字节(terabyte，简写为 TB)，1 TB=2^{40}字节=1 024 GB。

在数据通信和计算机网络中传输信息时，由于是一位一位地串行传输，传输速率的度量单位是每秒的比特数。常用的速率单位有：

① 比特/秒(b/s)，也称“波特”(bps)；

② 千比特/秒(kb/s)，1 kb/s=10^3字节=1000 b/s(注意，这里 k 表示 1 000)；

③ 兆比特/秒(Mb/s)，1 Mb/s=10^6字节=1 000 kb/s；

④ 吉比特/秒(Gb/s)，1 Gb/s=10^9字节=1 000 Mb/s；

⑤ 太比特/秒(Tb/s)，1 Tb/s=10^{12}字节=1 000 Gb/s。

1.5.5　数值信息的表示

计算机中的数值信息分为整数和实数两大类，两者的表示方法也有很大的区别。

1. 整数的表示方法

整数不带小数点，或者说其小数点始终隐含在个位数的后面，故也称之为“定点数”(fixed point integer)。计算机中的整数又可以分为无符号整数(unsigned integer)和带符号整数(signed integer)两类，它们可以用 8 位、16 位、32 位甚至更多位数来表示。

8 个二进制位表示的无符号整数的取值范围是 0～255(2^8-1)，16 个二进制位表示的无符号整数的取值范围是 0～65 535($2^{16}-1$)，32 个二进制位表示的无符号整数的取值范围是 0～$2^{32}-1$。

而带符号整数必须使用一个二进制位来作为符号位，一般使用最高位(即最左边的一位)来表示，“0”表示“+”(正数)，“1”表示“−”(负数)。例如，使用 8 个二进制位表示整数 +56 和 −56 分别如下：

$(+56)_{10}=(00111000)_2$　　　　$(-56)_{10}=(10111000)_2$

由此可见，8 个二进制位表示的带符号整数的取值范围是−127～+127(-2^7+1～$+2^7-1$)，16 个二进制位表示的带符号整数其取值范围是−32 767～+32 767($-2^{15}+1$～$+2^{15}-1$)，若使用 n 个二进制位表示带符号整数，则其取值范围是$-2^{n-1}+1$～$+2^{n-1}-1$。

上面介绍的表示方法称为原码表示法。为统一加减运算规则，方便计算机运算，数值为负的整数在计算机内部实际上是采用补码来表示的。

负整数补码求解的步骤为：先将负整数转换成原码的形式，最高位即符号位肯定为 1，将除符号以外的每一位取反，得到称为反码的表示形式，最后将反码的最低位(末位)加 1，即可得到补码的表示形式。例如：

$$(-56)_{原}=1011,1000$$

$$(-56)_{反}=1100,0111$$

$$(-56)_{补}=1100,1000$$

由于二进制编码的位数较多，故采用每 4 位用逗号隔开的书写格式。

注意，只有负整数才需要通过上面的步骤计算补码，而正整数的反码和补码与原码相同。

下面以 8 个二进制位表示一个带符号整数为例，考察两个非常有趣的数字“0”和“−128”。若将 0 分别看作+0 和−0，则它们的原码和补码的表示形式如下：

$(+0)_{原}=0000,0000$　　　　$(-0)_{原}=1000,0000$

$(+0)_{补}=0000,0000$　　　　$(-0)_{补}=0000,0000$

可见，当 0 采用原码的表示形式时有 2 个编码，而采用补码来表示后，+0 和−0 的编码统一成了“0000,0000”。

下面考察数字−128。可以求得−128 的绝对值的二进制形式是“1000,0000”，显然使用 8 个二进制位已无法表示。在此，暂“借”1 位即使用 9 个二进制位来表示，最高位仍为符号位，如下所示：

$$(-128)_{原}=1,1000,0000$$

$$(-128)_{反}=1,0111,1111$$

$$(-128)_{补}=1,1000,0000$$

最后将“借”得的 1 位“归还”，可得$(-128)_{补}=1000,0000$。这种情况称为“溢出”。引入补码后，8 个二进制位表示的带符号整数的取值范围扩大成$-128\sim+127(-2^7\sim+2^7-1)$，16 个二进制位表示的带符号整数的取值范围扩大成$-32\ 768\sim+32\ 767(-2^{15}\sim+2^{15}-1)$，$n$ 个二进制位表示的带符号整数的取值范围是$-2^{n-1}\sim+2^{n-1}-1$。n 位二进制补码可表示整数的个数要比 n 位原码多一个（即补码“1000…00”被用来表示整数-2^{n-1}）。

2. 实数的表示方法

实数通常带有小数点，整数和纯小数都是实数的特例。由于实数的小数点的位置不确定，故也称之为“浮点数”(floating point integer)。

任意一个十进制实数都可以看成一个 10 的幂次和一个十进制纯小数之积。例如：

$$309.46=10^3\times(0.309\ 46)$$

$$-0.001\ 784=10^{-2}\times(-0.178\ 4)$$

同理，任意一个二进制实数也可以看成一个 2 的幂次和一个二进制纯小数之积。注意，2 的幂次也同样是用二进制表示的。例如：

$$11\ 010.101=2^{101}\times(0.110\ 101\ 01)$$

$$-0.000\ 101\ 1=2^{-11}\times(-0.101\ 1)$$

由此可以看出，任意一个二进制实数在计算机内部都可以表示成指数（称为“阶码”）和纯小数（称为“尾数”）两部分。

由于阶码可采用原码、补码等不同的编码，尾数的格式及小数点的位置的规定也各不相同，故早期不同计算机对浮点数的表示方法互不兼容。为此，美国电气与电子工程师协会(IEEE)制定了相关的工业标准，现已被绝大多数处理器所采用。

1.5.6 字符信息的表示

由于人类的文字中存在着大量重复字符，而计算机擅长处理数字，为了减少需要保存的信息量，可以使用一个数字编码来表示每个字符。通过对每个字符规定一个唯一的数字编码，然后为该编码建立对应的输出图形，那么在文件中仅需保存字符的编码就相当于保存了文字。在需要显示时，先取得编码，通过编码表查到字符对应的图形，然后将图形显示出来，人就可以看到文字了。

1. 西文的表示方法

西文包含拉丁字母、数字、标点符号和一些特殊符号，统称为“字符”(character)。所有字符的集合称作“字符集”。字符集中每一个字符对应一个编码，构成编码表。

显然编码表是用二进制表示的，人们理解起来很困难。为保证人和计算机之间能进行正确的信息交换，人们编制了统一的信息交换代码。目前使用最广泛的（但并不是唯一的）

西文字符集代码表是美国制定的 ASCII 码表，其全称是“美国信息交换标准代码”(American Standard Code for Information Interchange)。

表 1.3 即为 ASCII 码表，表头中的“高”字代表一个字节的高 4 位($b_7 \sim b_4$)，“低”字代表该字节的低 4 位($b_3 \sim b_0$)。从表中可以看出，一个字节的编码对应一个字符，最高位在计算机内部一般为“0”，故 ASCII 码是 7 位的编码，共可表示 128 个字符。

表中的前 2 列字符和最后一个字符(DEL)称为“控制字符”，在传输、打印或显示输出时起控制作用；剩下的 95 个字符是可打印(显示)的字符，并可在键盘上找到对应的按键。

表 1.3　ASCII 码表

高 低	0000	0001	0010	0011	0100	0101	0110	0111
0000	NUL	DLE	SP	0	@	P	`	p
0001	SOH	DC1	!	1	A	Q	a	q
0010	STX	DC2	"	2	B	R	b	r
0011	ETX	DC3	#	3	C	S	c	s
0100	EOT	DC4	$	4	D	T	d	t
0101	ENQ	NAK	%	5	E	U	e	u
0110	ACK	SYN	&	6	F	V	f	v
0111	BEL	ETB	′	7	G	W	g	w
1000	BS	CAN	(	8	H	X	h	x
1001	HT	EM	)	9	I	Y	i	y
1010	LF	SUB	*	:	J	Z	j	z
1011	VT	ESC	+	;	K	[	k	{
1100	FF	FS	,	<	L	\	l	|
1101	CR	GS	-	=	M	]	m	}
1110	SO	RS	.	>	N	^	n	~
1111	SI	US	/	?	O	_	o	DEL

显然美国顺利解决了字符的问题，可是欧洲各国还没有，例如法文中就有许多英文中没有的字符，因此 ASCII 码不能帮助欧洲人解决编码问题。于是人们借鉴 ASCII 码的设计思想，创造了使用 8 位二进制数表示字符的扩展字符集，这样就可以使用 256 种数字代号表示更多的字符。在扩展字符集中，从 0 到 127 的代码与 ASCII 码保持兼容，从 128 到 255 的代码用于表示其他的字符和符号。由于不同文字有各自不同的字符，于是人们为此制定了大量不同的编码表，其中国际标准化组织的 ISO 8859 标准得到了广泛的使用。

2. 汉字的表示方法

西文是线性文字，字符数量少，而汉字是表意文字，属于大字符集，字符数量巨大，这给汉字在计算机内的表示、传输、处理、输入和输出带来了一系列的问题。

(1) 汉字输入码

汉字输入码是用来完成汉字输入的汉字编码,也称为汉字的外码。汉字输入码要求有如下特点:易学、易记、效率高、重码少、容量大等。但到目前为止,还没有一种在各方面均表现出色的汉字输入码。

一般汉字输入码可分为以下 4 类:

① 字音编码,是基于汉语拼音的编码,如智能 ABC、全拼、微软拼音等。这类编码简单易学,适合非专业人员,但它的重码多,需要增加选择操作。

② 字形编码,是根据汉字的字形分解归类的编码,如五笔字型和表形码。这类编码重码少,输入速度快,但规则比较难,不易上手。

③ 形音编码,它吸取了字音和字形编码的优点,规则相对简单,重码相对少,但学习仍不易。这类编码有自然码等。

④ 数字编码,使用一串数字来表示汉字的编码,如区位码、电报码等。它们难以记忆,很少使用。

另外,汉字除了可以使用键盘输入外,还可以使用扫描仪和相应的软件进行扫描输入识别,或使用书写板进行手写汉字联机识别,甚至可以使用麦克风通过口述的方式输入汉字。

(2) 汉字在计算机内的表示

虽然汉字使用不同的输入码或其他方法输入计算机,但同一个汉字在计算机内部的编码仍然是一样的。

1980 年国家标准总局颁布了第一个国家标准汉字编码——《信息交换用汉字编码字符集・基本集》(GB 2312)。在此标准中共收录了 7 445 个汉字和符号,为每个字符规定了标准代码,以便在不同计算机系统之间进行汉字信息交换。

GB 2312 由三部分组成。第一部分是字母、数字和各种符号共 682 个,统称为图形符号;第二部分是一级常用汉字,共 3 755 个,按照汉语拼音排序;第三部分是二级常用汉字,共3 008 个,按偏旁部首排序。

GB 2312 的所有字符共分为 94 个区(即 01~94 行),行号称为“区号”;每个区再分为 94 个位(即 01~94 列),列号称为“位号”。某汉字所在的区号和位号共同组合成该汉字的区位编码,称为“区位码”。

例如,“大”字的区号是 20,位号是 83,则区位码为 20 83,用二进制表示为:0001010001010011。仔细观察一下,“00010100”是不是也可能表示 ASCII 码表中的“DC4”,“01010011”也可能表示 ASCII 码表中的“S”?计算机如何理解这是两个 ASCII 码值还是表示一个汉字呢?

在计算机内部,汉字的区号和位号分别用 1 个字节表示,为了与 ASCII 码有所区别,把字节的最高位均规定为 1。这种最高位均为 1 的编码称为“机内码”,简称“内码”。

机内码与国标码、区位码有以下换算关系:

高位区位码	低位区位码
+ 32	+ 32
高位国标码	低位国标码

高位国标码	低位国标码
+ 32	+ 32
高位机内码	低位机内码

以“大”字为例，其区位码为20 83，区号和位号分别加32得到52 115，将52和115分别转换成二进制，得到国标码“0011010001110011”，再将两个字节的最高位置“1”，即各加上128，得到机内码为“1011010011110011”，最后转换成十六进制数，得到“大”字的机内码为B4F3H。

由于GB 2312规定的字符编码实际上与ISO 8859是冲突的，所以在中文环境下查阅某些西文文章，使用某些西文软件时，有时会出现乱码，实际上就是因为西文中使用了与汉字编码冲突的字符，被计算机系统生硬地翻译成中文造成的。

6 763个汉字显然不能表示全部的汉字，但由于当时计算机的处理和存储能力都有限，所以在制定标准时只包含了常用汉字，因此时常会遇到生僻字或繁体字无法输入到计算机中的问题。

为了解决这些问题，在1995年我国发布了GBK，全称为“汉字内码扩展规范”。GBK向下与GB 2312完全兼容，向上支持ISO 10646国际标准(即UCS)，在前者向后者过渡的过程中起到了承上启下的作用。GBK编码采用双字节表示，在GBK 1.0中共收录了21 886个符号，汉字有21 003个。

GB 18030是最新的汉字编码字符集国家标准，于2000年发布并在2001年开始执行，它向下兼容GBK、GB 2312和CJK(Chinese Japanese Korean，它包含了来自中国、日本、韩国的汉字)编码，解决了汉字、日文、韩文和中国少数民族文字组成的大字符集计算机编码问题，满足中国、日本和韩国等东亚地区国家信息交换的多文种、大字量、多用途、统一编码格式的要求。

由于历史原因，中国的台湾、香港等地区还在使用繁体汉字，他们制定了一套表示繁体汉字的字符编码，称为“BIG5汉字编码标准”(简称“大五码”)，采用双字节表示，但不兼容简体汉字。BIG5使用了与GB 2312大致相同的编码范围来表示繁体汉字。同样的编码在祖国大陆和台湾地区的编码标准中实际上表示的是不同的字符。当大陆的计算机遇到BIG5编码的文字时，就会将其转换成默认的GB 2312编码的文字，因而形成乱码。

由于历史和文化的原因，日文和韩文中也包含许多汉字，像汉字一样拥有大量的字符，它们的字符编码也同样与汉字编码有冲突。《中文之星》《南极星》等软件就是用于在这些编码中进行识别和转换的专用软件。

20世纪80年代后期，互联网的出现彻底改变了人们的生活。在一切都在数字化的今天，文件中的数字到底代表什么字？问题的根源在于有太多的编码表。如果全球都使用一个统一的编码表，那么每个编码就会有一个确定的含义，就不会再有乱码的问题。

于是80年代成立的Unicode协会制定了一个能够覆盖几乎任何语言的编码表，全称是“通用多八位编码字符集”(Universal Multiple-Octet Coded Character Set，简称为UCS)。UCS编码空间大，但效率低。其简化方案是使用两个字节表示编码，称为“UCS-2”。

3. 字符的显示(打印)

通过计算机处理后的字符，如果需要在屏幕上显示或打印出来，则需要把机内码转换成人可以阅读的字形格式，即字形码。字形码又称输出码或字模，就是将字符的字形经过数字化后形成的一串二进制数，用于显示和打印字符。字形码的集合称为“字库”(font)。由于输出的需要，人们设计了不同字体的字形，相应也有不同的字库。例如英文的常见字库有

"Times New Roman""Arial"等，汉字的常见字库有"宋体""楷体""隶书"等。一些特殊行业如广告设计、平面设计等还会使用一些特殊的字库。要显示或打印输出一个字符时，计算机根据该字符的机内码找出其在字库中的位置，再取出其字模信息作为字形在屏幕上显示或在打印机上打印输出。

点阵字形码是一种最常见的字形码，它用一位二进制码对应屏幕上的一个像素点，字形笔画所经过处的亮点用 1 表示，没有笔画的暗点用 0 表示。点阵的实例很多，例如运动场、车站、码头等地的大屏幕显示屏，就是由许多行和列的灯泡组成的点阵，当某些灯亮时，就可以组成文字或图案。西文字符的点阵通常用 7 行 5 列的二进制位组成，记为 7×5 点阵，如图 1.7 所示。针式打印机的机头也是由按行、列排列的针组成的点阵，计算机控制二进制位为 1 的针打印出去，二进制位为 0 的针不打印，于是文字和图形就打印在纸张上了。

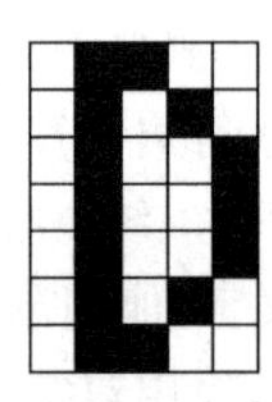

图 1.7　7×5 点阵

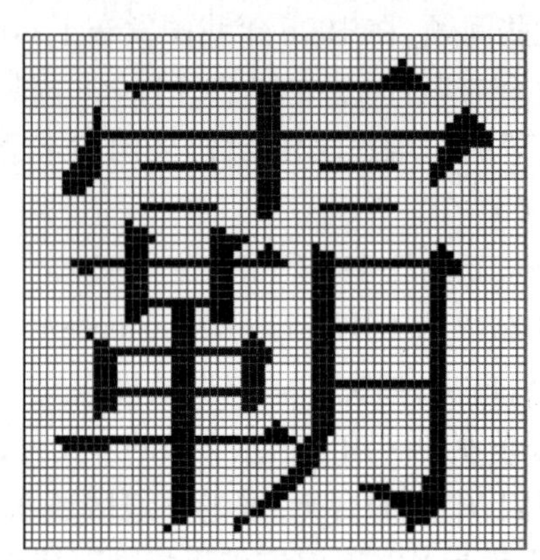

图 1.8　64×64 点阵

汉字的输出原理与西文的输出原理是相同的。不同的是汉字笔画较多，要能很好地表示一个汉字，起码需要 16×16 点阵才行。如果要求字形逼真美观，点阵的点数还要增加，如用 24×24、32×32、48×48、64×64 点阵等，如图 1.8 所示。因此汉字的存储空间比西文的要大很多，需要用大量的存储空间来存放字模。

注意，汉字在计算机内部都采用机内码表示，只需 2 个字节即可表示 1 个汉字。而当汉字被输出时，若使用 16×16 点阵的表示方法，则需要16 bit×16＝256 bit＝32 Byte，即 32 个字节来存放 1 个汉字的字形码。

除了点阵字库，汉字还可以使用轮廓字库来描述。轮廓字库使用数学方程式来描述字形，字形大小变化时不易失真，精度高，但技术较为复杂，例如 Windows 操作系统中的"TrueType"字体。

习题 1

一、选择题

1. 下列一组数据中的最大数是________。

A. 227Q　　B. 1FFH　　C. 1010001　　D. 789D

2. 在信息时代，计算机的应用非常广泛，主要有如下几大应用领域：科学计算、信息处理、过程控制、计算机辅助工程、家庭生活和________。

A. 军事应用　　B. 现代教育　　C. 网络服务　　D. 以上都不是

3. 十进制数 75 用二进制数表示为________。

A. 1100001　　B. 1101001　　C. 0011001　　D. 1001011

4. 一个非零无符号二进制整数后加两个零形成一个新的数，新数的值是原数值的________。

A. 4 倍　　B. 2 倍　　C. 1/4　　D. 1/2

5. 与十进制数 291 等值的十六进制数为________。

A. 123　　B. 213　　C. 231　　D. 132

6. 下列字符中，其 ASCII 码值最小的是________。

A. $　　B. J　　C. b　　D. T

7. 下列 4 条叙述中，有错误的一条是________。

A. 通过自动（如扫描）或人工（如击键、语音）方法将汉字信息（图形、编码或语音）转换为计算机内部表示汉字的机内码并存储起来的过程，称为汉字输入

B. 将计算机内存储的汉字内码恢复成汉字并在计算机外部设备上显示或通过某种介质保存下来的过程，称为汉字输出

C. 将汉字信息处理软件固化，形成一块插件板，这种插件板称为汉卡

D. 汉字国标码就是汉字拼音码

8. 某汉字的国标码是 1112H，它的机内码是________。

A. 3132H　　B. 5152H　　C. 8182H　　D. 9192H

9. 下列关于计算机的叙述中，不正确的一条是________。

A. 世界上第一台计算机诞生于美国，其主要元件是晶体管

B. 我国自主生产的巨型机代表是“银河”

C. 笔记本电脑也是一种微型计算机

D. 计算机的字长一般都是 8 的整数倍

10. 下列有关我国汉字编码标准的叙述中，错误的是________。

A. GB 18030 汉字编码标准与 GBK、GB 2312 标准兼容

B. GBK 汉字编码标准不仅与 GB 2312 标准兼容，还收录了包括繁体字在内的大量汉字

C. GB 18030 汉字编码标准中收录的汉字在 GB 2312 标准中一定能找到

D. GB 2312 中所有汉字的机内码都用两个字节来表示

11. 按 16×16 点阵存放 GB 2312 中二级汉字（共 3 008 个）的汉字库，大约需占用的存储空间为________。

A. 516 KB　　B. 256 KB　　C. 128 KB　　D. 94 KB

12. 在下列有关数的进制系统的叙述中，不正确的是________。

A. 所有信息在计算机中的表示均采用二进制编码

B. 以任何一种进制表示的数均可精确地用其他进制来表示

C. 二进制数的逻辑运算有三种基本类型，分别为“与”“或”和“非”

D. Windows 10 操作系统提供的“计算器”软件可以实现几种进制数之间的转换

13. 在计算机中，数值为负的整数一般不采用原码表示，而是采用补码表示。若某带符号整数的8位补码表示为10000001，则该整数为________。

A. 129　　B. −1　　C. −127　　D. 127

14. 若A=1100，B=1010，A与B运算的结果是1000，则其运算一定是________。

A. 算术加　　B. 算术减　　C. 逻辑与　　D. 逻辑或

二、计算题

1. 设字长为8位，分别写出+43，−7，127的原码、反码和补码以及−128的补码。

2. 已知某汉字的国标码是1112H，则它的机内码是多少？已知某汉字的机内码是D6D0H，它的区位码是多少？如果国标码是3A43H，机内码呢？如果机内码是BDCCH，其区位码呢？

3. 已知一个字符串的机内码为：CBFBCAC731B8F6D1A7C9FA2E，请问其中有几个汉字、几个西文字符？

4. 如果要存放10个24×24点阵的汉字字模，至少需要多少字节的存储空间？

三、问答题

1. 叙述计算机发展的历史，说明各发展阶段的划分依据是什么，各代计算机的主要特点是什么。

2. 什么是“摩尔定律”？

3. 计算机为什么要采用二进制？

4. 二进制数与八进制、十进制和十六进制数之间如何进行相互转换？

四、论述题

未来计算机的特性有什么质的飞跃？

第2章 计算机硬件系统

随着计算机技术的发展和应用领域的扩大，我们发现计算机已经成为了一种普通得不能再普通的工具了，如同我们离不开的自行车、汽车一样。可计算机这种工具为什么会这么神奇？它的内部到底由什么组成？众多电子元器件在计算机系统中到底是起到什么样的作用？它们如何协调与配合？其实要想解答这些问题，必须了解计算机的硬件系统。计算机用户可以通过硬件向计算机系统发出命令、输入数据并得到计算机的响应，从而完成相应的任务。本章将对计算机硬件系统的组成、计算机的工作原理、目前硬件系统的发展进行详细介绍。带着这些问题阅读本章的内容，你将对计算机硬件系统有一个深刻的认识。

2.1 计算机硬件系统的组成

自从1946年诞生了世界上公认的第一台电子数字计算机以来，计算机科学经历了半个多世纪的飞速发展。伴随着计算机应用领域的迅速扩大和深入，超大规模集成电路技术的发展，计算机的系统结构不断地得到改进，其性能成倍地提高。

虽然计算机技术取得了无与伦比的进步，但目前我们日常所使用的计算机均属于冯·诺依曼型计算机，也叫做存储程序式计算机。存储程序原理是美籍匈牙利裔数学家冯·诺依曼提出的，它奠定了现代计算机的基本体系结构。

存储程序式计算机由五大基本部分组成，分别是运算器、控制器、存储器、输入设备和输出设备，但人们习惯上把运算器和控制器看成一个整体，称之为中央处理器（Central Processing Unit，CPU）。有时人们还将中央处理器、内存储器及相关的总线称为主机，相对地将外存储器、输入/输出设备称为“外部设备”，简称“外设”。图2.1为计算机硬件系统结

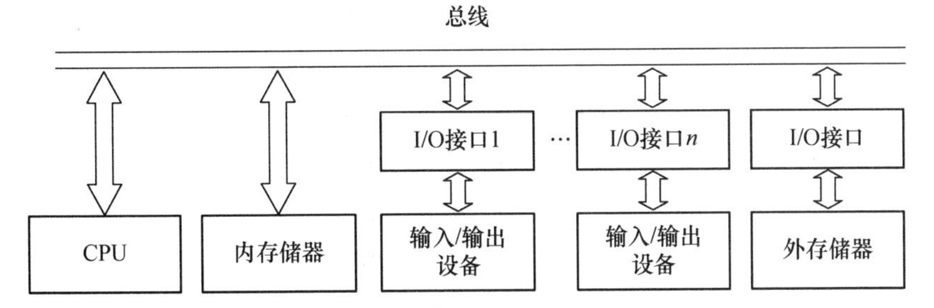

图2.1 计算机硬件系统结构示意图

构的示意图,由图中可以看出,计算机硬件系统采用总线结构,各个部件之间通过总线相连,构成一个统一的整体。

从外观上看,一台计算机通常由主机箱、显示器、键盘和鼠标组成,有时还配有打印机、扫描仪等其他外部设备,如图 2.2 所示。可真正重要的部件其实在主机箱内部,有 CPU、内存储器、外存储器(软盘存储器、硬盘存储器、光盘存储器)、主板、输入/输出接口(显卡、声卡等)和总线扩展槽等部件。下面我们将详细介绍计算机的各个硬件部件。

图 2.2 计算机的外观配置

2.1.1 中央处理器

中央处理器是计算机的核心,它是计算机完成取指令、解释指令和执行指令的重要部件,主要完成各种算术及逻辑运算,并控制计算机各部件协调地工作。

在微型计算机系统中,CPU 被集成在一片超大规模集成电路芯片上,称为微处理器。不同型号的计算机,其性能的差别首先在于其微处理器的性能,而微处理器的性能又与它自身的内部结构、硬件配置有关。目前市场上的 CPU 大多由 Intel、AMD、IBM 和威盛等公司生产,其中 Intel 公司约占 80%的市场份额,AMD 公司约占 19%的市场份额,图 2.3 所示的是 Intel 的处理器。Intel 的 CPU 从早期的 X86 系列发展到“奔腾”(Pentium)系列,逐渐过渡到“酷睿”(Core)系列,而 AMD 的 CPU 则从“闪龙”“速龙”发展到“羿龙”系列。实际上,

图 2.3 Intel 的处理器

不论是 **Intel** 还是 **AMD** 公司，其系列产品已从早期的单核处理器过渡到多核处理器。对于采用多核处理器的计算机，它的一个处理器上集成了更多个运算核心，所以性能和功能都有大幅度的提高和改进。

1. CPU 的基本结构

CPU 内部从总体上讲主要包括三大部分，即寄存器组、运算器和控制器，它们通过 CPU 内部总线连接在一起，如图 2.4 所示。

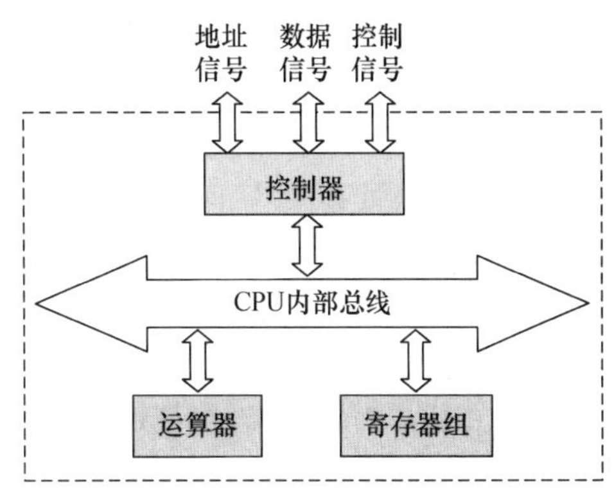

图 2.4　CPU 的基本结构

(1) 寄存器组

寄存器组包括通用寄存器组和专用寄存器组，按其字面意思可理解为是用来暂时存放数据的部件。这里的"数据"是广义的，它可以是参加运算的操作数或运算的结果，存放这类数据的寄存器称为通用寄存器；另外一类数据表征着计算机当前的工作状态，比如下面要执行哪一条指令，执行的结果具有哪些特征(如有无进位)等，存放这类数据的是专用寄存器。

(2) 运算器

运算器是计算机中执行各种算术和逻辑运算操作的部件，也称为算术逻辑单元(Arithmetic Logic Unit，ALU)。运算器的基本操作包括加、减、乘、除四则运算，与、或、非、异或等逻辑操作，以及移位、比较和传送等操作。计算机运行时，运算器的操作和操作种类由控制器决定。为了加快运算速度，许多 CPU 中还设置了多个单元，有的用于执行整数运算和逻辑运算，有的用于浮点计算。

(3) 控制器

控制器是统一指挥和控制计算机各个部件按时序协调操作的中心部件，主要完成分析指令、传送指令及操作数、产生和控制协调整个 CPU 工作所需要的时序逻辑等。控制器主要由程序计数器(Program Counter，PC)、指令寄存器(Instruction Register，IR)、指令译码器(Instruction Decode，ID)等部件组成。程序计数器用来存放将要执行的指令在主存储器中的存储地址，当一条指令执行结束后，PC 的值一般会自动加 1，指向下一条将要执行的指令。指令寄存器用来暂时存放从主存储器中取出的指令。指令译码器用来对指令进行译码，产生的译码信号识别了该指令要进行的操作，以便产生相应的控制信号。

2. CPU的性能指标

CPU性能的高低直接决定了一个计算机系统的性能，而CPU的主要技术参数可以反映出CPU的基本性能。CPU的主要技术参数如下：

(1) 字长

字长指的是CPU能够同时处理的二进制数据的位数。如果一个CPU的字长为8位，那么它每执行一条指令可以处理8位二进制数据，如果要处理更多位数的数据，就需要执行多条指令。显然，字长越长，CPU的功能就越强，工作速度也越快，但其内部结构也就越复杂。早期的微机产品是8位机和16位机，目前流行的主要是64位机。

(2) 主频

主频即CPU工作的时钟频率，它决定着CPU内部数据传输与操作速度的快慢。目前CPU的主频已达到GHz数量级。CPU的工作是周期性的，它不断地执行取指令、执行指令等操作。这些操作需要精确定时，按照精确的节拍工作，因此CPU需要一个时钟电路产生标准节拍，一旦机器加电，时钟便连续不断地发出节拍，就像乐队的指挥一样指挥着CPU有节奏地工作，这个节拍的频率就是主频。一般说来，主频越高，CPU的工作速度越快。由于各种CPU的内部结构不尽相同，所以并不能完全用主频来概括CPU的性能。至于外频，它是指系统总线的工作频率，而倍频则是指CPU外频与主频相差的倍数。主频、外频和倍频三者之间的关系是：主频=外频×倍频。

(3) CPU总线宽度

CPU总线的工作频率和数据线宽度决定着CPU与内存之间传输数据的快慢，数据线宽度越宽，一次性传输的信息量就越大，CPU访问内存的时间就越短。

(4) 高速缓存

高速缓存的结构和大小对CPU速度的影响非常大。CPU内的缓存一般和处理器同频运作，其工作速度远远大于内存和硬盘。实际工作时，CPU往往需要重复读取同样的数据块，如果增大缓存的容量，即可大幅度提升CPU内部读取数据的命中率，而无需到内存或硬盘上寻找，以此提高系统的性能。但从CPU芯片的面积和成本因素来考虑，缓存的容量一般都很小。

(5) CPU扩展指令集

CPU依靠指令来计算和控制系统。早期的CPU只包含一些功能比较弱的基本指令，例如对浮点数的计算需要执行由更多基本指令组成的程序。随着制造技术的进步，后来的CPU在基本指令集里提供了很多执行复杂运算的指令，指令的种类增加了，CPU的处理能力也就相应增强了。

3. CPU的发展

众所周知，Intel和AMD公司一直是CPU市场的领跑者，他们早期研发的产品都是单核的。为了提高CPU的性能，两大公司都致力于提高CPU的主频，当提高主频之路遇到重重阻碍时，Intel和AMD意识到单靠提升时钟频率是不可能设计出新一代的CPU的，最具实际意义的方式是增加CPU处理核心的数量。

(1) 多核处理器

多核处理器开创于2005年春季，其标志是Intel发布的Pentium D，而AMD紧随其后发布了Athlon芯片。和之前的Pentium 4相比，Pentium D处理器采用的是双核心。所谓双核心就是在一块CPU基板上集成两个处理器核心，并通过并行总线将各处理器核心连接起来。随着市场需求和技术水平的提高，处理器的主流产品又由双核处理器逐渐过渡到多核处理器。

多核化趋势正在改变计算机时代的面貌，跟传统的单核CPU相比，多核CPU带来了更强的并行处理能力、更强的计算密度和更低的时钟频率，并大大减少了散热和功耗。目前在芯片厂商的产品线中，双核、四核甚至八核CPU都已经占据了主要地位。例如Intel公司结束了使用长达12年之久的Pentium处理器，推出了Core 2 Duo和Core 2 Quad品牌以及最新的Core i3、Core i5和Core i7，目前最新的Core i7采用的是64位四核心CPU。

(2) ARM处理器

相对于AMD与Intel，ARM显然还是一个相对陌生的名词，而多数人也会好奇，ARM架构生产的应用处理器到底跟Intel、AMD的有什么不同呢？

ARM(Advanced RISC Machines)，既可被认为是一个公司的名称，也可被认为是对一类微处理器的通称。ARM处理器采用的是RISC(Reduced Instruction Set Computer，精简指令集计算机)架构，而Intel所主导的处理器采用的是CISC(Complex Instruction Set Computer，复杂指令集计算机)架构。在CISC指令集的各种指令中，大约有20%的指令会被反复使用，占整个程序代码的80%，而余下的80%的指令却不经常被使用。RISC架构优先选取使用频率最高的简单指令，避免复杂指令，将指令长度固定，并减少指令格式和寻址方式种类。

目前ARM处理器主要适用于智能手机和平板电脑(图2.5所示的是三星公司发布的ARM处理器)，而Intel和AMD的处理器主要适用于个人计算机。ARM处理器的功耗低，它的散热量几乎是PC处理器发热量的1/100到1/25。

图2.5 三星公司发布的ARM处理器

2.1.2 存储器

存储器是计算机的重要组成部分，其主要功能是存储程序和各种数据信息。根据存储器在计算机中位置的不同，可分为主存储器(Memory，也称“内存储器”，简称“内存”)和辅助存储器(Auxiliary Storage,也称“外存储器”,简称“外存”)两大类。相对于外存来说,内存的存取速度较快,能够被 CPU 直接访问,但容量小,价格高。目前内存由半导体存储器组成,外存常由磁性材料做成,如磁盘存储器(硬磁盘)及光盘存储器等。

1. 内存储器

在计算机内部,直接与 CPU 交换信息的存储器称为“内存储器”,简称“内存”,用来存放计算机运行期间所需的信息,如指令、数据等。内存在一个计算机系统中起着非常重要的作用,它的工作速度和存储容量对系统的整体性能、系统所能解决的问题的规模和效率都有很大的影响。

1) 内存的分类

按照存取方式,内存可以分为随机存储器(Random Access Memory,RAM)和只读存储器(Read Only Memory,ROM)两大类。

(1) 随机存储器

RAM 具有两个显著的特点:一是可读可写性,读出时并不损坏原来存储的内容,只有写入时才修改原来存储的内容;二是易失性,必须持续供电才能保持其所存储的数据,一旦供电中断,数据随即丢失,所以 RAM 适用于临时存储数据。

RAM 可以分为动态 RAM(Dynamic RAM, DRAM)和静态 RAM(Static RAM, SRAM)两大类。DRAM 的特点是集成度高,必须定期刷新才能保存数据,所以速度较慢,通常用作主存;SRAM 的特点是存取速度快,制造成本高,主要用作高速缓冲存储器。

(2) 只读存储器

ROM 是只读存储器,它的特点是信息只能读出不能写入,计算机断电后,ROM 中原有内容保持不变,重新加电后仍可读出,所以 ROM 适用于存放一些固定的程序和数据。按照 ROM 的内容能否改写,可以分为以下 4 类:

① Mask ROM:由厂家在制造过程中将信息写入芯片,以后不能改变。

② PROM:根据用户需要,使用特殊装置将信息写入,写入后不能更改。

③ EPROM:通过特殊装置将信息写入,但写之前需用紫外线照射,将所有存储单元擦除至初始状态后才可重新写入。

④ Flash ROM:是一种长寿命的非易失性存储器,数据删除不是以单个的字节为单位而是以固定的区块为单位,区块大小一般为 256 KB 到 20 MB,通常用来保存设置信息,如计算机中的 BIOS、数码相机中的存储卡等。

随着微电子技术的不断发展,CPU 的主频不断提高,主存由于容量大、寻址系统繁多、读写电路复杂等原因,造成了其工作速度大大低于 CPU 的速度,直接影响了计算机的性能。为了解决这一矛盾,人们在 CPU 和主存之间增设了一级容量不大但速度很快的高速缓冲存储器(Cache),简称高速缓存,利用 Cache 存放常用的程序和数据。当 CPU 访问程序和数据时,首先从 Cache 中查找,如果所需程序和数据不在 Cache 中,则到主存中读取数据。因此 Cache 的容量越大,CPU 在 Cache 中找到所需数据或指令的概率就越大。

现代计算机一般都配有三级缓存。一级缓存叫作主缓存或内部缓存,直接设计在 CPU 芯片内部,容量小。早期的二级缓存和三级缓存并没有集成在 CPU 中,而是在主板上或与 CPU 集成在同一块电路板上,因此被称为外部缓存。但随着工艺的提高,二级和三级缓存

已逐渐被集成在 CPU 的内核中，所以在性能上与一级缓存没有太大的差别。当 CPU 需要指令或数据时，实际检索顺序是先缓存后内存。

2）内存的性能指标

内存分成一个个存储单元，每个存储单元存放一定位数的二进制数据。为了对内存进行有效的管理，需要对每个存储单元进行编号。内存的存储单元采用顺序的线性方式组织，所有单元排成一队，排在最前面的单元编号为 0，即其地址为 0，其余单元的地址顺序排列。由于地址的唯一性，CPU 可以通过地址对存储单元进行访问。一个存储单元中存放的信息为该存储单元的内容，例如图 2.6 表示了存储器里存放信息的情况，可以看出，2 号存储单元中的内容为 10110110。

存储内容	内存地址
	0000H
	0001H
10110110	0002H
⋮	⋮
	FFFDH
	FFFEH
010101110	FFFFH

图 2.6 存储单元的地址和内容

衡量内存的常用指标有存取速度和存储容量。内存的存取速度是指读或写一次内存所需要的时间，通常以 ns 来衡量，一般为 1～10 ns。只有内存的存取速度与 CPU 速度、主板速度相匹配，才能发挥计算机的最大效率。内存的存储容量是指内存中有多少个存储单元，其容量实际是指主板插槽上内存条的容量。理论上来说，内存的容量是多多益善，但受到主板所支持最大容量的限制，目前主流内存产品的容量在 2 G～16 G。图 2.7 为 PC 中使用的金士顿 DDR3 型内存条。

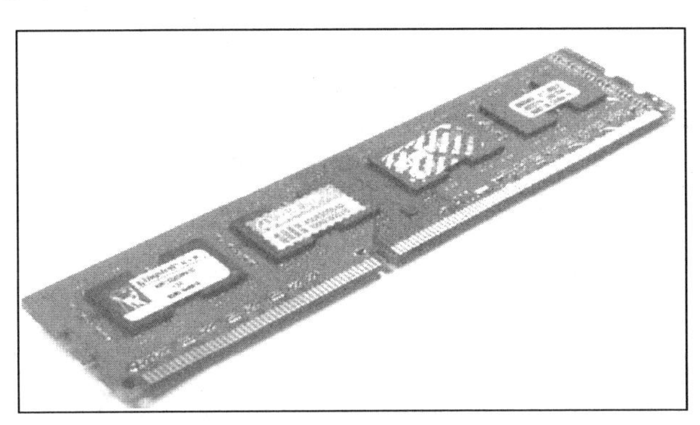

图 2.7 金士顿 DDR3 型内存条

现阶段，内存的主要生产厂商有三星、金士顿、海盗船和威刚等。在选购内存条时，除了需要考虑品牌、容量外，还需注意内存的类型，目前计算机中的内存条大多数是DDR2、DDR3和DDR4型的，而早期的DDR型已被淘汰。

2. 外存储器

通常，计算机中内存的容量总是有限的，不能满足存放数据的需要，而外存储器作为计算机中不可缺少的外部设备，是内存的延伸，其主要作用是长期存放计算机工作所需要的程序、文档和数据等。外存储器既可作输入设备又可作输出设备，它的特点是存储容量大、可靠性高、价格低，但不能被CPU直接访问。当CPU需要执行某部分程序或数据时，要将该程度或数据由外存调入内存以供CPU访问。

常见的外存有软盘存储器、硬盘存储器、光盘存储器和可移动存储器等。也许你会觉得现在几乎没有人使用软盘，有些计算机上甚至没有软驱，根本没有必要再介绍软盘了。但提到软盘，可能会勾起很多人小时候刚开始学习计算机的回忆，另外它的结构和硬盘有些相似，所以这里仍然从软盘开始介绍。

1）软盘存储器

软盘存储器由软盘盘片、软盘驱动器和软盘适配器三部分组成。软盘盘片是存储介质，软盘驱动器是读写装置，软盘适配器是软盘驱动器与主机连接的接口。计算机所配置的通用软盘驱动器大多数是3.5英寸的1.44 MB薄型软盘驱动器，适用1.44 MB软盘(如图2.8所示)。

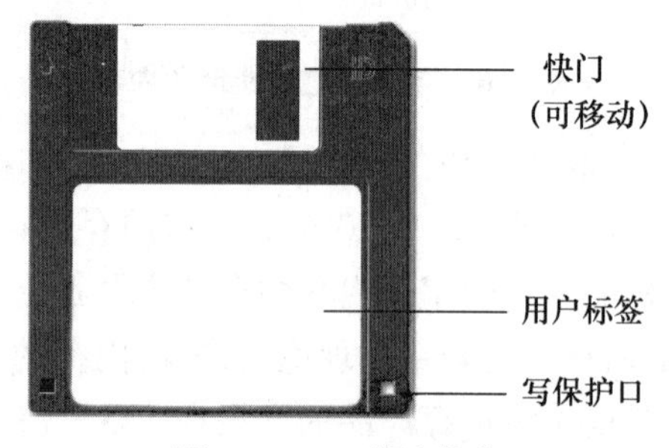

图2.8　3.5英寸软盘

(1) 软盘的存储原理

3.5英寸软盘盘片是软盘的核心，是记录数据的载体.表面涂着一层由铁氧化物构成的磁性材料。盘片在软盘驱动器中旋转并通过磁头来读写盘片的信息。写的过程是以电脉冲将磁头下方磁道上那一点磁化，而读的过程则是将磁头下方磁道上那一点的磁化信息转化为电信号，并通过电信号的强弱来判断为“0”还是“1”。

软盘上的写保护口主要用于保护软盘中的信息。一旦设置了写保护，就意味着只能从该软盘中读信息，而不能再往软盘中写信息。

(2) 软盘的格式化

新软盘只有经过格式化后才可以使用。格式化是为存储数据做准备，在此过程中，软盘被划分成若干个磁道，磁道又被划分为若干个扇区，如图2.9所示。

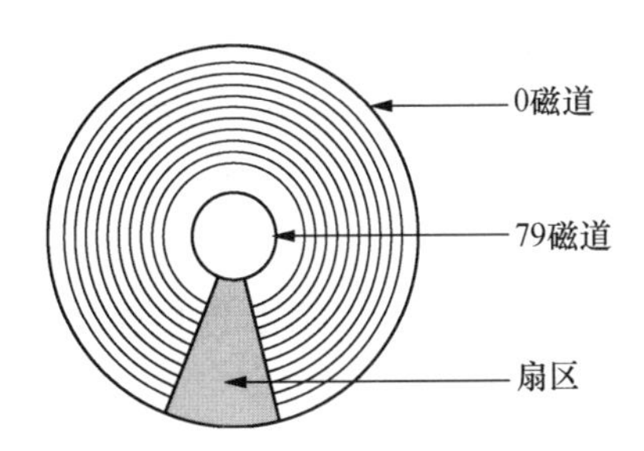

图 2.9　软盘的磁道和扇区

(3) 软盘的主要技术指标

① 面数：只用一面存储信息的软盘称为单面软盘，而用双面存储信息的软盘称为双面软盘。

② 磁道：是由外向内的一组同心圆。磁道从外向内编号，通常软盘的磁道数为 80，磁道从 0 开始编号。

③ 扇区：每个磁道被划分成若干区域，每个区域称为一个扇区。扇区是软盘的基本存储单位，每个扇区的存储容量为 512 B。

④ 容量：指软盘所能存储数据的字节数，可由如下公式计算得出：

软盘的容量＝记录面数×磁道数×扇区数×每扇区的字节数

例如，3.5 英寸软盘的容量为：2×80×18×512B/(1 024×1 000)＝1.44 MB

2) 硬盘存储器

硬盘是最重要的外存储器，用于存放系统软件、大型文件、数据库等大量程序与数据，它的特点是存储容量大、可靠性高、存取速度快。

(1) 硬盘的结构和存储原理

硬盘一般由一组同样尺寸的磁盘片环绕共同的核心组成，这些磁盘片是涂有磁性材料的铝合金盘片，质地较硬，质量较好。每个磁面各有一个磁头，磁头在驱动马达的带动下在磁盘上做径向移动，寻找定位点，完成写入或读出数据的工作。硬盘驱动器通常采用温彻斯特技术，将硬盘驱动电机和读写磁头等组装并封装在一起，称为“温彻斯特驱动器”。硬盘结构如图 2.10 所示。

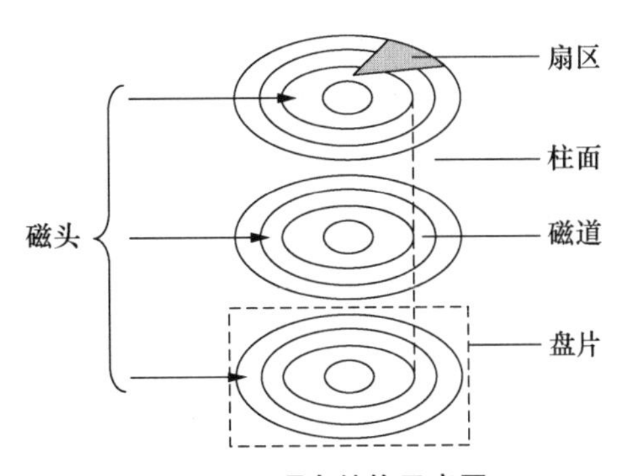

图 2.10　硬盘结构示意图

从图 2.10 可以看出，硬盘是由一组盘片组成，所有盘片的同一磁道共同组成了一个圆柱面，称为“柱面”。由此可知：硬盘容量＝每扇区字节数×扇区数×磁道数×记录面数×盘片数。

（2）硬盘的格式化

硬盘格式化的目的与软盘格式化的目的相同，但操作较为复杂。硬盘格式化一般分为硬盘的低级格式化和硬盘的高级格式化。

① 硬盘的低级格式化：是对硬盘进行初始化，目的是对硬盘重新划分磁道和扇区。低级格式化是在高级格式化之前进行的，它只能够在 DOS 环境下来完成，而且只能针对一块硬盘而不能针对单独的某一个分区。一般在以下这两种情况下需要对硬盘进行低级格式化：一是硬盘出厂前，硬盘厂商会对硬盘进行一次低级格式化；一是当硬盘出现某种类型的坏磁道时，使用低级格式化能起到一定的缓解或者屏蔽作用。

② 硬盘的高级格式化：主要是对硬盘的各个分区进行磁道的格式化，在逻辑上划分磁道。高级格式化有两个作用：一是装入操作系统，使硬盘兼有系统启动盘的作用；二是对指定的硬盘分区进行初始化，建立文件分配表以便系统按指定的格式存储文件。

（3）硬盘的技术指标

① 容量：硬盘作为计算机系统的数据存储器，容量是其最主要的参数。硬盘的容量一般以吉字节(GB)为单位，1GB＝1 024 MB。但硬盘厂商在标称硬盘容量时通常取 1G＝1 000 MB，因此我们在 BIOS 中或在格式化硬盘时看到的容量会比厂家的标称值要小。目前硬盘中一般有 1～5 个存储盘片，其所有盘片容量之和为硬盘的存储容量。

② 转速：指硬盘盘片每分钟转动的圈数，单位为 rpm。目前市场上主流硬盘的转速一般都已达到了 7 200 rpm，而更高的则达到了 10 000 rpm。

③ 平均寻道时间：指硬盘的磁头移动到盘面指定磁道所需的时间，该时间越短，硬盘的工作速度则越快。目前硬盘的平均寻道时间通常在 8 ms 到 12 ms 之间。

④ 平均等待时间：指磁头已处于要访问的磁道，等待所要访问的扇区旋转至磁头下方的时间。平均等待时间为盘片旋转一周所需的时间的一半，一般应在 4 ms 以下。

⑤ 数据传输速率：指硬盘读写数据的速度，单位为兆字节每秒(MB/s)。硬盘的数据传输率又包括了内部数据传输率和外部数据传输率。内部数据传输率反映了硬盘在盘片上读写数据的速度，主要依赖于硬盘的旋转速度。外部数据传输率反映了系统总线与硬盘缓冲区之间的数据传输率，它与硬盘接口类型和硬盘缓存的大小有关。

⑥ 缓存：与主板上的高速缓存一样，硬盘缓存的目的是为了解决系统读写速度不匹配的问题，以提高硬盘的读写速度。目前，大多数 IDE 硬盘的缓存在 8 M 左右。

技术指标无疑是衡量硬盘性能的主要参数，可对非专业用户来说，在选购硬盘时经常会考虑品牌因素，目前市场上的流行品牌有希捷、西部数据(图 2.11)、东芝等。除了品牌外，还可根据硬盘的颜色来进行选择。以西部数据的硬盘为例，它分为绿盘、蓝盘和黑盘。绿盘的转速为5 400 rpm，性能较差，型号一般是以 DS、CS 结尾；蓝盘的转速为7 200 rpm，综合性能好，型号一般是以 KS 结尾；黑盘的功能强大，价格高，型号一般以 LS 结尾。

图 2.11　西部数据的硬盘

3）光盘存储器

光盘是利用光学和电学原理进行读/写信息的存储介质，它是由反光材料制成的，通过在其表面上制造出一些变化来存储信息。当光盘转动时，上面的激光束照射已存储信息的反射表面，根据产生反射光的强弱变化识别出存储的信息，从而达到读出光盘上信息的目的。

目前光盘存储器已广泛地应用于计算机系统中，因为它具有如下优点：第一，存储容量大，例如一张 DVD 格式的光盘的存储容量可达 10 GB，因此这类光盘特别适合多媒体的应用；第二，可靠性高，例如不可重写的光盘上的信息几乎不可能丢失，特别适用于档案资料管理；第三，存取速度高，目前蓝光光盘的数据传输率为 36 Mbps。

常用的光盘存储器可分为下列几种类型：

(1) CD

CD 是英文"Compact Disc"的缩写，意思是高密度盘，即光盘。光盘是从 20 世纪 70 年代末的胶木唱片发展而来的，经过不断完善和发展，品种不断增加，并获得广泛的应用。到目前为止，光盘制品有十多个规格品种，每个品种又都有对应的标准格式。CD 的存储容量一般为 650～700 MB，它主要有 CD-ROM、CD-R 和 CD-RW 三种格式。

CD-ROM(Compact Disk Read Only Memory)是一种只读型光盘，由生产厂家预先写入数据和程序，使用时用户只能读出内容，不能修改或写入新内容。CD-ROM 光驱的读取速率一般都在 50 倍速以上(单倍速是指每秒钟光驱的读取速率为 150 KB)。与硬磁盘表面一组同心圆组成的磁道不同，CD-ROM 有一条从内向外的、由凹坑和平坦表面互相交替组成的连续的螺旋线轨道，也就是说，数据和程序是以凹坑形式保存在盘上的。

当要读出光盘中的信息时，激光头射出的激光束透过表面的透明基片直接聚集在盘片反射层上，被反射回来的激光会被光感应器检测到。当激光通过凹坑时，反射光强度减弱，代表读出数据"1"；当激光通过平坦表面时，则光强度不发生变化，代表读出数据"0"。光盘驱动器的信号接收系统负责把这种光强度的变化转换成电信号再传送到系统总线,从而实现数据的读取。

CD-R(CD-Recorder)又称“只写一次型光盘”,这种光盘存储器的盘片可由用户写入信息,但只能写入一次,写入后的信息将永久地保存在光盘上,可以多次读出,但不能重写或修改。

CD-RW(CD-Rewritable)类似于磁盘,可以重复读写,其写入和读出信息的原理与使用的介质材料有关。例如,用磁光材料记录信息的原理是:利用激光束的热作用改变介质上局部磁场的方向来记录信息,再利用磁光效应来读出信息。

(2) DVD

最早出现的DVD(Digital Video Disk,数字视频光盘)是一种只读型光盘,必须由专门的影碟机播放。随着技术的不断发展,数字通用光盘(Digital Versatile Disk)取代了原先的数字视频光盘,其中每张光盘的存储容量都可以达到4.7 GB以上。

DVD的基本格式有DVD-ROM、DVD-Video、DVD-Audio、DVD-R、DVD-RW、DVD-RAM等。

(3) 蓝光光盘

目前单面标准的DVD可保存4.7GB的信息,这大约可以存储两小时长、带一些附加功能的标准清晰度的视频。但随着电视机和影视制作开始采用高清晰度标准,消费者也将需要拥有更多存储容量的播放系统。蓝光光盘是下一代数字视频光盘,它可以记录、存储和播放高清晰度视频和数字音频以及计算机数据。蓝光光盘的优势是可以存储海量的信息,图2.12为25 GB容量的蓝光光盘。

图2.12 三菱的蓝光光盘

一张单层蓝光光盘的尺寸与DVD大致相同,但是可保存27 GB的数据——可以存储2小时以上的高清晰度视频或大约13小时的标准视频。一张双层蓝光光盘最多可存储50 GB的数据,足以保存约4.5小时的高清晰度视频或20多个小时的标准视频。

蓝光光盘的主要优势有以下几个方面：可以录制高清晰度的电视（高清电视）节目，无任何质量损失；即时搜索光盘；可以在观看光盘上的一个节目的同时录制另一个节目；可以创建播放列表；可对光盘上录制的节目进行编辑或重新排序。

和CD、DVD类似，蓝光光盘也设计了几种不同的格式：BD-ROM（只读），适合存储预先录制的内容；BD-R（可录制），适合PC数据存储；BD-RW（可擦写），适合PC数据存储；BD-RE（可擦写），适合录制高清电视节目。

4）可移动存储器

由于软盘的存储容量较小，也较易损坏，目前已被一种可移动的存储器所取代，这就是U盘和移动硬盘，如图2.13所示。

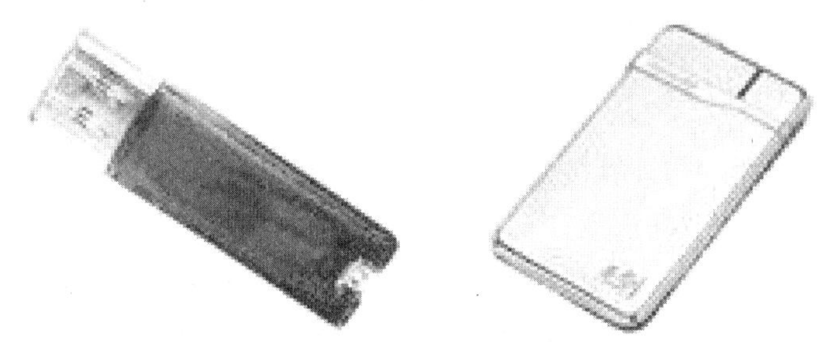

图2.13 移动存储器

(1) 闪存盘(U盘)

U盘采用一种可读写、非易失的半导体存储器——闪存作为存储介质，通过通用串行总线接口(USB)与主机相连，可以像使用软盘、硬盘一样在该盘上读写、传送文件。目前U盘的容量一般在8 GB～64 GB。U盘之所以被广泛使用是因为它具有许多优点：

① 体积小、重量轻，便于携带。

② 采用USB接口，无需外接电源，支持即插即用和热插拔。在Windows Me以上的操作系统中，不用安装驱动程序就可以使用U盘。

③ 存取速度至少比软盘快15倍以上，数据至少可保存10年，擦写次数可达10万次以上。

④ 抗震防潮性能好，还具有耐高低温等特点。

(2) 移动硬盘

虽然U盘具有性能高、体积小等优点，但对于需要存储较大量数据的情况，其容量就不能满足要求了，因而需要使用另一种可移动存储器——移动硬盘。与U盘相比，移动硬盘的特点是容量更大(1 TB～4 TB)，传输速度更快。移动硬盘大多采用USB接口，能提供较高的数据传输速率。目前USB 3.0接口的传输速率是500 MB/s。

综上所述，在计算机中存储信息的设备有内存、硬盘、软盘、光盘、U盘等，每种存储设备都有其特点。为了充分发挥各种存储设备的长处，将其有机地组织起来，这就构成了具有层次结构的存储系统，如图2.14所示。

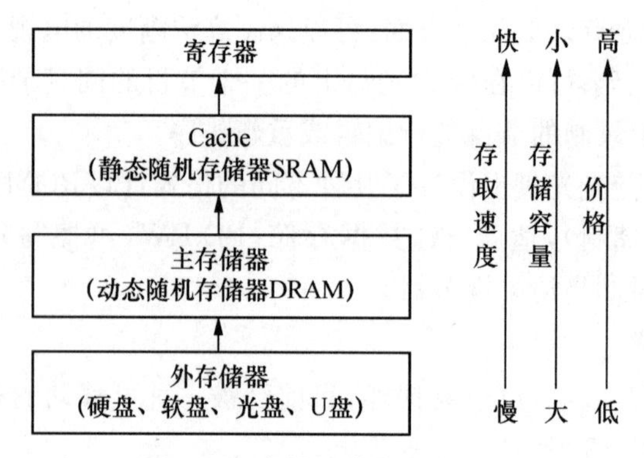

图 2.14 存储系统的层次结构

2.1.3 输入/输出设备

输入/输出设备是用户与计算机之间进行信息交流的主要设备。输入设备的功能是把用一定形式表示的程序和数据送入计算机,输出设备的功能是将计算机运算操作的结果转化为用户或其他设备能够接受和识别的信息形式。计算机的输入/输出设备的种类繁多,不同设备可以满足人们使用计算机时的各种不同需要。下面介绍几种最常用的输入/输出设备。

1. 输入设备

输入设备(Input Device)用于把原始数据和处理数据的程序输入到计算机中。现在的计算机能够接收各种各样的数据,既可以是数值型数据,也可以是各种非数值型数据,如图形、图像、声音等都可以通过不同类型的输入设备输入到计算机中。计算机的输入设备按功能可分为下列 4 类:

① 字符输入设备:键盘、光笔等。

② 图形输入设备:鼠标、操纵杆、条形码阅读器等。

③ 图像输入设备:数码相机、扫描仪等。

④ 语音输入设备:语言模数转换识别系统等。

下面介绍目前几种常用的输入设备,并简要说明它们的功能。

1) 键盘

键盘是微型计算机的主要输入设备,是计算机常用的输入数字、字符的设备,通过它可以输入程序、数据、操作命令,也可以对计算机进行控制。

键盘由一组按键排成的开关阵列组成,按下一个键就产生一个相应的扫描码,不同位置的按键对应不同的扫描码。键盘上的按键可以划分成 4 个区域,具体排列如图 2.15 所示。

① 功能键区:包含 12 个功能键 F1~F12,这些功能键在不同的软件系统中有不同的定义。

② 主键盘区:包含字母键、数字键、运算符号键、特殊符号键、特殊功能键等。

③ 副键盘区(数字小键盘区):包含 10 个数字键和 4 个运算符号键,另外还有回车键和一些控制键。所有数字键均有上、下两种功能,通过数字锁定键(Num Lock)进行选择。

④ 控制键区：包含插入键、删除键、光标控制键、翻屏键等。

PC 上的键盘接口有三种，一种是比较老式的直径 13 mm 的 PC 键盘接口，另一种是直径 8 mm 的 PS/2 键盘接口，现在这两种已基本淘汰，第三种是 USB 接口，目前 USB 接口的键盘已被普遍使用。

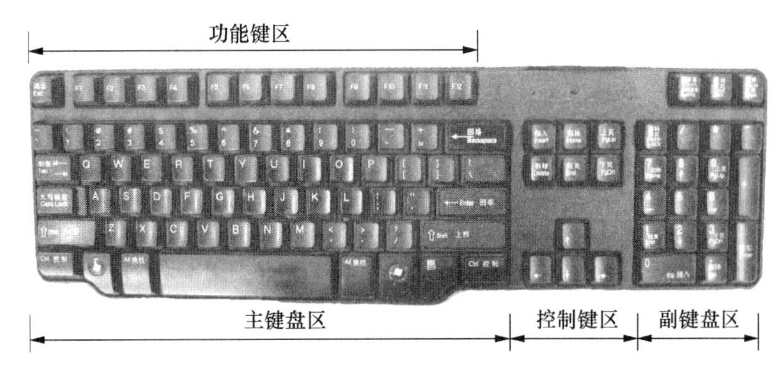

图 2.15　微型计算机键盘排列示意图

2）鼠标

鼠标是用于图形界面操作系统的快速输入设备，其功能主要是移动显示器上的光标并通过菜单或按钮向主机发出各种操作命令，但不能输入字符和数据。

鼠标通常有两个按键，每个按键的功能可以由软件来任意规定，一般左键用得较多。鼠标的操作包括两种：一种是平面上的移动，另一种就是按键的按下和释放。当鼠标在平面上移动时，通过机械或光学的方法把鼠标移动的距离和方向转换成脉冲信号传送给计算机，计算机中的鼠标驱动程序将脉冲个数转换成鼠标的水平方向和垂直方向的位移量，从而控制显示屏上光标箭头随鼠标的移动而移动。

（1）鼠标的分类

鼠标可按照接口类型分为 5 类：PS/2 接口的鼠标、串行接口的鼠标、USB 接口的鼠标、红外接口的鼠标和无线接口的鼠标。PS/2 接口的鼠标用的是 6 针的小圆接口；串行接口的鼠标用的是 9 针的 D 型接口；USB 接口的鼠标使用 USB 接口，具有即插即用特性；红外接口的鼠标利用红外线与计算机进行数据传输；无线接口的鼠标则通过无线电信号与计算机进行数据传输。后两种鼠标都没有连接线，故称为“遥控鼠标”，使用起来较为灵活，但红外接口的鼠标使用时要正对着计算机，角度不能太大。

鼠标还可按其工作原理分为机械式、光机式和光电式三类。较早的鼠标是机械式的，但由于其准确性和灵敏度差，很快就被淘汰了。光机式鼠标结合了机械及光电原理，其精度比机械式鼠标高，但需要在平整表面上进行操作。目前最流行的是光电式鼠标，在鼠标底部用一个图形识别芯片时刻监视鼠标与桌面的相对移动，根据移动情况发出位移信号。这种鼠标的传送速率快，灵敏度和准确度高。

笔记本计算机的鼠标包括内置式和外置式两种。外置式鼠标与普通台式机的鼠标相同。内置式鼠标按其工作原理分为指点杆式、触摸屏式和轨迹球式。

(2) 鼠标的主要技术参数

鼠标最重要的参数是分辨率,它以 DPI(Dots Per Inch,点/英寸)为单位,表示鼠标移动 1 英寸所通过的像素点数。一般鼠标的分辨率为 150～200 DPI,高的可达 300～400 DPI。若屏幕分辨率为 640×480 DPI 时,鼠标只要移动 1 英寸即对应屏幕上 300～400 像素的位置,基本遍历了屏幕的 2/3,因此鼠标的分辨率越高,鼠标移动距离就越短。

3) 数码相机

数码相机是一种利用电子传感器把光学影像转换成电子数据的照相机,是一种重要的图像输入设备。传统相机使用胶卷作为记录信息的载体,而数码相机的"胶卷"则是成像感光器件。感光器件是数码相机的核心,也是最关键的技术。目前数码相机的核心感光器件有两种:一种是广泛使用的 CCD(Charge Coupled Device,电荷耦合器件),另一种是 CMOS (Complementary Metal-Oxide Semiconductor,互补金属氧化物导体)。

CCD 由一种高感光度的半导体材料制成,能把光线转变成电荷,然后通过模数转换器芯片将电信号转换成数字信号,数字信号经过压缩处理后经 USB 接口传送到计算机上就形成所采集的图像。CMOS 主要是利用硅和锗做成的半导体。CCD 在影像品质等各方面均优于 CMOS,但 CMOS 具有低成本、低耗电的特点。目前市场上绝大多数的中高端数码相机都使用 CCD 作为感光器,而 CMOS 感光器则作为低端产品应用于数字摄像头。

CCD 中有很多相同的感光元件,每个感光元件称为一个"像素",因此数码相机的像素和 CCD 的大小有密切的关系。现在市面上的消费级数码相机的 CCD 尺寸主要有 2/3 英寸、1/1.8 英寸、1/2.7 英寸、1/3.2 英寸四种。CCD 尺寸越大,感光面积越大,成像效果越好,但价格也越高。

衡量数码相机性能的重要参数是分辨率和存储容量。

① 分辨率:单位为 DPI,其数值大小将直接影响最终图像的质量。常见的分辨率有 640×480、1 024×768、1 600×1 200、2 048×1 536,其中前者为水平分辨率,后者为垂直分辨率,长宽比一般为 4∶3,两者相乘即为图像的像素。图像的分辨率越高,那么图像的尺寸和体积都将越大。

② 存储容量:数码相机采用存储卡(闪存)作为存储设备,即使断电也不会丢失信息。在图像分辨率和质量要求相同的情况下,存储容量越大,可存储的照片则越多。

对于数码相机中图像分辨率的选择要根据自己的需求,不能一味地追求质量或者单纯考虑存储卡容量,一切要从自身的需求出发。例如,用于印刷出版的图像的分辨率一般在 500 万(2 560×1 920)像素以上,而供计算机显示的图像的分辨率在 1 024×768 DPI 左右。

4) 扫描仪

扫描仪就是获取照片、书籍上的文字或图片,以图片文件的形式保存在计算机里的一种设备,照片、文本页面、图纸、美术图画、照片底片等都可作为扫描对象。

(1) 扫描仪的分类

根据扫描仪的工作原理,我们把扫描仪分为两类:滚筒式扫描仪和平板式扫描仪。滚筒式扫描仪输出的图像普遍具有色彩还原逼真、放大效果好的优点,但其占地面积大、价格昂贵(是平板式扫描仪的 5～50 倍)。随着科技的不断进步,目前高、中档平板式扫描仪已具有滚筒式扫描仪的大多数优点，从而满足大多数的应用需求。平板式扫描仪如图 2.16 所示。

图 2.16 平板式扫描仪

(2) 扫描仪的性能指标

① 分辨率:分辨率是扫描仪最主要的性能指标，它表示扫描仪对图像细节的表现能力，决定了扫描仪所记录图像的细致度。通常用每英寸长度上扫描图像所含像素点的个数来表示扫描仪的分辨率。目前大多数扫描仪的分辨率在 300～2 400 DPI 之间。DPI 数值相对越大，扫描仪的分辨率越高，扫描仪图像的品质越高。但这并不意味着分辨率越高越好，当分辨率大于某一特定值时，只会使图像文件增大而不易处理，并不能对图像质量产生显著的改善。

② 灰度级:灰度级表示图像的亮度层次范围。级数越多，扫描图像的亮度范围越大、层次越丰富。目前多数扫描仪的灰度级为 256。

③ 色彩数:色彩数表示彩色扫描仪所能产生颜色的范围，通常用描述每个像素点颜色的比特(bit)数表示，越多的比特数可以表现越丰富的颜色。例如，常说的真彩色图像指的是图像的每个像素点由 3 个 8 比特的红、绿、蓝彩色通道所组成，即 24 位二进制数表示，红、绿、蓝通道结合可以产生 2^{24} 种颜色的组合。

④ 扫描幅面:表示扫描图像尺寸的大小，常见的有 A4、A3、A0 等。

⑤ 扫描速度:扫描速度与分辨率、内存容量、图像大小等因素有关，通常用指定的分辨率和图像尺寸下的扫描时间来表示。

⑥ 与主机的接口:目前市场上的扫描仪接口有 SCSI 接口、USB 接口和 IEEE 1394 接口，其中 USB 接口的扫描仪使用得非常广泛。

5) 触控屏幕

触控屏幕作为一种较新的计算机输入设备，是目前最简单、最方便、最自然的一种人机交互设备。它赋予了多媒体以崭新的面貌，是极富吸引力的全新多媒体交互设备。我们最常使用的智能手机、银行的取款机以及医院、图书馆等都有采用这种触控技术的屏幕。

触控技术用手指代替了键盘、鼠标，既体现出了最大的人性化，又在特定的场合减少了鼠标、键盘占用的空间。触控技术主要包含单点触控和多点触控两种。传统的触控屏幕大多数是单点触控的，也可以说是电阻式触控的，一次只能判断一个触控点，若同时有两个以上的点被触碰,则不能作出正确反应。目前市场上以 iPhone 为代表的智能手机和平板电脑是支持多点触控的,它可以同时响应操作者在屏幕上的多点操作。多点触控的任务可以分解为两个方面的工作,一是同时采集多点信号,二是对每路信号的意义进行判断,也就是所谓的手势识别。

目前我们已经接受了手机和平板电脑的触控操作,但在使用 PC 时还得使用鼠标和键盘,因为触摸屏的成本相对比较高,而且需要操作系统的支持。目前有些厂商推出了比较完美的触控解决方案,如触控笔,通过触控笔能够达到手指操作的水平,使得触控操作比较完美。相比传统的单点触控,多点触控有更强大的可操作性与扩展性,将逐渐成为未来的主流技术。

6) 光笔

键盘是一种重要的文字输入设备,因此用户需要熟悉汉字输入法才能快速地进行中文的输入。但随着现代电子技术的发展,人们已经研制出了手写输入方法,其代表产品就是光笔。光笔的原理是用一支与笔相似的定位笔(光笔)在一块与计算机相连的书写板上写字(图 2.17),根据压敏或电磁感应将笔在运动中的坐标位置不断送入计算机,使得计算机中的识别软件通过采集到的笔的轨迹来识别所写的字,再把得到的标准代码作为结果存储起来。因此采用手写输入的核心是识别软件,软件的识别率越高,就越能快而准确地得到所需的汉字。

图 2.17　光笔

2. 输出设备

输出设备(Output Device)是用户与计算机交互的一种部件,用于数据的输出,它把各种信息以数字、字符、图像、声音等形式表示出来。常见的输出设备有显示器、打印机、绘图仪和语音输出系统等。

下面简要介绍常用的显示器、打印机和绘图仪的基本工作原理及性能指标。

1) 显示器

显示器是计算机系统中最基本的输出设备,它是用户操作计算机时传递各种信息的窗口。显示器能以数字、字符、图形、图像等形式显示各种设备的状态和运行结果,从而建立起计算机和用户之间的联系。最常用的显示器有两种类型:阴极射线管(Cathode Ray Tube,CRT)显示器和液晶显示器(Liquid Crystal Display,LCD)。阴极射线管显示器具有分辨率高、可靠性高、速度快、成本低等优点,曾经是图形显示器中应用得最为广泛的一种。但随着科技技术的发展，目前液晶显示器可以达到较高的分辨率，在色彩的丰富程度和细腻程度上都可以与 CRT 显示器媲美，而且液晶显示器重量轻、体积小、功耗低，辐射小，是当前流行的显示设备。

(1) 显示器的硬件工作原理

CRT 显示器屏幕上的光点是由阴极电子枪发射的电子束打击荧光粉薄膜而产生的。彩色 CRT 显示器显像管的屏幕内侧是由红、绿、蓝三色磷光体构成的小三角形(像素)发光薄膜。由于接收到的电子束强弱不同，像素的三原色发光强弱就不同，就可以产生一个不同亮度和颜色的像素。当电子束从左向右、从上而下地逐行扫描荧光屏，每扫描一遍就显示一屏，称为刷新一次，只要两次刷新的时间间隔少于 0.01 s，那么人眼在屏幕上看到的就是一个稳定的画面。

LCD 的原理与 CRT 显示器大不相同，它是利用液晶的物理特性，在通电时导通，使液晶排列变得有秩序，使光线通过；不通电时，排列则变得混乱，阻止光线通过。

(2) 显示器的主要技术参数

① 屏幕尺寸：指矩形屏幕的对角线长度，以英寸为单位。现在使用较多的是 23、24、27 英寸等。传统显示器屏幕的宽度与高度之比为 4∶3，而宽屏液晶显示器的屏幕比例还没有统一的标准，常见的有 16∶9 和 16∶10 两种。值得注意的是，在相同屏幕尺寸下，无论是 16∶9 还是 16∶10 的宽屏液晶显示器，其实际屏幕面积其实都要比普通的 4∶3 液晶显示器的要小。

② 点距：指不同像素的两个颜色相同的磷光体间的距离。点距越小，显示出来的图像越细腻，分辨率越高。目前多数显示器的点距为 0.28 mm。

③ 像素：指屏幕上能被独立控制其颜色和亮度的最小区域，是显示画面的最小组成单位。一个屏幕的像素点数的多少与屏幕尺寸和点距有关。例如，14 英寸显示器的横向长度是 240 mm、点距为 0.31 mm，则横向像素点数是 774 个。

④ 分辨率：指整屏可以显示的像素点数，通常写成水平分辨率×垂直分辨率的形式，例如 320×200、640×480、800×600、1 024×768。分辨率越高，屏幕上显示的图像像素越多，那么显示的图像就越清晰。分辨率通常和显示器、显卡有密切的关系。

⑤ 刷新频率：指每秒屏幕画面更新的次数。刷新频率越高，画面闪烁越小。一般在 1 024×768 的分辨率下要达到 75 Hz 的刷新频率，这样人眼才不易察觉刷新频率带来的闪烁感。

(3) 显卡

显卡是显示器与主机通信的桥梁，是显示器控制电路的接口。显卡负责把需要显示的图像数据转换成视频控制信号，从而控制显示器显示该图像。因此，显示器和显卡的参数必须相当，只有二者匹配合理，才能达到最理想的显示效果。

显卡通过接口与主板相连，该接口决定着显卡与系统之间数据传输的最大带宽，也就是瞬间所能传输的最大数据量，因而不同的接口能为显卡带来不同的性能。显卡发展至今共出现 ISA、PCI、AGP 等几种接口，它们所能提供的数据带宽依次增加。采用新一代的 PCI-E 接口的显卡也在 2004 年正式推出，从而使显卡的数据带宽得到进一步的增大，解决了显卡与系统之间数据传输的瓶颈问题。目前一些性能较好的显卡还具有图形加速功能，它拥有自己的图形函数加速器和显示存储器(Video Random Access Memory，VRAM)，其主要功能是对图形显示进行加速。

显卡分为集成显卡和独立显卡，在品牌机中采用集成显卡和独立显卡的产品约各占一半，在低端的产品中更多的是采用集成显卡，在中、高端市场则较多采用独立显卡。独立显卡是指显卡呈独立的板卡存在，需要插在主板的 AGP 接口上，它具备单独的显存，不占用系统内存，而且技术上领先于集成显卡，能够提供更好的显示效果和运行性能。集成显卡是将显示芯片集成在主板芯片组中，在价格方面更具优势，但不具备显存，需要占用系统内存。其实集成显卡基本能满足普通的家庭、娱乐、办公等方面的应用需求，但如需进行 3D 图形设计或图形方面的专业应用，那么独立显卡将是最好的选择。

2）打印机

打印机是仅次于显示器的一种重要输出设备，用户经常利用打印机将计算机中的文档、数据信息打印出来。

(1) 打印机的分类

打印机的种类繁多，分类方法也很多。按照打印机的工作原理，可以分为击打式打印机和非击打式打印机。击打式打印机利用打印针撞击色带和打印纸打出点阵，组成字符或图形。非击打式打印机使用各种物理或化学的方法印刷字符，如激光扫描、喷墨、热敏效应等。目前市场上常见的有针式打印机、激光打印机和喷墨打印机，另外还有用于高级印刷的热升华打印机、新型的 3D 打印机等。

① 针式打印机

针式打印机属于击打式打印机，激光打印机和喷墨打印机属于非击打式打印机。目前市场上流行的针式打印机一般有 24 根针头，通过调整打印头与纸张的间距，可以适应打印纸的厚度，而且可以改变打印针的力度以调节打印的清晰度。针式打印机具有价格便宜、耐用、穿透能力强、能够多层套打等优点，广泛用于银行、税务等部门的票据和报表类打印。但针式打印机的打印质量不高，而且噪音较大，所以很少用在普通家庭及办公应用中。

② 激光打印机

激光打印机的原理类似于静电复印机，是将微粒炭粉固化在纸上而形成字符和图形，其打印质量好、速度很快、噪音小，但必须使用专用的纸张。激光打印机的分辨率很高，有的可以达到 600 DPI 以上，打印效果精美细致，但其价格相对较高，所以常用于办公应用中。目前激光打印机逐渐趋于智能化，它没有电源开关，平时自动处于关机状态，当有打印任务时自动激活；它有自己的内存和处理器，能单独处理打印任务，大大减轻了计算机的负担。激光打印机也有宽行、窄行及彩色、黑白之分，但宽行和彩色机型都很昂贵。

③ 喷墨打印机

喷墨打印机是靠喷出的细小墨滴来形成字符或图形的，它噪音小，价格便宜，能够输出彩色图像。但喷墨打印机也有它的不足之处，就是对纸张质量要求较高，而且消耗的墨水多，墨水的成本也较高，因此喷墨打印机对一般用户而言有“买得起，用不起”的感觉。

④ 3D 打印机

3D 打印最早出现在上世纪 80 年代，大多用于大型制造业，如美国波音公司生产的飞机中有 10%的零部件都是“打印”出来的。近年来，3D 打印成为一种潮流，并开始广泛应用于工业设计、建筑、汽车、航空航天和医疗领域等。图 2.18 所示的是一台宽幅的 3D 打印机。

图 2.18　3D 打印机

使用 3D 打印机，你可以打印出房子、汽车、人体骨骼、拖鞋、玩具，食品等。为什么 3D 打印机会这么神奇呢？和传统打印机不同的是，3D 打印机使用的是金属、陶瓷、塑料、砂等不同的打印原材料。首先使用 3D 软件设计出所需的模型或原型，当打印机与计算机连接后，通过计算机控制可以把原材料一层层叠加起来，最终把计算机上设计的模型变成实物。3D 打印机的功能虽然十分强大，但目前价格昂贵、可制作原材料相对较少、制作成本高，这些问题使得 3D 打印仍处于发展阶段，但其未来的发展前景值得期待。

(2) 打印机的性能指标

了解打印机的性能指标对于正确选择和使用打印机是很重要的。打印机的主要性能指标有以下几个方面：

① 分辨率：用 DPI 表示，即每英寸打印点数。分辨率越高，图像清晰度就越好。针式打印机的分辨率较低，一般为 180～360 DPI，激光打印机的分辨率一般为 300～2 880 DPI，喷墨打印机的分辨率一般为 300～1 440 DPI。

② 打印速度：针式打印机的打印速度用每秒打印字符数(Characters Per Second，CPS)表示，一般为 100～200 CPS；激光打印机和喷墨打印机的打印速度用每分钟打印页数(Pages Per Minute，PPM)表示，一般在几 PPM 到几十 PPM。

③ 打印幅面：打印幅面就是打印机所能打印的纸张的大小。对于针式打印机而言，打印幅面规格有两种：80 列和 132 列，即每行可打印 80 个或 132 个字符。对激光打印机和喷墨打印机而言，打印幅面一般为 A3、A4 和 B4。

④ 打印缓冲存储器：打印缓冲存储器用于满足高速打印和打印大型文件的需要。缓冲存储器的大小将影响打印速度，针式打印机的缓冲存储器一般为 16 KB，而喷墨打印机和激光打印机打印时需要整页载入，因此其缓冲存储器较大，一般为 4～16 MB。

⑤ 接口类型:打印机接口类型主要有并行接口、串行接口和 USB 接口三种。并行口一次可以传输一个字节,串行口一次只能传输一个二进制位,而目前流行的 USB 接口依靠其支持热插拔和输出速度快的特性,在打印机中应用得最为广泛。

3) 绘图仪

绘图仪是一种输出设备,它能按照用户要求将计算机的输出信息以图形的形式精确地输出,主要用于绘制各种管理图表、统计图、大地测量图、建筑设计图、电路布线图、机械图和计算机辅助设计图等,图 2.19 所示的是 HP 品牌的绘图仪。绘图仪一般由驱动电机、插补器、控制电路、绘图台、笔架、机械传动等部分组成。绘图仪除了必要的硬件设备之外,还必须配备丰富的绘图软件,只有将软件与硬件结合起来,才能实现自动绘图。

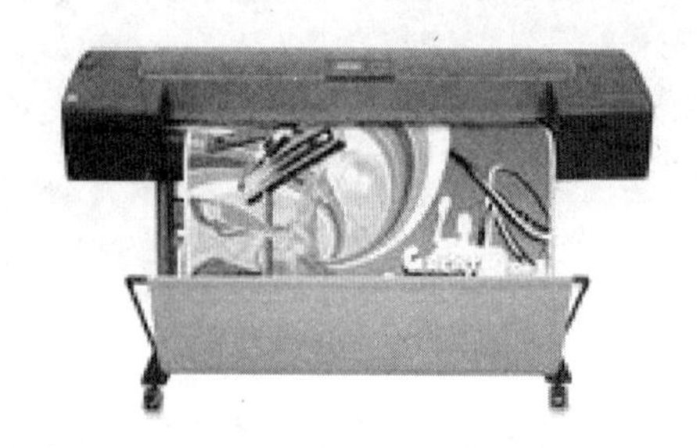

图 2.19　绘图仪

(1) 绘图仪的分类

绘图仪的种类很多,分类方法也很多。从工作原理上划分,绘图仪可以分为笔式、喷墨式、热敏式、静电式等;而从结构上划分,又可以分为平台式和滚筒式两种。绘图仪在计算机辅助设计(CAD)与计算机辅助制造(CAM)中应用得非常广泛,它能将图形准确地绘制在图纸上,供工程技术人员参考。目前的绘图仪已智能化,它自身带有微处理器,具有直线和字符演算处理等功能。

(2) 绘图仪的性能指标

① 打印速度:指单位时间内能够完成的打印面积,一般用 m^2/hr(平方米/小时)来表示。目前主流的绘图仪的打印速度基本上在 10～20 m^2/hr 之间。与绘图仪的打印速度最直接相关的因素是喷头上喷嘴的数量,一般来说,同一品牌绘图仪的喷头上喷嘴的数量越多,打印速度越快,同时打印质量也相对较高。

② 分辨率:分辨率是绘图仪最基本的一个性能指标,一般用 DPI 表示,即每一个平方英寸可以表现出多少个像素点,它直接关系到绘图仪输出的图像的质量高低。分辨率一般用垂直分辨率×水平分辨率表示,如 720×1 440 DPI。分辨率越高,数值越大,就意味着绘图仪输出的图像的质量越高。

③ 幅面尺寸:幅面尺寸有许多种,如滚筒式绘图仪的绘图纸幅面尺寸有两种规格:一种是宽 270 mm,长 36 m;另一种是宽 750 mm,长 50 m。平台式绘图仪的绘图纸幅面尺寸则受机器平台幅面的限制。

④ 接口类型:有 USB 接口、SCSI 接口和 IEEE 1394 接口等。

2.1.4 主板

主板,又叫“系统板”或“母板”,它安装在机箱内,是计算机系统中最大的一块电路板。主板几乎集中了系统的主要核心部件,通常安装了 CPU 插槽、内存储器插槽、控制芯片组、总线扩展槽、外设接口、CMOS 和 BIOS 控制芯片等。目前市场上主要有华硕、技嘉、微星和七彩虹等品牌的主板,图 2.20 为华硕主板的结构示意图。

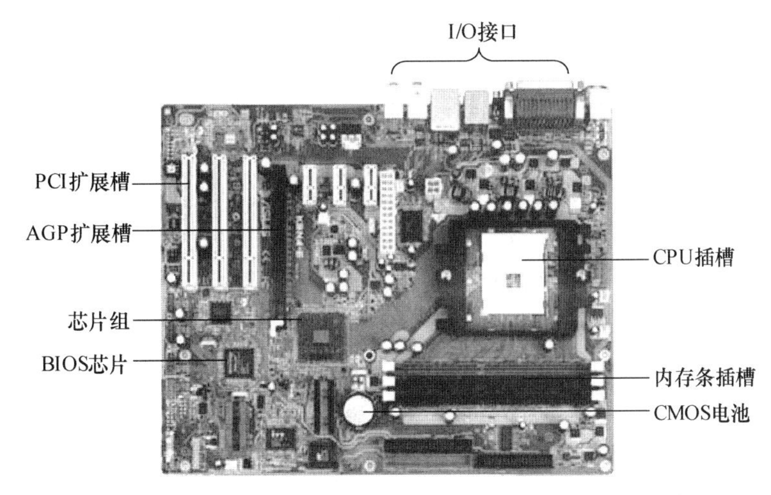

图 2.20 华硕主板的结构示意图

主板有两个主要功能:一是为 CPU、内存和各种功能卡提供插槽,二是为各种常用外围设备(硬盘、鼠标、键盘等)提供通用接口。计算机系统通过主板将 CPU 等各种部件有机地结合起来形成一套完整的系统,因此主板的性能相当程度上决定了计算机的整体运行速度和稳定性。

1. 芯片组

芯片组(Chipset)是主板的核心组成部分,如果说中央处理器(CPU)是整个计算机系统的心脏,那么芯片组将是整个计算机系统的躯干。就目前流行的主板结构来说,芯片组一般由两个超大规模集成电路芯片组成,按照它们在主板中的不同位置,通常把两个芯片分别称作“南桥芯片”(South Bridge)和“北桥芯片”(North Bridge)。其中 CPU 的类型、主板的系统总线频率、内存的类型、容量和性能、显卡插槽规格等是由北桥芯片决定的,而扩展槽的种类与数量、扩展接口的类型和数量等是由南桥芯片决定的。随着技术的发展,不少芯片还纳入了 3D 加速显示(集成显示芯片)等功能,因而芯片组也决定着计算机系统的显示和音频播放等性能。

由于目前市场上 CPU 的型号与种类繁多、功能特点不一,如果芯片组不能与 CPU 良好地协同工作,将严重地影响计算机的整体性能,甚至令计算机不能正常工作。另外,芯片组被固化在主板上,不能像 CPU、内存等部件进行简单的升级换代,因此在选购计算机时一定要注意 CPU 与芯片组的性能匹配。

2. BIOS 和 CMOS

BIOS(Basic Input Output System,基本输入/输出系统)是一组固化在计算机内主板上的 ROM 芯片中的程序,主要负责对基本输入/输出进行控制和管理。使用 BIOS 设置程序还可以排除系统故障或诊断系统问题。BIOS 程序包含以下几个模块：

① 加电自检程序：计算机接通电源后，系统将有一个对内部各个部件进行检查的过程，这是由加电自检（Power On Self Test，POST）程序来完成的。完整的 POST 将包含对 CPU、内存、ROM、主板、存储器、串口、并口、显卡、硬盘等进行测试。自检中若发现问题，系统将给出提示信息或鸣笛警告。

② 系统自举程序：在完成加电自检后，BIOS 将按照系统 CMOS 设置中的启动顺序搜寻软硬盘驱动器、CD-ROM 驱动器等有效的启动驱动器，读入操作系统引导程序，然后将系统控制权交给引导程序，由引导程序完成系统的启动。

③ CMOS 程序：计算机中的 CPU、软硬盘驱动器、显示器、键盘等部件的配置信息是放在一块可读写的 CMOS RAM 芯片中的。关机后，系统通过一块后备电池向 CMOS 供电以保存其中的信息。另外用户还可以利用 CMOS 来设置系统的日期、时间或口令等。一般用户在系统自举之前，按下 Del 键（或 F2、F8 键，各种 BIOS 的规定不同）就可以进入 CMOS 设置状态。

④ 基本外围设备的驱动程序：硬盘、软盘、光驱、键盘等常用外围设备的控制程序。

3. 插槽和外设接口

除了芯片组、BIOS 和 CMOS 之外，主板上还有一系列的插槽和接口。

（1）CPU 插槽

CPU 插槽用于连接 CPU 芯片。由于 CPU 集成了越来越多的功能，引脚数量不断增加，插槽尺寸也越来越大。

（2）内存插槽

主板上一般有若干个内存插槽，插入相应的内存条就可构成一定容量的内存储器，实现内存的扩充。但内存的容量并不可以无限扩充，它会受到芯片组的制约。

（3）总线扩展槽

主板上有一系列的扩展槽，常见的有 AGP、PCI、PCI-E 等插槽，用来连接各种功能的插卡。用户可以根据自己的需要在扩展槽上插入各种用途的插卡，如显卡、声卡、网卡等，以扩展计算机的功能。这些插槽所传送的信号实际上是系统总线信号的延伸，任何插卡插入扩展槽后，就可以通过总线与 CPU 连接，在操作系统的支持下实现即插即用，这种开放的体系结构为用户连接各种功能设备提供了方便。

（4）I/O 接口

主板上配置了很多外围设备的接口，例如有串行和并行接口插座、连接硬盘的电缆插座（IDE、SCSI 等）以及鼠标/键盘接口等。

2.1.5 总线与接口

在计算机系统中，CPU、存储器与各种输入设备之间需要通过总线组织起来，组成一个能彼此传输信息和对信息进行加工处理的整体。由于主机与 I/O 设备之间的相对独立性，它们之间一般不能直接连接，所以需要通过起转换器作用的接口才能实现连接。

1. 总线

计算机中的各个部件，包括 CPU、内存储器、外存储器和 I/O 设备的接口，它们之间是

通过一条公共信息通路连接起来的，这条信息通路称为“总线”。总线可以将信息从一个或多个源部件传送到一个或多个目的部件，如图2.21所示。

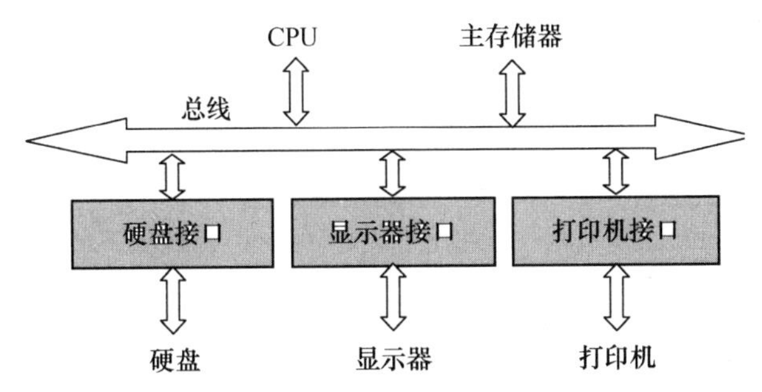

图2.21　微型计算机的总线结构示意图

1）总线的分类

（1）数据总线、地址总线和控制总线

根据总线上传送信息的不同，可将总线分为三类：数据总线（Data Bus，DB）、地址总线（Address Bus，AB）和控制总线（Control Bus，CB）。

数据总线用于CPU与主存储器、CPU与I/O接口之间传送信息，它是双向的传输总线。数据总线的宽度决定每次能同时传输信息的位数，是决定计算机性能的主要指标。

地址总线主要用来指出数据总线上源数据或目的数据在主存储单元或I/O端口的地址，它是单向的传输总线。地址总线的位数决定了CPU可直接寻址的内存空间大小，比如16位微型机的地址总线为20位，其可寻址空间为$2^{20}=1$ MB。一般来说，若地址总线为n位，则可寻址空间为2^n字节。

控制总线用来传送控制信号和时序信号。控制信号中，有的是微处理器送往存储器和I/O接口电路的，有的是其他部件反馈给CPU的，因此控制总线的传送方向由具体控制信号决定。

（2）内部总线、系统总线和外部总线

根据总线的位置和功能的不同，总线可以分为内部总线、系统总线和外部总线。内部总线是CPU与外围芯片（包括内存）之间连接的总线，用于芯片一级的互连；系统总线是各接口卡与主板之间连接的总线，用于接口卡一级的互连；外部总线是主机和外部设备之间的连线，用于设备一级的互连。在这三类总线中，系统总线是最重要的，所以我们通常所说的总线就是指系统总线。

对于微型计算机来说，目前常见的系统总线有ISA总线、PCI总线、AGP总线、PCI-E总线。ISA总线在80286～80486时代应用得非常广泛，以至于现在奔腾机中还保留其总线插槽，主要是一些老式的接口卡插槽，如10 Mb/s的ISA网卡、ISA声卡等。PCI总线是Intel推出的32/64位标准总线，32位PCI总线的数据传输速率为133 MB/s，能满足声卡、网卡、视频卡等绝大多数输入/输出设备的需求，逐步取代了ISA总线。AGP总线是为提高视频带宽而设计的总线规范，专用于连接主板上的控制芯片和AGP显示适配卡（简称“显卡”），数据传输速率可达2.1 GB/s，目前大多数主板均有提供。但随着显卡芯片的更新速度加快，高端显卡对总线的要求越来越高，出现了替代PCI总线的PCI-E总线，其数据传输速率可达 10 GB/s,目前性能较好的主板上都配置了 PCI-E 总线插槽。图 2.22 为微型计算机的多总线结构示意图。

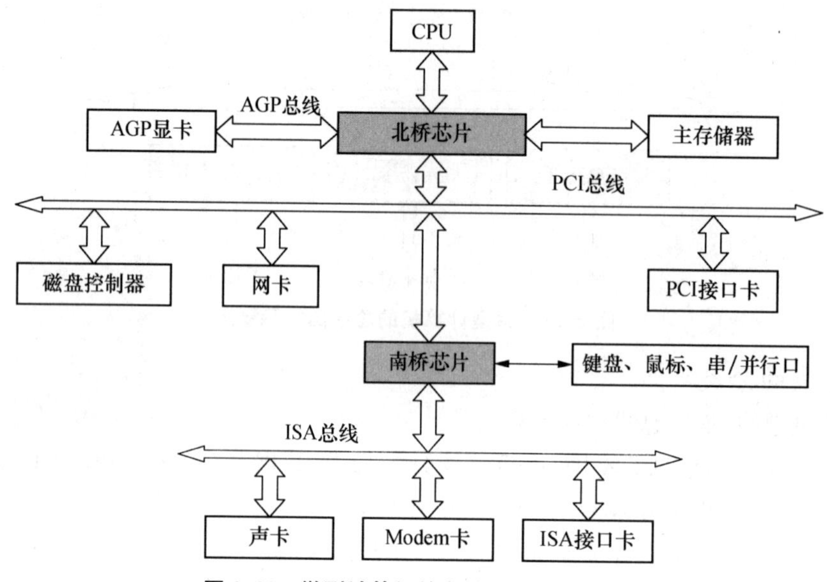

图 2.22 微型计算机的多总线结构示意图

2) 总线的性能指标

① 总线位宽:指总线能同时传送的数据位数,即数据总线的位数,用位(bit)表示,如总线宽度为 8 位、16 位、32 位和 64 位。

② 总线工作频率:也称为总线的时钟频率,以 MHz 为单位。例如 PCI 总线有 33.3 MHz、66.6 MHz 两种总线频率。

③ 总线带宽:指单位时间内总线上可传送的最大数据量,单位为 MB/s,它与总线位宽和总线工作频率有关,即总线带宽(MB/s)=(总线频率×总线位宽×每个总线周期的传输次数)/8。由此可见,总线位宽越大,总线工作频率越高,则总线传输速率越快。例如 PCI 总线的工作频率为 33.3 MHz,总线宽度为 32 位,则总线带宽为 32 b/8×33.3 MHz=133.2 MB/s。

2. I/O 接口

I/O 接口是一组电子电路,它是 CPU 和 I/O 设备之间交换信息的媒介和桥梁,负责实现 CPU 通过系统总线把 I/O 电路和外围设备联系在一起。按照电路和设备的复杂程度,I/O 接口的硬件主要分为两大类:一是 I/O 接口芯片,这些芯片大都是集成电路,如鼠标、键盘等设备的控制器都集成在主板上的芯片内;二是 I/O 接口控制卡,这是由若干个集成电路按一定的逻辑组成的一个部件,插在主板的扩充槽内,如显卡、声卡、网卡等。但是为了降低 PC 的成本,缩小机器的体积,目前已有不少机器的声卡、显卡已经集成到主板上。

1) I/O 接口的功能

由于计算机的外围设备品种繁多,特性各异,每种设备都有各自的接口。不同种类的外设,其接口的组成和任务各不相同,但它们能实现的功能大致是相同的。各种接口都必须具有下列基本功能:

① 实现数据缓冲，在外设接口中设置若干个数据缓冲寄存器，在主机与外设交换数据时，先将数据暂存在该缓冲寄存器中，然后输出到外部设备或主机。

② "记录"外设工作状态，并"通知"主机，为主机管理外设提供必要信息。外设的工作状态一般可分为"空闲"、"忙"和"结束"三种。

③ 能够接收主机发来的各种控制信号，独立地控制 I/O 设备的操作。

④ 实现主机与外设之间的通信控制，包括同步控制、中断控制等。

2）常用的 I/O 接口标准

在 PC 中有多种不同的 I/O 接口标准，它们在信号线定义、传输速率、传输方向、拓扑结构、电气和机械特性等方面都有自己的特性。PC 中常见的接口标准有 IDE 接口、USB 接口、显示器输出接口等，图 2.23 显示的是机箱背面的 I/O 接口。

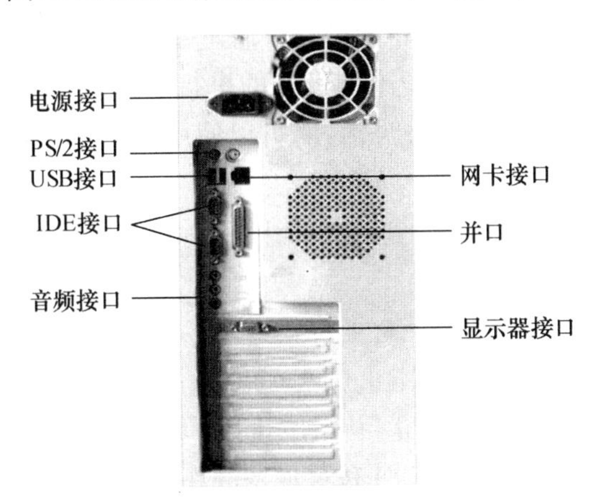

图 2.23　PC 机箱背面的 I/O 接口

（1）IDE 接口和 SATA 接口

IDE 接口主要用于连接硬盘、光驱和软驱，采用并行双向传送方式，体积小，数据传输速率快。SATA 接口采用串行方式传输数据，是一种不同于并行 IDE 接口的新型硬盘接口类型。SATA 接口的数据传输速率比 IDE 接口要快，目前市场上大多数的硬盘都采用 SATA 3.0 接口。

（2）COM 接口（串口）和 LPT 接口（并口）

目前大多数主板都提供了两个 COM 接口，分别为 COM1 和 COM2，作用是连接串行鼠标和外置 Modem 等设备。LPT 接口一般用来连接打印机或扫描仪，它采用 25 脚的 DB-25 接头。

（3）PS/2 接口

PS/2 接口的功能比较单一，仅能用于连接键盘和鼠标。一般情况下，鼠标的接口为绿色，键盘的接口为紫色。PS/2 接口的传输速率比 COM 接口稍快一些。

（4）显示器输出接口

显示器输出接口是计算机与显示器之间的桥梁，它负责向显示器输出相应的图像信号。目前主流产品有 VGA 和 DVI 两种接口标准。VGA 是输出模拟信号的接口，而 DVI 接口可兼容模拟和数字信号，它的数据传输速率快，画面清晰，因此 DVI 接口的普及将是数字时代的必然发展趋势。

(5) USB接口

通用串行总线(Universal Serial Bus,USB)不是一种新的总线标准,而是应用在PC领域的新型接口技术。最早的USB 1.0是1996年出现的,速度只有1.5 Mbps;两年后升级为USB 1.1,速度提升到12 Mbps,目前已基本淘汰;2000年4月推出了USB 2.0,向下兼容USB 1.1,速度达到了480 Mbps,可支持数字摄像设备、扫描仪、打印机及移动存储设备,这是目前计算机与外设上广泛采用的标准。随着计算机技术的发展,USB 2.0的速度已经不能满足应用需求,USB 3.0也就应运而生,其最大传输带宽高达5.0 Gbps,也就是625 MB/s。

目前USB接口已经在PC的多种外设上得到应用,包括扫描仪、数码相机、数码摄像机等。USB之所以能得到广泛支持和快速普及,是因为它具备以下特点:

① 使用方便:USB接口允许外设热插拔,即插即用。

② 数据传输速率快:USB 3.0接口的最高传输速率目前可达5.0 Gbps。

③ 连接灵活:USB接口支持多个不同设备的串行连接,一个USB口理论上可以连接127个USB设备。连接的方式也十分灵活,既可以使用串行连接,也可以使用中枢转接头(Hub)实现多个设备的连接。

④ 独立供电:USB接口提供了内置电源,能向低压设备提供+5 V的电源,能从主板上获得500 mA的电流。

(6) IEEE 1394接口

继USB之后,IEEE 1394接口技术正在进入市场。IEEE 1394是一种高效的串行接口标准,中文译为“火线接口”。同USB接口一样,IEEE 1394接口也支持即插即用和热插拔,也可为外设提供电源,但一个IEEE 1394接口最多能连接63个不同设备。

目前IEEE 1394接口可以应用于较高带宽的场合,如打印机、扫描仪、数码相机、数码摄像机、视频会议系统及数字电视等,由此可见,IEEE 1394接口的应用不仅仅局限于PC领域,还将扩展到通信和信息家电领域。

(7) 红外线接口

红外线接口用来取代点对点的线缆连接,可以连接无线键盘、无线鼠标等设备。另外,它可以使手机和计算机间实现无线传输数据,还可以在具备红外接口的设备间进行信息交流。

2.2 计算机的工作原理

当用户用计算机完成某一计算或解决某一特定任务时,必须事先编写程序。程序告诉计算机需要完成哪些任务,按什么步骤去做,并提供所要处理的数据。简单地说,计算机工作的过程就是运行程序和处理数据的过程。在计算机内部,程序是由一系列指令组成的,指令是构成程序的基本单位。

2.2.1 指令和指令系统

指令是指向计算机发出的能被计算机理解的命令,它能使计算机执行一个最基本的操

作。指令全部由“0”和“1”组成。

指令一般由操作码和操作数地址两部分组成。操作码指出指令完成哪一种操作，如加、减、乘、除或传送等。操作数地址则指出参加操作的数据在主存中的存放位置。一条指令只能完成一个简单的操作，一个复杂的操作需要由许多简单的操作组合而成。

一台计算机能够识别的所有指令的集合称为计算机的指令系统。计算机的指令系统完备与否决定了该计算机处理数据的能力。通常，不同的计算机系统具有自己特有的指令系统，其指令在格式上也会有一些区别。

1. 指令的执行过程

计算机完成某一任务的过程就是执行指令的过程。在程序运行之前，首先将程序和原始数据输送到计算机的内存储器中，然后按照指令的顺序依次执行指令。计算机执行一条指令的过程可以粗略地分为几个基本的步骤：

① 取指令：从内存储器中取出要执行的指令送到CPU内部的指令寄存器中。

② 分析指令：把保存在指令寄存器中的指令送到指令译码器，译出该指令对应的操作以及参加操作的操作数的地址。

③ 取操作数：根据操作数的地址取出操作数。

④ 执行指令：运算器按照操作码的要求对操作数完成规定的运算，并把运算结果保存到指定的寄存器或内存单元。

⑤ 修改程序计数器：对程序计数器进行修改，决定下一条指令的地址。

总之，计算机的基本工作过程可以概括为取指令、分析指令、取操作数、执行指令、修改程序计数器，然后再取下一条指令，如此周而复始，直到遇到停机指令或外来事件的干预为止，其过程如图2.24所示。

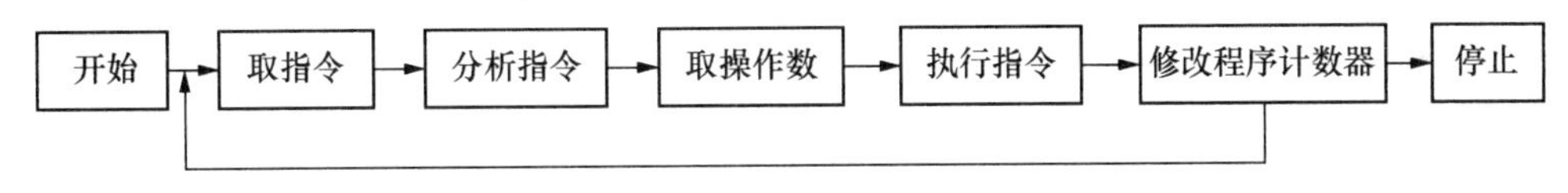

图2.24 指令执行过程

2. 指令类型

一台计算机的指令系统可以由上百条指令组成，这些指令按功能可以分成6类：

① 算术运算类：执行加、减、乘、除等算术运算的指令。

② 逻辑运算类：执行或、与、非、移位、比较等逻辑运算的指令。

③ 数据传送类：执行取数、存数、传送等操作的指令，是指令系统中最基本的一类指令。

④ 程序控制类：执行无条件转移、条件转移、调用程序、返回等操作的指令。

⑤ 输入/输出类：执行输入、输出等实现内存和外部设备之间传输信息的操作的指令。

⑥ 其他类：执行停机、空操作、等待等操作的指令。

3. 指令的兼容性

某一类计算机中的程序能否在其他计算机上运行就是计算机指令的兼容性问题。一般来说，不同公司生产的CPU产品不能相互兼容。比如，Intel公司的PC采用Pentium系列处理器，而苹果公司的计算机采用Power架构的处理器，两者的指令系统大相径庭，因此无法相互兼容。但 Intel 公司和 AMD 公司生产的 CPU 产品的指令系统几乎一致，可以相互兼容。

对于同一公司的不同系列产品，如 Intel 公司的 CPU 产品经历了 8088→80286→80386→80486→Pentium→PentiumⅡ→PentiumⅢ→PentiumⅣ→PentiumD→Pentium 至尊版→Core 的发展阶段，从整体上来看，它们具有相同的基本结构和基本指令集，但由于各种机型推出的时间不同，在结构和性能上也有所差异，因此做到所有指令都完全兼容是不可能的。一般来说，对于同一公司的产品，通常采用“向下兼容”的原则，即新类型处理器包含旧类型处理器的全部指令，从而保证在旧类型处理器上开发的系统能够在新类型处理器中被正确执行。

2.2.2 计算机的工作原理

计算机硬件种类繁多，在规模、处理能力、价格、复杂程度和设计技术等方面都有很大的差别，但到目前为止各种计算机的原理都是相同的。冯·诺依曼于 1946 年提出了“存储程序控制计算机”的设想，确定了计算机的基本结构和工作方式。

1. 计算机的基本结构

冯·诺依曼体系结构的计算机应包括运算器、控制器、存储器、输入设备和输出设备五大基本功能部件，各个部件通过总线相连，其基本结构如图 2.25 所示。运算器用于完成各种运算，存储器用于保存数据和程序，输入设备用于从外部读入数据，输出设备用于将计算结果显示或打印出来，控制器用于控制各部件协调地进行工作。

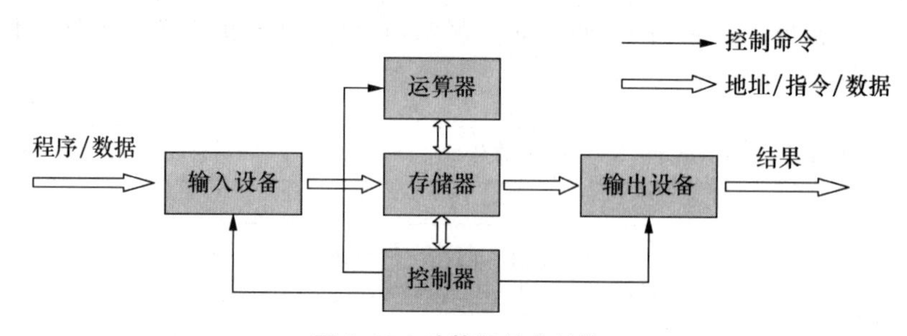

图 2.25 计算机基本结构

2. 采用二进制形式表示数据和程序

对于冯·诺依曼体系结构的计算机，数据和程序都是以二进制形式存储在存储器中的。早期的计算机为了符合人们使用十进制的习惯，往往设计复杂。冯·诺依曼提出任何数据都可以用二进制表示，这大大简化了计算机的结构，提高了计算机的运算速度。

3. 采用存储程序控制方式

存储程序是冯·诺依曼思想的核心内容。存储程序控制原理是指人们把要解决的各种问题先编制成程序，然后通过输入设备送入计算机的存储器中。程序及其处理的数据在存储器中都使用二进制表示。计算机工作时，从存储器中取出每条指令，加以分析和识别，然后按照每条指令规定的功能执行相应的操作。计算机执行完一段程序后，将获得的处理结果保存到存储器中或者通过输出设备输出。

60多年来，尽管计算机以惊人的速度发展，但就结构原理来说，目前绝大多数计算机仍建立在“存储程序”概念的基础上。当然，冯·诺依曼体系结构的计算机也存在一些缺点，它在并行处理、知识处理方面的性能较低。目前已出现了一些突破冯·诺依曼体系结构的计算机，统称为“非冯·诺依曼体系结构的计算机”，如数据驱动的数据流计算机、需求驱动的归约计算机和模式匹配驱动的智能计算机等。

习题2

一、选择题

1. 下列关于计算机硬件组成的描述中，错误的是________。

A. 计算机硬件包括主机与外设

B. 主机通常指的就是CPU

C. 外设通常指的是外部存储设备和输入/输出设备

D. 计算机中的处理器具备执行指令和进行运算的功能

2. Pentium Ⅳ处理器中的Cache是用SRAM组成的，其主要作用是________。

A. 发挥CPU的高速性能

B. 扩大主存储器的容量

C. 提高数据存取的安全性

D. 提高CPU与外部设备交换数据的速度

3. PC开机后，系统首先执行BIOS中的POST程序，其目的是________。

A. 读出引导程序，装入操作系统

B. 测试PC各部件的工作状态是否正常

C. 从BIOS中装入基本外围设备的驱动程序

D. 启动CMOS设置程序，对系统的硬件配置信息进行修改

4. 目前硬盘与光盘相比，具有________的特点。

A. 存储容量小，工作速度快　　B. 存储容量大，工作速度慢

C. 存储容量小，工作速度慢　　D. 存储容量大，工作速度快

5. 计算机系统中总线最重要的性能指标是它的带宽，若总线的数据线位数为16位，总线的工作频率为133 MHz，每个总线周期传输一次数据，则其带宽为________。

A. 266 MB/s　　B. 2 128 MB/s

C. 133 MB/s　　D. 16 MB/s

6. 下面是有关DRAM和SRAM存储器芯片的叙述：① SRAM比DRAM的存储电路简单；② SRAM比DRAM的成本高；③ SRAM比DRAM的速度快；④ SRAM需要刷新，DRAM不需要刷新。其中正确的是________。

A. ①和②　　B. ②和③　　C. ③和④　　D. ①和④

7. CD-ROM存储器使用________来读出盘上的信息。

A. 激光　　B. 磁头　　C. 红外线　　D. 微波

8. 为了方便地更换与扩充I/O设备，计算机系统中的I/O设备一般都通过I/O接口与各自的控制器连接，下列________不属于I/O接口。

A. 并行接口　　B. 串行接口　　C. USB接口　　D. 电源插口

9. 在下列各种设备中，数据存取速度由快到慢的顺序为________。

A. RAM、Cache、硬盘、软盘　　B. Cache、硬盘、RAM、软盘

C. Cache、RAM、硬盘、软盘　　D. RAM、硬盘、软盘、Cache

10. 机器指令是一种命令语言，它用来规定CPU执行什么操作以及操作对象所在的位置。机器指令大多是由________两部分组成的。

A. 运算符和寄存器号　　B. ASCII码和汉字码

C. 程序和数据　　D. 操作码和操作数地址

二、填空题

1. CPU中除了运算器和控制器外，还包括一组用来临时存放参加运算的数据和中间结果的________。

2. CPU中运算器用来对数据进行各种算术运算和________运算。

3. 安装或维护操作系统时，计算机有时需要由光盘或软盘启动，在此之前的一个准备工作是改变系统启动时访问外存储器的顺序，这时应在________设置程序中进行设置。

4. 数字摄像头与计算机的接口一般采用________接口或IEEE 1394接口。

5. 鼠标器、打印机和扫描仪都有一个重要的性能指标，即分辨率，其含义是每英寸的像素数目，简写成3个英文字母为________。

6. 一条计算机指令中规定其执行功能的部分称为________。

7. PC的I/O接口可分为多种类型，若按数据传输方式的不同可以分为________和并行两种类型的接口。

8. 硬盘格式化分为低级格式化和________格式化两种。

三、计算题

假设一个硬盘有4个盘片，每一个盘片有2个记录面，每个记录面有16 383个磁道，每个磁道有64个扇区，每个扇区的容量为512个字节，则该磁盘的存储容量为多少吉字节(GB)？请写出计算步骤。

四、简答题

1. 冯·诺依曼体系结构的计算机的工作原理是什么？

2. 计算机硬件由哪几部分组成？各部分的功能是什么？

3. 主板上主要包含哪些部件？它们分别具有哪些功能？

4. 简述硬盘的主要性能指标。

5. 写出你所使用的计算机硬件的基本配置。

6. 如何配置高性能的计算机？各个硬件的性能如何匹配可以达到最佳运行效果？

第 3 章　计算机软件

计算机软件是计算机的灵魂，是用户与硬件的接口。一个完整的计算机系统由计算机硬件和计算机软件两部分组成。软件的功能可以用硬件来实现，硬件的功能也可以用软件来模拟。没有软件的硬件机器称为“裸机”。只有安装了丰富的软件，计算机才可以实现各种各样的功能，满足人们的各种需求，如文字处理、图像处理、电子数据处理、浏览新闻、在线聊天、网络购物、欣赏影视作品、听歌、创作动画等。软件使得计算机摇身一变，成了无所不能的多面手。如果没有适应不同需求的计算机软件，计算机就不可能被广泛地应用于人类社会的生产、生活、科研、教育、商业、管理等几乎所有领域，计算机就会变成一具没有灵魂的躯壳。

目前，计算机软件行业已成为信息产业的主要组成部分和新的经济增长点。计算机软件行业是仅次于互联网、电子商务行业的热门求职行业。软件工程师、网络系统工程师等人才的需求量非常大。

3.1　计算机软件的定义

计算机软件(Computer Software)是能指示计算机完成特定任务的以电子格式存储的程序、数据和相关文档的集合。

程序是对计算任务的处理对象和处理规则的描述，是可执行的并且可以产生用户所需要的结果。程序是软件的核心。

文档是为了便于了解程序所需的阐释性资料，包括面向开发方的文档和面向用户的文档。面向开发方的文档提供软件开发过程的质量保证，如系统可行性论证报告、软件计划说明书、需求规格说明书、数据库设计说明书、测试计划、测试分析报告等。面向用户的文档告诉用户如何使用、维护和修改程序，如用户手册、操作手册及程序维护手册等。

程序必须装入机器内部才能工作，而文档一般是给人看的，不一定要装入机器。

3.2　软件的特性

软件与硬件不同，它具有如下的一些特性：

(1) 不可见性

软件的开发包含了人们大量的智慧和许多创造性劳动，这些都是无形的，而最终所表现出来的形态就是计算机的程序和相关的各种文档。有了程序，有了文档，人们还无法看到其性能，对软件所能完成的功能也无法了解。只有当该软件在计算机上运行了，人们才能检验其是否实现了预期的功能。即使是软件在计算机中运行时，人们对它还是看不见、摸不着的。

(2) 依赖性

软件的开发和运行常常受到计算机系统的限制，对计算机系统有着不同程度的依赖性。软件不能完全摆脱硬件而单独运行。有些软件的依赖性强，常常为某个型号的计算机所专用，有些软件则依赖于某个操作系统。

(3) 复杂性

随着计算机的普及，用户对软件的要求也越来越高，不仅要求软件在功能上能满足其应用需求。而且还要求软件的响应速度快、操作方便、可靠性高、安全性好，易于安装、维护、升级和卸载等。所有这些要求都使得软件的规模越来越大，结构越来越复杂，开发成本越来越高，开发周期越来越长。例如，1992 年，微软发布的第一个成功的 Windows 系统 Windows 3.1，其代码规模是 250 万行，而到了 Windows 95 就上升到 1 500 万行，Windows 98 有 1 800 万行，Windows XP 则有 3 500 万行，Windows Vista 的代码行数达到了惊人的 5 000 万行。Windows 7 的开发从 2006 年开始启动，2009 年 10 月 22 日正式发布，历时 3 年。

(4) 无磨损性

在软件的运行和使用期间，不会出现类似硬件的机械磨损和老化问题，软件的功能和性能也不会发生改变。

(5) 易复制性

软件可以非常容易且毫无失真地被复制。

(6) 不断演变性

软件的版本不断更新，不断升级，功能不断完善。

(7) 脆弱性

软件可能会受到黑客攻击、病毒入侵、恶意软件攻击、木马袭击等威胁。

3.3 软件的分类

计算机软件的分类方式有很多种，可以从应用的角度进行分类，也可以按软件权益进行分类。

3.3.1 从应用角度分类

从应用角度分类，我们将软件划分为系统软件和应用软件两大类，这是最常见的软件分类方法。

(1) 系统软件

系统软件泛指那些为整个计算机系统所配置的、不依赖于特定应用的通用软件。常见的系统软件有操作系统、基本输入/输出系统(BIOS)、系统实用程序(磁盘清理程序和备份程序)、系统扩充程序、网络系统软件、软件开发工具、软件评测工具、界面工具、转换工具、软件管理工具、语言处理程序(C语言编译器)、数据库管理系统(DBMS)、网络支持软件等。

(2) 应用软件

应用软件是指那些用于解决各种具体应用问题的专门软件,如文字处理软件、电子表格处理软件、图形图像处理软件、动画制作软件、视频剪辑软件、网页制作软件、网络通信软件、网络浏览软件、电子商务软件、管理信息系统、游戏软件等。

按照应用软件的开发方式和适用范围的不同,应用软件又分为通用应用软件和定制应用软件。通用应用软件是指可以在不同行业和部门中广泛应用的软件。定制应用软件是针对某个领域用户的具体需求而专门开发的软件,通常只能在一个单位或一个部门中应用,如某个大学的教学管理系统、医院门诊的挂号系统、机房的学生上机管理系统等。目前由于手机技术的迅速发展,相应定制的第三方应用软件飞速发展,如微信、QQ、大众点评等。

3.3.2 按软件权益分类

按照软件权益分类,软件可分为商品软件、共享软件(Shared Software)、自由软件(Free Software)和免费软件(Freeware)。

商品软件需要用户付费才能得到其使用权。它除了受到版权保护,通常还受到软件许可证(license)的保护。所谓软件许可证,是一种法律合同,它确定了用户对软件的使用方式,扩大了版权法给予用户的权利。例如,版权法规定将一个软件复制到其他机器使用是非法的,但是软件许可证允许用户购买一份软件后可以同时安装在本单位若干台计算机上使用,或者允许所安装的一份软件同时被若干个用户使用。

共享软件也称为试用软件(Demoware),它具有版权,可以免费试用一段时间,也允许用户拷贝和散发(但不可修改),试用期满后需交费才能继续使用。

自由软件是开放源代码的软件,允许用户自由地共享、拷贝、传播,甚至允许用户修改软件的源代码,但是对软件源代码所作的任何修改都必须向所有用户公开,还必须允许此后的用户享有进一步拷贝和修改的自由。自由软件的创始人是理查德·斯塔尔曼(Richard Stallman)(图3.1),他于1984年启动开发了Linux系统的自由软件工程(名为GNU),创建了自由软

图3.1 自由软件创始人 Richard Stallman

(图片来源:http://image.baidu.com)

件基金会(FSF),拟定了通用公共许可证(GPL),倡导自由软件的非版权原则。自由软件有利于软件共享和技术创新,它的出现成就了 TCP/IP、Apache 服务器软件和 Linux 操作系统等一大批软件精品。

免费软件是无需付费即可获得的软件,如 PDF 阅读器、Flash 播放器等,但是通常有一些限制,如使用者没有研究、修改和分发软件的自由。该类软件的源代码不一定会公开,也有可能会限制重制及再发行的自由,所以免费软件的侧重点是不需要花钱,而不是自由地使用。

自由软件中有很多是免费软件,但免费软件不全是自由软件。

3.4 软件的版权问题

3.4.1 软件的版权保护

计算机软件是一项智力劳动的成果,它同一切人类文化科技成果一样,总是在继承、借鉴他人成果的基础上不断进行改进、创新和发展。

为了保护计算机软件著作权人的权益,确保人的脑力劳动受到奖励并鼓励发明创造,我国根据《中华人民共和国著作权法》制定了《计算机软件保护条例》(后文简称《条例》)。《条例》中规定,中国公民、法人或者其他组织对其所开发的软件,不论是否发表,依照本条例享有著作权。软件著作权人享有如下各项权利:

① 发表权,即决定软件是否公之于众的权利。

② 署名权,即表明开发者身份,在软件上署名的权利。

③ 修改权,即对软件进行增补、删节,或者改变指令、语句顺序的权利。

④ 复制权,即将软件制作一份或者多份的权利。

⑤ 发行权,即以出售或者赠与方式向公众提供软件的原件或者复制件的权利。

⑥ 出租权,即有偿许可他人临时使用软件的权利,但是软件不是出租的主要标的的除外。

⑦ 信息网络传播权,即以有线或者无线方式向公众提供软件,使公众可以在其个人选定的时间和地点获得软件的权利。

⑧ 翻译权,即将原软件从一种自然语言文字转换成另一种自然语言文字的权利。

⑨ 应当由软件著作权人享有的其他权利。

软件著作权人可以许可他人行使其软件著作权,并有权获得报酬。软件著作权人可以全部或者部分转让其软件著作权,并有权获得报酬。

未经软件著作权人许可,有下列侵权行为的,应当根据情况,承担停止侵害、消除影响、赔礼道歉、赔偿损失等民事责任;同时损害社会公共利益的,由著作权行政管理部门责令停止侵权行为,没收违法所得,没收、销毁侵权复制品,可以并处罚款;情节严重的,著作权行政管理部门也可以没收主要用于制作侵权复制品的材料、工具、设备等;触犯刑律的,依照刑法关于侵犯著作权罪、销售侵权复制品罪的规定,依法追究刑事责任:

① 复制或者部分复制著作权人的软件的。

② 向公众发行、出租、通过信息网络传播著作权人的软件的。

③ 故意避开或者破坏著作权人为保护其软件著作权而采取的技术措施的。

④ 故意删除或者改变软件权利管理电子信息的。

⑤ 转让或者许可他人行使著作权人的软件著作权的。

上述侵权行为，将由著作权行政管理部门责令停止侵权行为，向软件著作权人赔礼道歉，没收违法所得，没收、销毁侵权复制品，并处罚款；情节严重的，著作权行政管理部门可以没收主要用于制作侵权复制品的材料、工具、设备等；触犯刑律的，依照刑法关于侵犯著作权罪、销售侵权复制品罪的规定，依法追究刑事责任。

3.4.2 盗版软件的危害

盗版是指在未经版权所有人同意或授权的情况下，对其拥有著作权的作品、出版物等进行复制、再分发的行为。

软件的盗版，即未经过授权或超出授权使用软件的功能，主要的形式是使用非法获得的注册码激活软件，或使用只适于一台或少量计算机的注册码激活超出授权允许范围的多台计算机中的软件，或使用被修改破解后的破解软件版本。

软件的盗版现象由来已久，如今它已成为文化市场上的一颗毒瘤，并且有越来越猛之势，已经对正版软件产生了严重的冲击。2011年商业软件联盟针对全球软件盗版率调查的结果显示，2011年全球软件盗版率维持在42%，盗版软件市场价值从2010年的588亿美元增长至634亿美元，创下历史新高，突显软件盗版情况的猖獗。

盗版软件不仅对正版软件行业造成巨大的冲击，对用户造成的危害也不容忽视，主要有以下几个方面：

(1) 盗版软件没有售后服务，无法升级

盗版者和贩卖者是不懂软件设计和应用的，根本无法向用户提供售后技术支持和软件升级，当用户在使用盗版软件过程中发现某些功能模块有缺陷和错误或者需要对软件进行升级时，永远得不到解决。如果由此而造成损失，用户也只能被动忍受，自吞苦果。

(2) 盗版软件质量低劣，是计算机病毒的主要传播者

盗版软件大多质量低劣，不能保证正常使用。据调查，45.9%的盗版Windows系统含有木马病毒和恶意流氓软件；78.0%的盗版Windows系统开机启动项被修改，使流氓软件和病毒在开机时自动运行；84.3%的盗版Windows系统默认超级管理员密码为空并且已自动打开远程桌面连接；89.9%的盗版Windows系统的防火墙设置被更改；95.6%的盗版Windows系统的IE主页和收藏夹被修改；100%的盗版Windows系统的文件系统被修改。8.9%的盗版Office产品中包含木马病毒和恶意流氓软件；28.4%的盗版Office产品安装后不能激活；44.6%的盗版Office产品与正版Office套装的组件有差异；91.1%的盗版Office产品无法通过正版验证；100%的盗版Office产品安装文件被修改。

此外，盗版软件大多以捆绑大量第三方软件来盈利，甚至捆绑恶意软件或病毒来窃取用户的个人资料，是计算机病毒的重要来源和传播者。互联网数据中心的一项调查表明，25%

的提供盗版软件的网站在用户下载盗版软件时装置了恶意代码。微软公司的报告称,46%的盗版 Windows 7 系统含木马及病毒。我国公安部于 2010 年 2 月发布报告称,使用盗版软件的计算机的病毒感染率高达 70.5%。根据全球市场调研机构 IDC 的调查,目前市面上预装软件的计算机中,有 78%的个人计算机处于高危状态,因使用盗版软件而感染恶意程序,成为黑客的攻击目标。

研究显示,2013 年消费者和企业因使用未经授权的软件而使计算机系统中毒的风险均高达三分之一,而为查找、修复和解决恶意软件造成的影响,消费者将花费 15 亿个小时和 220 亿美元的高昂代价,全球企业将耗费 1 140 亿美元来处理这些消极影响。

(3) 企业用户使用盗版软件危害巨大

对于企业用户而言,使用盗版软件将危害其信息系统的安全和业务的运行。盗版软件容易遭受病毒攻击,造成核心数据丢失等后果,给企业的业务发展造成严重危害。由于盗版软件粗制滥造,无法保证产品质量,势必导致很多优秀的软件无法发挥其正常的功能,更有一些盗版软件经常会出现这样或那样的错误,给企业的业务带来许多问题和隐患。软件是高科技产品,往往需要与其相配合的服务才能保证用户获得一流的体验和价值。一个完整、安全和有效的软件是需要经常升级和扩展的,而使用盗版软件的话,由于无法得到供应商的服务,使得企业用户不能得到软件升级保证和技术支持服务,从而影响整个系统的稳定。

同时,使用盗版软件也会给企业带来法律风险。使用盗版软件是侵犯知识产权的行为,是被国家法律明令禁止的。企业如果使用非法复制的软件,则将使自己面临法律的制裁,给企业带来巨大损失。使用盗版软件还会损害企业形象,造成难以挽回的负面影响。

图 3.2 厂商打击盗版最经典的案例

3.5 系统软件

系统软件处于计算机硬件与用户之间,是用于控制和协调计算机及外部设备,支持应用软件开发和运行的系统。系统软件的主要功能是调度、监控和维护计算机系统,负责管理计算机系统中各种独立的硬件,使得它们可以协调工作。系统软件使得计算机使用者和其他

软件得以将计算机当作一个整体而不需要顾及底层每个硬件是如何工作的。

系统软件主要包括操作系统、程序设计语言编译系统、数据库管理系统和各种实用工具软件等。

操作系统直接作用在裸机上，提供计算机资源管理等基础性服务，是所有软件运行的基础和平台，是最为重要的系统软件。PC 常用的操作系统有 Windows、Unix、Linux、MacOS 等。通过图 3.3 可以看出系统软件在计算机系统中的地位。

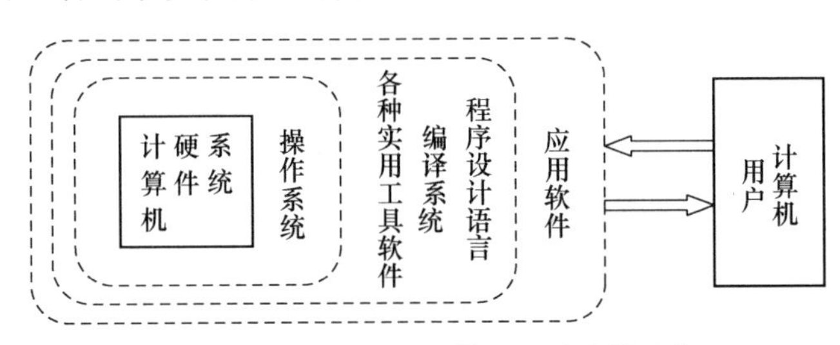

图 3.3　系统软件在计算机系统中的地位

数据库管理系统主要用于管理各种数据库对象，它们具有强大的数据组织和管理、数据查询和处理、用户管理、安全检查等功能，被广泛应用于商业管理、银行证券管理、电子商务管理、网站管理、高校企事业单位以及政府部门的信息管理等领域。常用的数据库管理系统软件有 Access、SQL Server、Oracle、DB 2、Sybase、My SQL 等。网站建设中通常都会提供网站后台管理系统，用于实现网页实时更新，使得网站内容更灵活，网站维护更方便。数据库在信息管理系统和网站建设中起着举足轻重的作用。

实用工具软件主要是用于改善系统运行环境和运行速度的工具。Windows 自带的系统工具有磁盘清理、磁盘碎片整理、系统还原等。此外，常用的系统管理软件有：一键 Ghost、魔幻分区软件(Partition Magic)、Windows 优化大师、QQ 电脑管家(如图 3.4 所示)、超级兔

图 3.4　QQ 电脑管家软件界面

子、360 电脑管家等。QQ 电脑管家具有垃圾清理、病毒查杀、病毒拦截、开机加速、电脑诊断等实用功能,以保持计算机系统的健康,优化计算机性能。

3.5.1 操作系统简介

操作系统(Operating System,OS)是计算机软件中最重要且最基本的系统软件,是计算机系统的控制和管理中心,负责控制计算机运行的所有程序并管理整个计算机的资源,是计算机裸机与应用程序及用户之间的桥梁。对内,操作系统管理计算机系统的各种资源,扩充硬件的功能;对外,操作系统提供良好的人机界面,方便用户使用计算机。它在整个计算机系统中具有承上启下的地位。没有操作系统,用户也就无法使用其他软件或程序。

操作系统可以实现计算机的处理器管理、存储器管理、文件管理、设备管理四大功能。此外,为了方便用户使用,操作系统还要向用户提供友好的用户操作界面。

1. 操作系统的启动

一台计算机如果安装了操作系统,操作系统将驻留在硬盘上。当加电启动计算机时,CPU 首先执行 ROM BIOS 中的自检程序,测试计算机中各部件的工作状态是否正常。若无异常,CPU 将继续执行 BIOS 中的自举程序,从硬盘中读出引导程序并装入内存(RAM),而后将控制权交给引导程序,由引导程序继续装入操作系统。操作系统成功装入后,整个计算机就处于操作系统的控制之下了。

2. 处理器管理

处理器管理的主要任务是对处理器的使用进行分配,并对其运行进行控制和管理。为了提高 CPU 的利用率,操作系统一般都支持若干个程序同时运行,称为多任务处理(multitasking)。所谓的任务(task),是指装入内存并启动运行的一个应用程序。下面我们以 Windows 操作系统为例,介绍操作系统对于处理器的管理。

操作系统成功启动之后,这时除了和操作系统相关的一些程序在运行外,用户还可以根据自己的需要启动多个应用程序,如 IE 浏览器、Word、PowerPoint、QQ 等,这些程序可以互不干扰地独立工作。按下“Ctrl+Alt+Del”组合键可以打开“Windows 任务管理器”窗口(如图 3.5 所示)。通过该窗口的“应用程序”选项卡可以看到当前正在运行的应用程序有哪些,通过“进程”选项卡还可以看到系统中的各个进程对 CPU 和内存的占用情况。

处理器管理本质上是对进程的管理。所谓“进程”就是要么全做要么都不做的一段程序,这段程序是原子的,不可再分的。Windows 是一个多任务的操作系统,当应用程序对 CPU 有请求时,系统就为它创建一个或几个进程,并为这些进程分配 CPU 资源,处理器管理就是对这些进程的同步、进程之间的通信、进程调度进行管理。

如果我们把 CPU 的时间进行划分(比如 1/20 s),每片时间称为时间片。当我们启动多个任务时,为了保证多个任务“同时”执行,操作系统中的调度程序一般根据时间片轮转的原则为这些任务分配处理器,即每个任务轮流得到一个时间片,当一个时间片用完后,不论这个任务多么重要,调度程序都要把时间片分配给下一个任务,依次循环下去,直至任务完成。这种调度任务的方式被称为“抢占式任务调度”。由于 CPU 的处理速度极快,所以给用户的感觉是 CPU 是同时执行所有任务的,其实从微观的角度来看,CPU 是轮流执行这些任务的。

图 3.5　使用 Windows 任务管理器查看 Windows 系统中当前的任务运行情况

由于不同任务的重要程度不同，请求的迫切程度也不同，要通过一定调度算法来确定任务的优先级，从而决定任务得到处理器的先后次序。调度算法有很多种，比如先来先服务(FCFS)，也就是按时间顺序排队，先到的任务先得到服务；再如短作业优先(SJF)，可以照顾到在所有作业中占很大比重的短作业，使它们能够比长作业优先执行。调度算法很多也很灵活，这里就不一一列出了。

3. 存储器管理

虽然计算机的内存容量不断增加，但由于经济等限制条件，内存资源是有限的。存储器管理主要是为多任务系统提供良好的环境，方便用户使用存储器，提高存储器的利用率，并能从逻辑上扩充内存。存储器管理可以实现内存分配、内存保护、地址映射、内存扩充等功能。

内存分配的主要任务是为每个程序分配内存空间，从而提高存储器的利用率，减少不可用的内存空间，允许正在运行的程序申请附加的内存空间，以适应程序和数据动态增长的需要。

内存保护的主要任务是确保每个用户程序都在自己的内存空间中运行，互不干扰。

一个程序经编译、链接后形成可执行程序，这些程序的起始地址都是从 0 开始，程序中其他地址都是相对起始地址计算的，这些地址所形成的地址范围称为“地址空间”，其中的地址称为“逻辑地址”。而内存中的一系列存储单元所限定的地址范围称为“内存空间”，其中的地址称为“物理地址”。地址映射功能实现了由地址空间的逻辑地址到内存空间的物理地址的映射。

现在的操作系统一般都采用虚拟内存技术进行存储器管理。虚拟内存技术从逻辑上对物理内存进行扩充，使用户感觉到的内存容量比实际内存容量大得多。也就是说，使系统能运行比实际内存容量大得多的应用程序，或者能让更多的用户并发运行。在虚拟存储机制中，用户程序的地址空间被划分成若干大小相等的区域，一般是 4 KB，称为“页面”。启动一个任务时，只将当前要执行的一部分程序和数据页面装入内存，其余页面放在硬盘提供的虚拟内存中。在执行的过程中，如果要执行的页面尚未调入内存，则被认为缺页，此时调用请求页面功能将它们调入内存，从而使任务能继续执行下去。如果此时内存已满，则根据相应的页面置换算法，将内存中暂时不用的页面调到磁盘上，腾出足够的内存空间后，将所要访问的页面调入内存，使之能够执行下去。页面的调入和调出完全由存储器管理自动完成。这样，给用户的感觉就是系统所具有的内存容量比实际的内存容量大得多。

4. 文件管理

文件是具有文件名的一组相关信息的集合。现代计算机系统中，程序和数据都以文件形式存储在外存储器中，供所有或指定的用户使用，用户必须以文件为单位对外存储器中的信息进行访问和操作。为此，操作系统中必须有文件管理机制。文件管理的主要任务是对用户文件和系统文件进行管理，包括文件存储管理、目录管理、文件的读/写管理、文件的共享与保护等。

每个文件都有自己的名字，称为“文件名”，用户利用文件名来访问文件。在 Windows 系统中，文件名可以长达 255 个字符，但不能包含下列符号之一：“\”、“/”、“:”、“?”、“″”、“<”、“>”、“|”。文件中除了文件名和数据之外还有一些文件的说明信息。在文件的图标上单击鼠标右键，在弹出的快捷菜单中选择“属性”，打开“属性”窗口，就可以看到文件类型、文件长度、文件物理位置(存储在硬盘上的位置)、文件的存取控制、文件的时间(创建、最近修改、最近访问等)、文件的创建者、文件的摘要等。文件的说明信息和文件的具体内容是分开存放的，前者保存在该文件的目录中，后者全部保存在磁盘的数据区中。

为了有序存放文件，操作系统把文件组织在若干文件目录中。通过目录管理，为每个文件建立目录项，并对众多的目录项进行有效的组织，以方便对文件按名存取。Windows 系统中的文件目录也称为“文件夹”，采用多级层次结构(也叫“树状结构”)。每个磁盘或磁盘分区作为一个根目录，其中包含若干文件夹，每个文件夹中可以包含文件和下一级文件夹，也可以是空的，依此类推，形成了多级文件夹结构。文件夹也有自己的说明信息，除了文件名以外，还包括存放位置、大小、创建时间、文件夹属性(存档、只读、隐藏等)。还可以设置文件夹的共享属性，以便网络上的其他用户可以共享访问该文件夹中的内容。

5. 设备管理

在计算机系统中，除了主机外，还有若干外设用于实现信息的输入、输出和存储。设备管理的主要任务是完成 I/O 请求，为用户分配 I/O 设备，实现缓冲管理、设备分配和设备处理等功能。

缓冲管理的基本任务是管理好各种类型的缓冲区，以缓和 CPU 速度和 I/O 设备速度不匹配的矛盾。很多系统会使用增加缓冲区容量的办法来改善文件系统的功能。

设备分配的任务是根据用户的请求为之分配所需的 I/O 设备，同时标记设备的分配情况。系统根据设备的描述标记，可知当前设备是否可用、是否忙碌，以供分配时参考。

设备处理程序又称为“设备驱动程序”。当系统中出现 I/O 请求时，设备处理程序首先检查 I/O 请求的合法性，了解设备的状态是否空闲；然后向设备控制器发出 I/O 命令，启动 I/O 设备完成指定的 I/O 操作。

3.5.2 常用操作系统

从计算机的体系结构来看，操作系统是对计算机系统的软件、硬件和数据资源进行统一控制(Control)、调度(Dispatch)和管理(Manage)的软件系统，它与硬件系统密切相关。其主要作用及目的就是提高系统资源的利用率，提供友好的用户界面，创造良好的工作环境，从而使用户能够灵活、方便地使用计算机。

下面介绍几种比较常见的操作系统。

1. MS-DOS

DOS是“Disk Operating System”的简称，意思是磁盘操作系统。常见的DOS分为两种，分别是IBM公司的PC-DOS和微软公司的MS-DOS，它们的功能、命令格式基本相同，比较常用的是MS-DOS。

MS-DOS是1981年由微软公司为IBM个人计算机开发的，在1985年到1995年间DOS在操作系统中占据统治地位。它是一个字符式操作系统，需要通过键盘输入DOS字符命令来工作，只有执行完一个命令后才能输入另一条命令，所以它又是一个单任务操作系统。Windows系统中的DOS环境如图3.6所示。

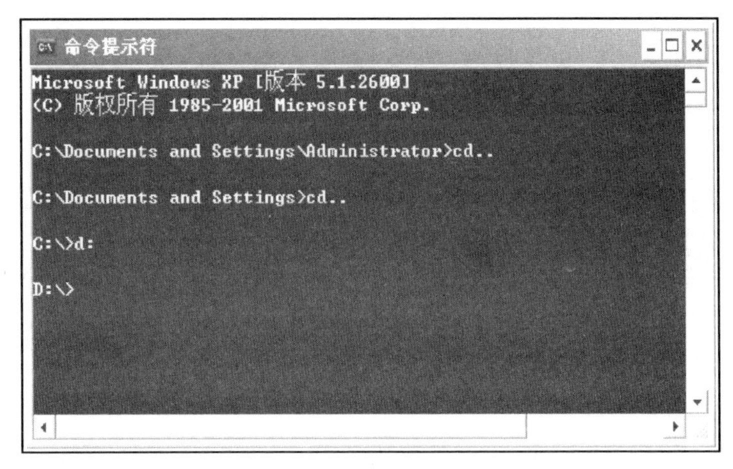

图3.6 Windows系统中的DOS环境

2. Windows

微软开发的Windows系统是目前世界上用户最多并且兼容性最强的操作系统。它是一个为个人计算机和服务器用户而设计的操作系统。

Microsoft Windows 1.0操作系统是微软公司在个人计算机上开发图形界面的操作系统的首次尝试，其中借用了不少最早的图形界面操作系统OS/2的GUI(Graphical User Interface，图形用户界面)概念(由IBM与Microsoft共同开发)。微软早期开发的Windows其实都只是基于DOS之上的一个图形应用程序，并通过DOS来进行文件操作。Microsoft Windows 1.0于1985年11月20日发布，最初售价为100美元，当时被人们所青睐的GUI计算机平台是GEM及DESQview/X，Windows 1.0并没有受到用户的青睐，评价也不是很好。直到Windows 95的发布，Windows才彻底地摆脱了DOS，成为真正独立的操作系统。

Windows 操作系统默认的平台是由任务栏和桌面图标组成的。任务栏显示了正在运行的程序、“开始”菜单、时间、快速启动栏、输入法以及右下角的托盘图标等,而桌面图标是进入程序的途径。默认显示的桌面图标有“我的电脑”、“我的文档”、“回收站”,另外还会显示系统自带的 Internet Explorer 浏览器的图标。运行 Windows 的程序的主要操作都是由鼠标和键盘控制。单击鼠标左键默认是选定对象,双击鼠标左键是运行命令,单击鼠标右键是弹出快捷菜单。Windows 系统是“有声有色”的操作系统,除了有颜色以外,还可以播放音频和视频。

从最初运行在 DOS 下的 Windows 3. x,到风靡全球的 Windows XP(如图 3. 7 所示)、Windows 7(如图 3. 8 所示)和最新的 Windows 10(如图 3. 9 所示),Windows 操作系统之所以如此流行,是因为它功能上的强大以及易用性,比如界面图形化、支持多任务处理、网络支持良好、出色的多媒体功能、硬件支持良好、众多的应用程序等。

图 3.7　Windows XP 操作系统界面

图 3.8　Windows 7 操作系统界面

图 3.9 Windows 10 操作系统界面

2009 年 10 月 22 日微软于美国正式发布 Windows 7。Windows 7 可供家庭及商业工作环境、笔记本电脑、平板电脑、多媒体中心等使用。Windows 7 启动时的画面做了许多方便用户的设计，如快速最大化、窗口半屏显示、跳转列表、系统故障快速修复等。Windows 7 大幅缩减了 Windows 的启动时间，据实测，在 2008 年的中低端配置的计算机运行，系统加载时间一般不超过 20 秒，这与 Windows Vista 的 40 余秒相比，是一个很大的进步。Windows 7 让搜索和使用信息更加简单，其 Aero 效果更华丽，有碰撞效果、水滴效果等，还有丰富的桌面小工具，这些都比 Vista 增色不少。

2015 年 7 月 29 日微软正式推出 Windows 10 结合了人们熟悉的 Windows 操作系统，并进行了多项改进：恢复了原有的“开始”菜单，提高了启动和重启的速度。Windows 10 比以往具有更多内置安全功能，预防恶意软件的入侵；可以进行多任务处理，能够在屏幕中同时摆放四个窗口；增加了全新的浏览器 Microsoft Edge，可直接在网页上写入或输入，改进后的地址栏可以更快速地找到想要的资料；优化了活动和设备体验，让屏幕带给您更舒适的视觉效果，屏幕上的功能可自行调整以方便导航，应用程序也可从最小到最大显示平滑缩放。

3. Unix

Unix 是一种分时计算机操作系统（如图 3.10 所示），于 1969 在 AT&T Bell 实验室诞生。Unix 是 Internet 诞生的平台，是众多系统管理员和网络管理员的首选操作系统。实际上在网络化的世界里，每一位计算机用户都在直接或间接地与 Unix 打交道。

Unix 操作系统自 1969 年踏入计算机世界以来已有 40 多年的历史了。虽然目前在市场上面临着强有力的竞争，但它仍然是笔记本电脑、PC、PC 服务器、中小型机、工作站、大型机和巨型机上通用的操作系统，而且以其为基础形成的开放系统标准（如 POSIX）也是迄今为止唯一的操作系统标准。因此，Unix 就不仅仅是一种操作系统的专用名称，而且是当前开放系统的代名词。

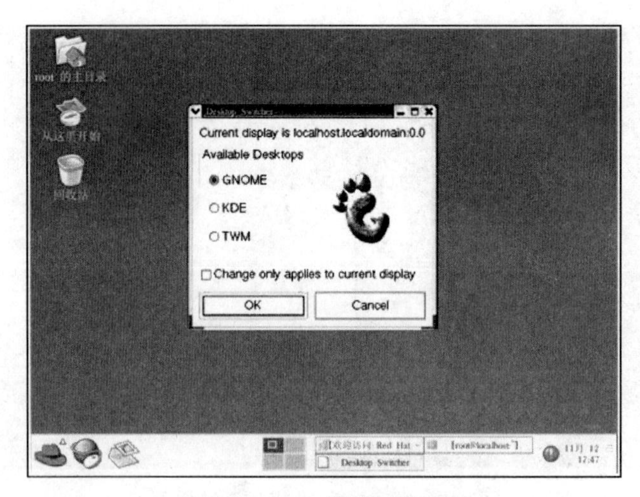

图 3.10　Unix 操作系统界面

4. Linux

Linux 是一种自由和开放源代码的类 Unix 操作系统(如图 3.11 所示),它是在 1991 年由芬兰赫尔辛基大学的一位名叫 Linus Torvalds 的计算机业余爱好者设计的,具有 Unix 操作系统的全部功能。

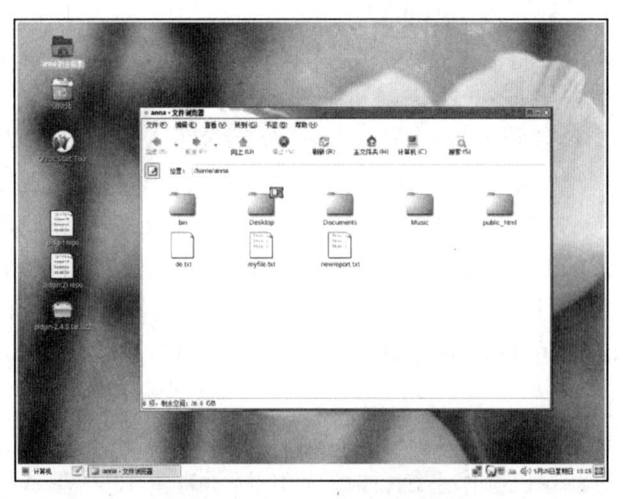

图 3.11　Linux 操作系统界面

1992 年 9 月 Linux 0.01 版发布。现在 Linux 操作系统存在着许多不同的版本,但它们都使用了 Linux 内核。Linux 操作系统可安装在各种计算机硬件设备中,比如手机、平板电脑、路由器、视频游戏控制台、台式计算机、大型机和超级计算机。

Linux 操作系统之所以受到广大计算机爱好者的喜爱,主要原因有两个:一是它属于自由软件,用户不用支付任何费用就可以获得它及其源代码,并且可以根据自己的需要对它进行必要的修改,无偿使用,无约束地继续传播;二是它具有 Unix 操作系统的全部功能,任何使用 Unix 操作系统或想要学习 Unix 操作系统的人都可以从 Linux 中获益。

5. Mac OS

Mac OS 是由苹果公司自行开发的苹果计算机专用操作系统，是基于 Unix 内核的图形化操作系统，一般情况下在普通 PC 上无法安装和运行。现在苹果计算机的操作系统已经更新到了 OS 10，代号为 Mac OS X（X 为 10 的罗马数字写法），如图 3.12 所示，最新版本为 10.12.4。

图 3.12　Mac OS X Lion 操作系统界面

Mac OS X 是全球领先的操作系统。它基于坚如磐石的 Unix，设计得简约精致，安全易用，功能强大。Mac OS X 操作系统界面非常独特，突出了形象的图标和人机对话。全屏模式是新版操作系统中最为重要的功能，一切应用程序均可在全屏模式下运行，没有任何浮动窗口，极大简化了计算机的使用，减少多个窗口带来的困扰，与触摸手势相结合的任务控制方式为全触摸计算铺平了道路。Mac OS 的许多特点和服务都体现了苹果公司的理念，处处体现着简洁的宗旨。

6. Android

"Android"一词的本意是"机器人"，同时也是 Google 公司于 2007 年 11 月 5 日发布的基于 Linux 平台的开源手机操作系统的名称，我国多数人将其称为"安卓"。Android 是一种基于 Linux 的自由及开放源代码的操作系统，号称是首个为移动终端打造的真正开放和完整的移动软件，主要应用于便携设备，如智能手机和平板电脑。

Android 操作系统最初由 Andy Rubin 开发，主要支持手机，在 2005 年被 Google 收购后，逐渐扩展到平板电脑及其他领域上。2008 年 10 月第一部 Android 智能手机发布。Android 手机操作系统的一大优势在于其开放性和免费的服务。Android 是一个对第三方软件完全开放的平台，开发者在为其开发程序时拥有更大的自由度，和 iOS 的封闭完全相反，所以 Android 获得了更好的厂商支持，例如 HTC、三星、LG、OPPO、华为、中国移动等，同时 Android 也得到了大量开发者的支持。2011 年第一季度，Android 在全球的市场份额首次超过 Symbian（塞班）系统，跃居全球第一。2012 年 11 月的数据显示，Android 占据全球智能手机操作系统市场 76% 的份额，中国市场的占有率为 90%。

Google 一直以来喜欢用甜品的名称为 Android 操作系统命名。Android 1.5 操作系统被命名为 CupCake(杯型蛋糕),Android 1.6 操作系统被命名为 Donut(甜甜圈),Android 2.0/2.01/2.1 操作系统则被命名为 Éclair(奶油夹心面包),Android 2.2 操作系统被命名为 Froyo(冻酸奶),Android 2.3 操作系统被命名为 Gingerbread(一种称作"姜饼"的小饼干),Android 3.0 操作系统被命名为 HoneyComb(蜂巢),Android 4.0 操作系统被命名为 Ice Cream Sandwich(即冰激凌三明治),2016 年 5 月发布的 Android 7.0 操作系统被命名为 Nougat(牛轧糖),如图 3.13 所示。

图 3.13　Android7.0 系统 Nougat

Android 7.0 的变化并不是太大,主界面几乎维持原样,但是它采用了全新的通知系统,并且针对多任务处理能力进行了小幅的改进:新增了同屏多任务多窗口功能、支持在通知栏回复消息、通知栏 APP 分组、支持 Java 8 以及省电优化等特性。最大亮点在于新的多任务分屏功能,以及新的通知栏设计。分屏多任务类似于"画中画"功能,其允许用户将一个 APP 窗口缩放在角落,以方便同时使用其他应用。这让 Android 设备终于有了多任务的操作体验,将会大大提升操作效率。

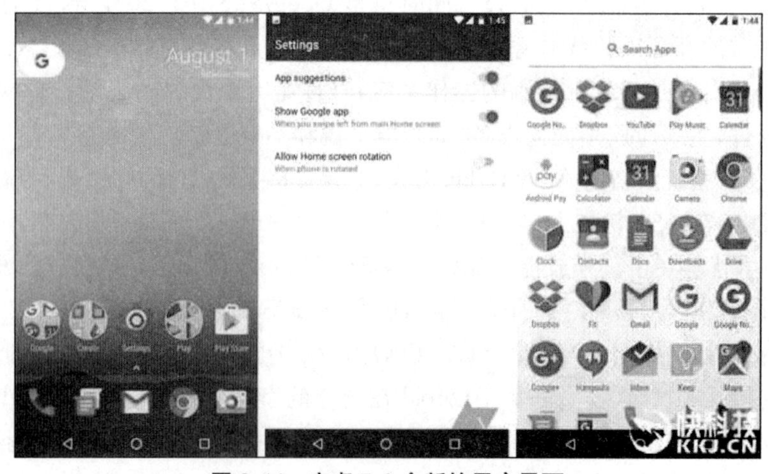

图 3.14　安卓 7.0 全新的用户界面

3.6 应用软件

应用软件是指那些用于解决各种具体应用问题的专门软件。通常应用软件被分为通用应用软件和定制应用软件。通用应用软件是可在许多行业和部门中广泛应用的软件。定制应用软件是面向具体问题的，通常只适合在一个单位中使用的软件，如高校教务管理信息系统、财务管理系统、医院住院病人管理系统、超市进销存管理系统等。

下面就让我们来了解一下现在比较流行的通用应用软件。

1. 文字处理软件

文字处理软件主要用于实现文字编辑排版、图文混排等功能，应用面最广的是微软公司开发的 Word 和我国金山软件有限公司开发的 WPS 文字处理软件。对于微软公司的 Word 相信大家已经相当熟悉并且一直都在用，但是对于 WPS 文字处理软件大家可能就比较陌生了。

WPS 文字处理软件最初诞生于 1989 年，出自一个叫裘伯君(图 3.15)的 24 岁年轻人之手。在 DOS 时代，WPS 就是一个家喻户晓的文字处理软件，其市场占有率一度超过 90%。关于 WPS 的诞生和发展，有着一段感人肺腑的故事。

图 3.15 裘伯君

为了创作一个能够代替当时非常流行的国外文字处理软件 WordStar，裘伯君从 1988 年 5 月到 1989 年 9 月，把自己关在一个房间里，只要醒着，就不停地写。什么时候困了，就睡一会儿，饿了就吃方便面。在这样的一年零四个月中，裘伯君生了三次病，每次住院一个月到两个月，他干脆把电脑搬到病房里继续写。开发之苦不是病魔缠身，而是孤独。“有了难题，不知道问谁，解决了难题，也没人分享喜悦。”裘伯君在这孤独中，写下了十几万行代码的 WPS。当时在上大学的雷军(曾任金山软件公司董事长，现任小米科技董事长兼 CEO)一看到 WPS 就震惊了：“我不相信中国还会有这么好的软件，当时觉得这个软件一定是在香港做的。”WPS 没有做广告，也没有去评奖，仅仅凭着口碑就火了起来。WPS 开始挣钱了，每年 3 万多套，每套批发价 2 200 多元。

但是一路高唱凯歌的 WPS 在 1993 年遇到了微软公司的 Word 的挑战。支撑裘伯君做下去的原因是，他坚信“Word 能够做到的事情，我也能做到”。让裘伯君没想到的是，WPS

97 的开发时间会拖这么长,“Windows 有很多新东西,我们还没有熟悉过来,微软又升级了。很多技术资料,也很难找到。微软掌握着 Windows,而我们什么都要靠自己从头做起,这导致了 WPS 97 的难产”。1996 年,苦闷的裘伯君找到了一个发泄情感的地方——BBS,他每天给站友写 300 多封信,“互相之间打气很重要,我为手下打气,也为自己打气”。此时此刻,裘伯君对 WPS 的一往情深起了关键作用,正是在这种感情的驱使下,裘伯君把自己住的别墅卖了,使 WPS 97 的开发工作维持了下去。正是这种感情驱使裘伯君带领开发组四年如一日,每天工作 12 个小时,每年工作 365 天,从来都没有停过。“Word 可以由 200 多人做,我们只有不到 10 个人,没有办法,只有比别人多付好几倍的劳动和汗水。”WPS 97 推出仅两个多月,就销出了 13 000 套,这样好的势头连裘伯君也始料未及。网友这样评价 WPS 97:“WPS 97 确实有很多富有民族特色的地方。另外,WPS 97 小巧简单,Word 那么庞大,对非计算机专业人员来说太难了。我不反对你用 Word,但也请你试一下 WPS 97。”

在中国,程序比裘伯君写得好的应该说有的是,但我们还是愿意把裘伯君看作中国第一程序员。因为作为一个程序员谁也没有裘伯君的影响力大。在很多人眼里,裘伯君是民族软件的一种象征。

WPS 的最新版本是 WPS Office 2016,它可以实现办公软件最常用的文字处理、表格处理、演示等多种功能,具有内存占用低、运行速度快、体积小巧、强大插件平台支持、免费提供海量在线存储空间及文档模板、支持阅读和输出 PDF 文件、全面兼容微软 Office 97—2010 格式等独特优势。

与 Microsoft Office 相比,WPS 具有如下优点:由中国人自主研发,更符合中国人的使用习惯;永久免费;客户端体积很小;全面兼容微软 Word。

如今在 Microsoft Office 独当一面的情况下,WPS Office 办公软件在我国政府采购中多次击败微软公司,我国很多政府机关部门、企业都装有 WPS Office 办公软件。此外,WPS 还推出了 Linux 版、Android 版,是跨平台的办公软件。总之,WPS 是一款优秀的国产软件。很多人都是从它开始接触文字处理软件的,对它有着深厚的感情,对裘伯君更是充满着像对待民族英雄般的敬意,他在困境面前永不妥协的精神值得我们学习。

2. 数据处理软件

数据处理软件主要用于实现数据的计算、统计、汇总以及数据图表的制作等功能。当前流行的可视化数据分析和处理软件有微软的 Excel、WPS 表格、MATLAB、Mathmatica、Maple、Origin 等。

3. 图形图像软件

图形图像软件主要实现图像绘制与编辑处理、图像美化、几何图形绘制等功能,如 Windows 自带的画板,专业的平面设计软件 Photoshop、Coreldraw、AutoCAD,简单易用的照片处理软件光影魔术手、美图秀秀、Turbo Photo、Ulead Photo Express(我形我速)等。

4. 媒体播放软件

媒体播放软件主要用来播放各种数字音频和视频文件,如 Windows Media Player、Real Player、Adobe Flash Player、Winamp、暴风影音、百度影音、酷狗音乐、QQ 音乐、千千静听、多米音乐播放器、酷我音乐盒等。

5. 网络通信软件

网络通信软件可以实现网络聊天、发送电子邮件、传递文件、上传文件、下载文件等功能，如 QQ、微信、MSN 等。

6. 演示软件

演示软件可以用于制作演示幻灯片，如多媒体课件、各种演示文稿等，常用的有微软的 PowerPoint 和 WPS Office 演示等。

7. 动画制作软件

二维动画制作软件有 Adobe 公司的 Adobe Flash、友立公司的 Ulead GIF Animator(可以快速制作出可爱的 GIF 小动画)，三维动画制作软件有 3DS MAX 和 SolidWorks。在基于 Windows 平台的三维 CAD 软件中，SolidWorks 是最著名的品牌，是市场快速增长的领导者。

8. 视频编辑软件

数字视频编辑软件主要用于实现数字视频的素材整理、转场切换和特效、配音、添加字幕等功能。视频编辑软件可以很轻松地完成大多数你想象得出来的视频处理工作，你可以重新安排场景顺序、添加字幕、在不同镜头间设置切换效果、用滤镜添加特殊效果、重新配音等。编辑视频是一件既有趣又创意十足的事情。常用的视频编辑软件有微软公司的 Windows Movie Maker、友立公司的 Ulead Video Studio(会声会影)、Adobe 公司的 Adobe Premiere、品尼高公司的 Pinnacle Studio 和 Pinnacle Edition。

9. 下载软件

下载软件是一种可以更快地从网络下载文件数据的软件。下载软件采用了“多点连接(分段下载)”技术和“断点续传”技术，能够充分利用网络上的多余带宽，随时接续上次中止部位继续下载，有效避免了重复劳动，从而大大节省了联网下载时间。常用的下载软件有迅雷、网际快车(Flashget)、电驴、QQ 旋风、网络蚂蚁、脱兔等。

10. 第三方应用程序(APP)

APP 是英文“Application”的简称，它是用于智能手机的第三方应用程序。比较著名的 APP 商店有 iOS 系统的 iTunes 商店、Android 系统的 Android Market、Symbian 系统的 Ovi Store，还有 BlackBerry OS 系统的 BlackBerry App World 以及微软的应用商城。苹果的 iOS 系统的 APP 格式有 IPA、PXL、DEB，诺基亚的 S60 系统的 APP 格式有 SIS、SISX，微软的 Windows Phone7、Windows Phone8 系统的 APP 格式为 XAP。一开始 APP 只是作为一种第三方应用的合作形式参与到互联网商业活动中去，随着互联网越来越开放，APP 与 iPhone 的盈利模式开始被更多的互联网商业大亨看重，如淘宝开放平台、腾讯的微博开发平台、百度的百度应用平台都是 APP 思想的具体表现，一方面可以通过平台积聚各种不同类型的网络受众，另一方面可以借助 APP 平台获取流量，其中包括大众流量和定向流量。

3.7 常用软件简介

1. 网页制作软件——Dreamweaver

Dreamweaver 翻译成中文的意思是“梦想编织者”，它是由 Macromedia 公司(现在被

Adobe 公司收购)开发的一种基于可视化界面的、带有强大代码编写功能的网页设计与开发软件。Dreamweaver 的出现使网页的创作变得非常轻松。它与 Fireworks 和 Flash 被人们称作“网页三剑客”。

Dreamweaver 是一款所见即所得的可视化网页编辑软件,即在编辑网页的时候看到的外观和在 IE 浏览器中看到的外观基本上是一致的。到目前为止,Dreamweaver 是最受大家青睐的网页制作软件。目前 Dreamweaver 的最新版本是 Dreamweaver CC,它具有许多新的功能与特性。关于 Dreamweaver CC 的详细介绍和使用方法请参见《计算机应用技能(第二版)》一书的第 5 章。

2. 图像处理软件——Photoshop

Photoshop 是 Adobe 公司旗下最为出名的图像处理软件之一。它的应用领域很广泛,在图像、图形、文字、视频、出版各方面都有涉及。Photoshop 的缩写是 PS,对于广大 Photoshop 爱好者而言,PS 亦用来形容通过 Photoshop 等图像处理软件处理过的图片,即非原始、非未处理的图片。

Photoshop 应用最为广泛的领域是平面设计,无论是我们正在阅读的图书封面,还是在大街上看到的广告、海报,基本上都需要用 Photoshop 软件对图像进行处理。在制作网页时,Photoshop 是必不可少的网页图像处理软件。Photoshop 具有良好的绘画与调色功能,许多插画设计者往往使用铅笔绘制草稿,然后用该软件填色来绘制插画。利用 Photoshop 可以使文字发生各种各样的变化,这些经过艺术化处理后的文字会为图像增加效果。图 3.16 展示了利用 Photoshop 绘制的孔雀,图 3.17 展示了利用 Photoshop 设计的图书封面。

图 3.16 利用 Photoshop 绘制的孔雀

图 3.17　利用 Photoshop 设计的图书封面

Photoshop 具有强大的图像修饰功能。利用这些功能可以快速修复一张破损的老照片，也可以修复人脸上的斑点等缺陷。广告摄影的最终成品往往要经过 Photoshop 的修改才能得到满意的效果。在制作建筑效果图包括许多三维场景图时，人物与背景包括场景的颜色常常需要利用该软件来增加并调整。近些年来非常流行的像素画也多为设计师使用 Photoshop 创作的作品。

影像创意是 Photoshop 的特长，通过 Photoshop 的处理可以将多种不同的对象组合在一起，使图像发生巨大的变化。目前婚纱影楼一般使用数码相机拍照，这也使得婚纱照片的设计与处理成为一个新兴的行业。视觉创意与设计是设计艺术的一个分支，为广大设计爱好者提供了广阔的设计空间，因此越来越多的设计爱好者开始学习 Photoshop，并进行具有个人特色与风格的视觉创意。

目前 Photoshop 的最新版本是 Photoshop CC，其使用方法请参见《计算机应用技能(第二版)》一书的第 6 章。

3. 动画制作软件——Animate

Animate 是一款二维动画制作软件，它在网络动画制作、多媒体产品设计、课件制作以及游戏软件设计等方面表现出了强大的功能。图 3.18 和 3.19 展示了利用 Animate 制作的动画。Animate 不仅可以通过文字、图形、音频和视频等方式来表现动画的主题，还可以通过自带的 ActionScript 脚本语言来实现交互功能。Animate CC 2017 的前身是 Macromedia 公司的 Flash，2005 年 Adobe 公司耗资 34 亿美元并购了 Macromedia 公司。Flash 从 Flash 1.0 发展到 Flash 5.0，再从崭露头角的 Flash MX 2004 逐渐发展到大放异彩的 Flash CS 系列，由此可见 Flash 的发展也经历了一个过程。随着软件的升级，Flash 的功能也越来越强大。随着移动技术的发展，由于 Flash 播放器存在的安全隐患以及 HTML 5 的应用，Adobe 宣布将 Flash Professional CC 更名为 Animate Professional CC。在 Animate Professional CC 中同时加入了对 HTML 5 的支持，帮助开发人员创建更多网站、广告和动画电影。关于 Animate CC 的使用方法请参见《计算机应用技能(第二版)》一书的第 7 章。

图 3.18　利用 Animate 制作的蜜蜂采蜜动画

图 3.19　利用 Animate 制作的狐假虎威动画

4. 三维动画制作软件——3DS MAX

3D Studio MAX，常简称为 3DS MAX 或 MAX，是由国际著名的 Autodesk 公司的子公司 Discreet 公司制作开发的，它是集造型、渲染和制作动画于一身的三维动画制作软件。它从出现的那一天起，即得到了全世界无数三维动画制作爱好者的热情赞誉，MAX 也不负众望，屡屡在国际上获得大奖，它已逐步成为个人 PC 上最优秀的三维动画制作软件。所谓三维动画，就是利用计算机进行动画的设计与创作，从而产生真实的立体场景与动画。图 3.20

和3.21 展示了在 3DS MAX 中绘制三维动画。

3DS MAX 主要应用于影视、游戏与动画制作等领域，大名鼎鼎的《古墓丽影》系列就是 3DS MAX 的杰作。现在，好莱坞大片中常常需要 3DS MAX 参与制作，包括建三维模型、设置场景、设计建筑材质、设置场景动画、设置运动路径、计算动画长度、创建摄像机并调节动画等。3DS MAX 模拟的自然界可以达到真实、自然，比如用细胞材质和光线追踪制作的水面，其整体效果没有生硬、呆板的感觉。绘制建筑效果图和室内装修图是 3DS MAX 系列产品最早的应用之一，如制作北京申奥宣传片等。

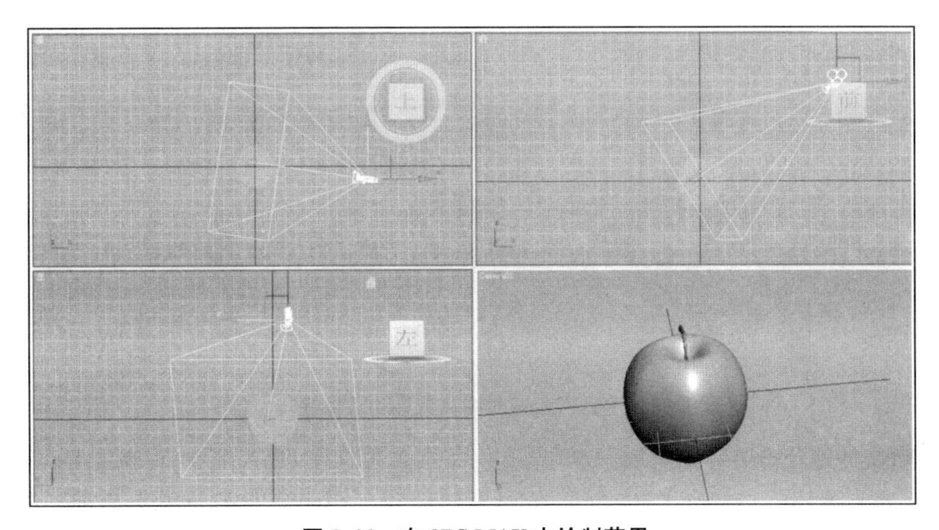

图 3.20　在 3DS MAX 中绘制苹果

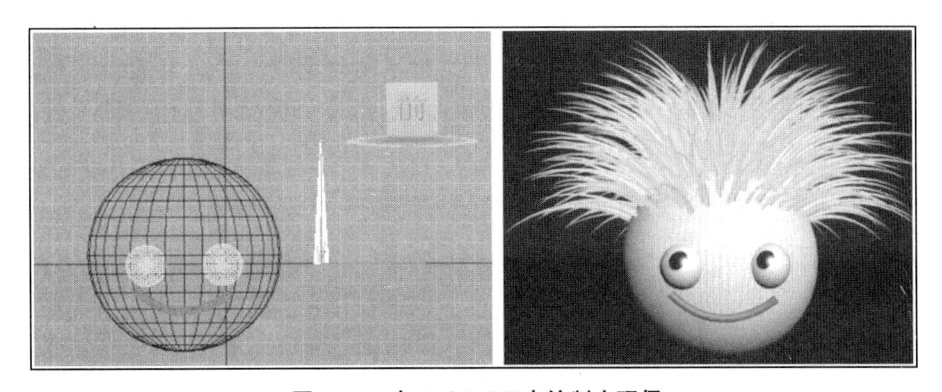

图 3.21　在 3DS MAX 中绘制小玩偶

5. 数码照片处理软件——我形我速

我形我速(Ulead Photo Express)是友立公司出品的著名数码照片处理软件，可制作出色的相片与项目，供亲朋好友欣赏。我形我速不只是简单的图像编辑程序，它可以用最精彩的方式展示精彩的创意，将平凡无奇的相片转换成杰出的艺术品。它还可以用于制作贺卡、日历、请柬、海报、屏幕保护程序、GIF 动画、闪亮心情贴、趣味相框、大头贴甚至网页等。

我形我速提供了醒目的特效，其中艺术化效果可以将相片转换成戏剧化的作品，包括炭笔画、彩色铅笔、褶皱、织物、油画、铅笔和水彩效果；可以通过添加雨丝、雪花、气泡、萤火虫、星星或云彩效果，为相片添加颗粒效果；用扩张、挤压、涟漪和漩涡效果可以使图像弯曲、变形和延伸；用平均、模糊、锐化和强调边缘效果可以使模糊的图像清晰化。镜头效果可以更改图像的透视感和深度感，包括减瘦、加肥、动态模糊、马赛克、暖色、冷色、色调和聚光灯效果；用平铺、微风、拼图、浮雕和翻页效果可以使图像样式化。图 3.22 展示了用我形我速对图片背景和边框进行修饰。

图 3.22 用我形我速对图片背景和边框进行修饰

6. 图像处理软件——光影魔术手

光影魔术手(nEO iMAGING)是一款对数码照片进行画质改善及效果处理的软件，是国内最受欢迎的图像处理软件之一。光影魔术手于 2006 年推出第一个版本，2007 年被《电脑报》、天极、PCHOME 等多家权威媒体及网站评为“最佳图像处理软件”。它原本为一款收费软件，在 2008 年其公司被迅雷公司收购之后实行了完全免费。2013 年推出了 4.1.0beta 版本，在老版光影图像算法的基础上进行改良及优化，带来了更简便易用的图像处理体验。图 3.23 展示了在光影魔术手中制作日历。

图 3.23 在光影魔术手中制作日历

光影魔术手具有多种丰富的数码暗房特效，如背景虚化、局部上色、褪色旧相、黑白效果、冷调泛黄等，可以轻松制作出彩的照片风格，特别是反转片效果，可使照片有专业的胶片效果。光影魔术手可给照片加上各种精美的边框，轻松制作个性化相册。除了软件自带的精选边框，用户更可在线下载软件论坛上由“光影迷们”自己制作的优秀边框，包括轻松边框、花样边框、撕边边框和多图边框等。光影魔术手拥有自由拼图和模板拼图两个模块，为用户提供多种拼图模板选择。光影魔术手的文字水印具有发光、描边、阴影、背景等各种效果，使加在图像上的文字更加出彩。

7. 图像处理软件——美图秀秀

美图秀秀是一款很好用的免费图像处理软件，其操作和程序相对于专业图像处理软件Photoshop和光影魔术手而言比较简单。美图秀秀拥有独特的图片特效、美容、拼图、趣味场景(图3.24)、边框、饰品等功能，还能制作动感闪图、摇头娃娃(图3.25)、趣味QQ表情、QQ头像、QQ空间图片等。

图3.24 用美图秀秀制作场景图片

图3.25 摇头娃娃模板

8. GIF动画制作软件——Ulead GIF动画

Ulead GIF动画(Ulead GIF Animater)是一款非常方便的GIF动画制作软件，它不但可以把一系列图片保存为GIF动画格式，而且还能产生20多种二维和三维的动画效果。图3.26展示了在Ulead GIF动画中制作GIF动画。

9. 视频编辑软件——Ulead VideoStudio

Ulead VideoStudio(中文名为“会声会影”或“绘声绘影”)是由友立公司出品的功能强大的视频编辑软件，具有图像抓取和编修功能，提供了超过100种的编制功能与效果，完全满足家庭或个人的影片剪辑需求，甚至可以挑战专业级的影片剪辑软件。会声会影的操作简单、功能强大，从捕获、剪接、转场、特效、覆叠、字幕、配乐到刻录，不论是旅游记录、个人日记，还是生日派对、朋友聚会、毕业典礼等美好时刻，都可轻轻松松地通过会声会影剪辑出精彩有创意的影片。会声会影支持各类编码，包括音频和视频编码，可导出多种常见的视频格式，甚至可以直接制作成DVD、VCD。图3.27展示了在Ulead VideoStudio中编辑视频。

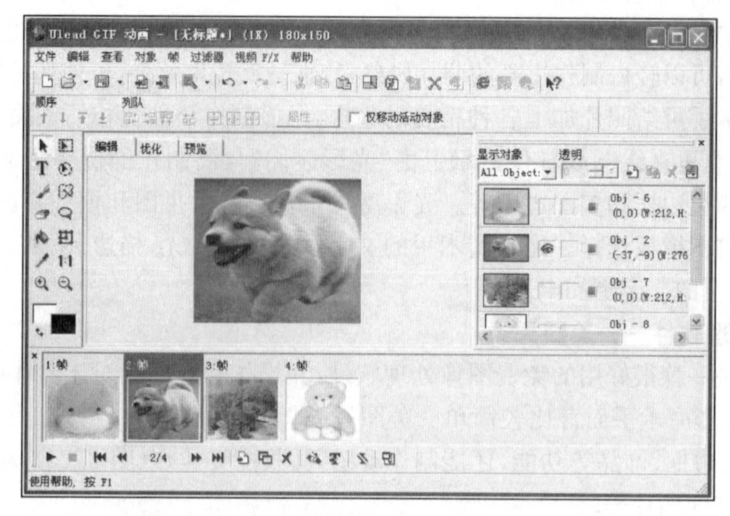

图 3.26　在 Ulead GIF 动画中制作 GIF 动画

图 3.27　在 Ulead VideoStudio 中编辑视频

10. 光盘刻录软件——Nero

Nero 是 Ahead Software 公司研制的一款光盘刻录软件，可以实现 CD、DVD 等多种介质的刻录，可以制作数据 CD、音乐 CD、混合模式 CD、可引导 CD 或 VCD、超级 VCD 和 Photo CD 等多种形式的光盘，可以将硬盘或光盘中的部分数据和文件刻录至光盘中，还可以实现整个光盘数据的复制等功能。图 3.28 为 Nero 的启动界面。

11. 硬盘数据拷贝软件——Norton Ghost

Norton Ghost（克隆精灵）是由 Symantec 公司研制的一款硬盘数据拷贝软件，可以把整个硬盘或分区中的内容从一个硬盘或分区拷贝到另一个硬盘或分区中，甚至可以将硬盘或分区中的全部有效数据按磁道顺序读取后，以映像文件的形式保存至硬盘或光盘中，以备必要时从映像文件中再将数据读取并复制到原来的硬盘或新的硬盘中。

12. 压缩软件

WinRAR是目前流行的压缩工具,如图3.29所示,其界面友好,使用方便,在压缩率和速度方面都有很好的表现。经过多次试验证明,WinRAR的RAR格式的压缩率一般要比WinZIP的ZIP格式的压缩率高出10%～30%。除了WinRAR之外,还有2345好压、快压等国产压缩软件。

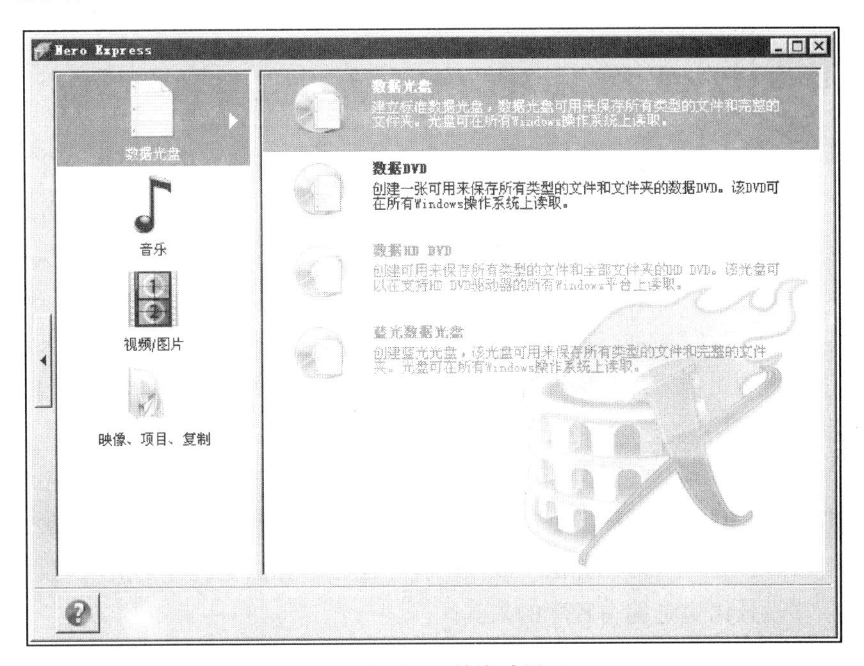

图3.28 Nero的启动界面

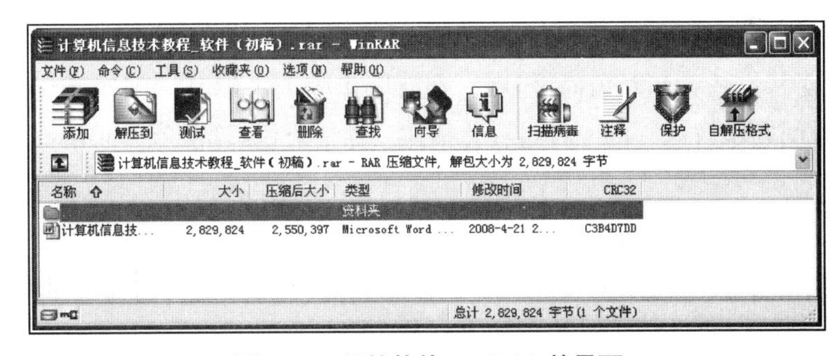

图3.29 压缩软件WinRAR的界面

13. 手机软件

手机软件是安装在智能手机上的客户端软件,它们可以完善原始手机操作系统的不足并实现个性化。随着科技的发展,现在手机的功能也越来越多,越来越强大,目前已经发展到了可以和计算机相媲美的程度。手机软件与计算机软件一样需要下载和安装,但是下载手机软件时还要考虑你所购买的这款手机所安装的操作系统以选择相对应的软件。

早期手机的主流系统有Symbian、BlackBerry OS、Windows Mobile。在2007年,苹果公司推出了iOS操作系统;Google公司宣布推出Android手机操作系统。iOS跟Android

两款系统凭着强大的优势，迅速占领手机市场的大部分份额。

360软件公司发布的《2015年Android手机应用盗版情况调研报告》显示，2015年Android手机应用的盗版情况猖獗，平均每款正版APP对应92.7个盗版，工具类软件以及模拟辅助类游戏最易遭仿。

优秀的软件还很多，在这里就不一一罗列，大家可以通过相关书籍或网络得到相关资料。

3.8 程序设计

程序是为了用计算机解决某个问题而采用程序设计语言编写的一个指令序列。程序以文件的形式存储在计算机中，在启动运行后能够完成某一确定的信息处理任务。程序在静态上表现为保存在存储器中的文档，动态上表现为可以被调到内存并由CPU执行的一连串指令。

计算机可以通过执行不同程序完成不同任务，即使执行同一个程序，当输入的数据不同时，输出的结果也有可能不同。因此，程序通常不是专门为解决某一个特定问题而设计的，大多数是为了解决某一类问题而设计的。

一个程序应包括对数据的描述和对操作的描述。对数据的描述是指在程序中要指定数据的类型和数据的组织形式，即数据结构。对操作的描述就是操作步骤，即算法。著名的计算机科学家沃斯提出一个公式：算法＋数据结构＝程序。算法是程序的灵魂，数据是程序处理的对象，程序设计语言是编写程序的工具。

3.8.1 算法

1. 算法及其特征

算法是针对特定任务和对象而设计的，在有限步骤内求解某一问题所使用的一组定义明确的规则，是问题求解规则的一种过程化描述。通俗点说，算法就是求解一个问题的具体步骤。

一个算法应该具有以下几个重要的特征：

① 有穷性：一个算法必须保证在执行有限步之后结束。如果一个无穷的算法并不能提交我们所需要的结果，那么这个算法将毫无意义。

② 确切性：算法的每一个步骤必须有确切的定义。这里要求算法的每个步骤都是明确的、没有歧义的，从而保证算法能安全正确地被执行。

③ 可行性：算法原则上能够精确地执行，而且人们用笔和纸做有限次运算后即可完成。

④ 输入：一个算法有0个或多个输入。输入为算法指定了初始条件，当然这个初始条件并不是必需的。

⑤ 输出：一个算法有一个或多个输出，将输出结果提交以反映对输入数据进行加工后的结果，没有输出的算法是毫无意义的。

算法的处理对象是数据，而程序的核心是算法。因此，我们应该正确地对待算法与数据

之间的关系，数据的定义是算法设计的基础，数据的存储结构在某种程度上将影响算法的好坏。

2. 算法的表示

算法的表示有很多种，常见的有自然语言表示法、流程图表示法、N-S 图表示法、伪代码表示法等。其中流程图是比较直观的，也是最为常用的一种表示方法。

流程图中常用的基本符号如下：

① 圆角矩形：表示开始或结束，如图 3.30 所示。

② 矩形：表示顺序执行的代码段，如图 3.31 所示。

③ 菱形：表示分支结构中的判断，如图 3.32 所示。

④ 带方向的箭头：称为流程线，标明了程序的执行方向，如图 3.33 所示。

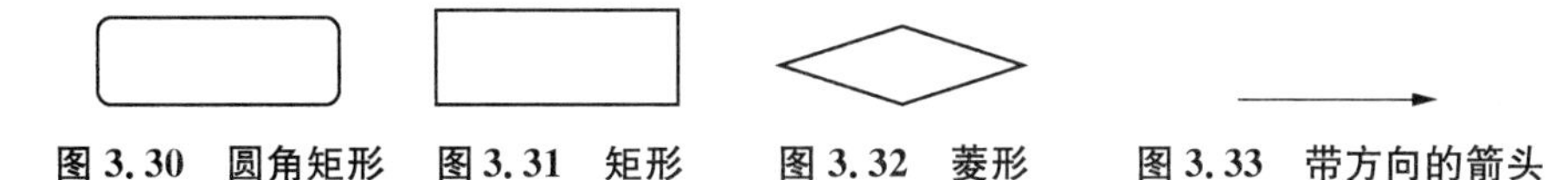

图 3.30 圆角矩形　图 3.31 矩形　图 3.32 菱形　图 3.33 带方向的箭头

利用上述基本符号可以表示出结构化程序设计的三大基本结构，即顺序、分支和循环。

顺序结构是指语句的执行顺序和它在程序中出现的次序是一致的。如图 3.34 所示，我们可以看到，先执行操作(集)A，后执行操作(集)B。

分支结构(也称选择结构)实现了把程序根据一定的条件分成不同的分支，程序只执行其中的一个分支。如图 3.35 所示，分支结构由一个条件判断表达式 P 和两个供选择的操作 A 和 B 组成，首先判断条件表达式 P 的值，如果 P 的值为真，则执行操作 A，否则执行操作 B。

循环结构是根据一定的条件对某些语句重复执行，重复执行的次数可以预先指定，也可以不指定而由循环体中的变量变化决定。如图 3.36 所示，循环结构由一个判断表达式 P 和操作 A 构成，首先判断表达式 P 的值是否为真，如果为真则执行操作 A，操作 A 执行结束后再来判断表达式 P 的值，依此类推，直到表达式 P 的值为假，则跳出循环。

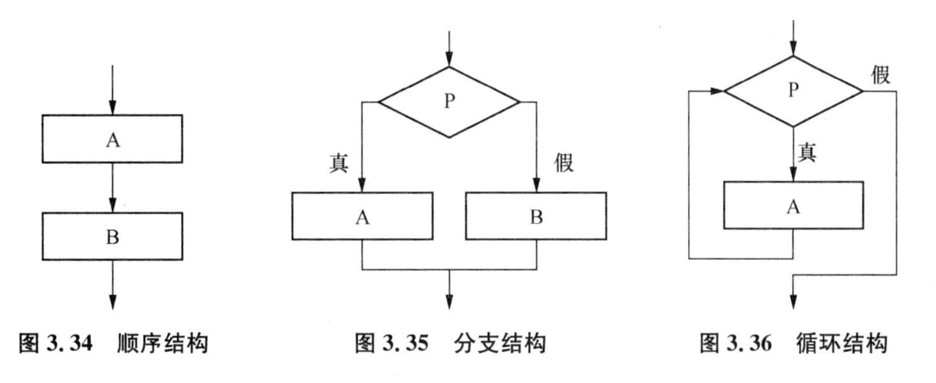

图 3.34 顺序结构　图 3.35 分支结构　图 3.36 循环结构

例如，要判断一个正整数 n 是否为素数，可以采用如下算法：将 n 除以从 2 到$\sqrt{n}$之间的整数 i，如果 n 能被 i 的某个值整除，则说明 n 不是素数；反之，如果 n 都不能被 2 到$\sqrt{n}$之间的整数整除，则说明 n 是素数。用流程图表示如图 3.37 所示。

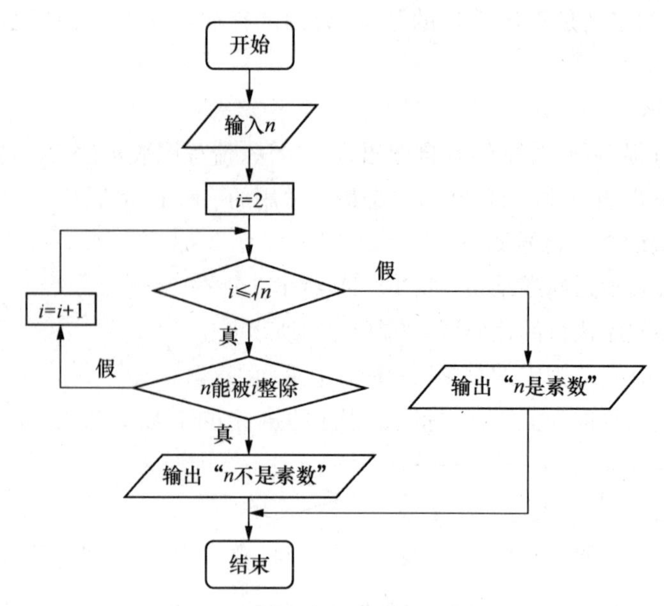

图 3.37 判断素数的程序的流程图

3. 算法的评价

在算法设计过程中经常会遇到这种情况，即同一个问题可以用不同的算法进行解决，而这些算法在运行效率、空间资源耗费等方面存在着差异。根据这些差异我们可以评价一个算法的好坏。评价算法的前提条件是这些算法都应该是正确的，在此基础上再通过时间复杂度和空间复杂度进一步评价算法的优劣。

时间复杂度是指在算法执行过程中需要耗费的时间资源。为了便于比较同一问题的不同算法的运行效率，可以从算法中选取一种对于所研究问题来说是基本操作的原操作，以该基本操作重复执行次数作为算法的时间量度。

空间复杂度是指在算法执行过程中需要耗费的内存空间资源。

现在，我们通过一个例子来说明算法的设计过程以及如何评价一个算法的优劣。

【例】 一位商人有 9 枚银元，其中一枚略轻的是假银元，你能用天平（不用砝码）将假银元找出来吗？

算法一：先从 9 枚银元中任取 2 枚放到天平上进行称量，若天平两端不平衡，则轻的那枚为假银元；若平衡，则从天平上取下一枚银元，换上另一枚银元，再称，以此类推，只要有一次称量时天平两边不平衡，就能找到假银元；如果每次称量都平衡，则剩下的最后一枚银元是假银元。所以这种算法最少称 1 次，最多要称 7 次。

算法二：将 9 枚银元平均分成 A、B、C 三组，每组 3 枚。第一次先比较 A、B 两组，如果天平不平衡，则假银元在轻的那组里，从轻的那组里任取 2 枚放到天平上进行比较，若不平衡，则轻的那枚是假银元；若平衡，则该组中剩下的那枚是假银元。若 A、B 两组相等，则假银元在 C 组里，从 C 组中任取 2 枚进行比较，如果不平衡，则找到假银元；若平衡，则 C 组中剩下的那枚是假银元。这种算法称 2 次就可以找到假银元，所以效率比第一种方法要高。

算法分析的目的在于选择合适的算法并改进算法。

4. 算法的重要性

关于算法的重要性，李开复(图3.38)有一篇精彩的文章，题目是“算法的力量”。李开复是一位信息产业公司的执行官和计算机科学的研究学者，1998年加盟微软公司，随后创立了微软中国研究院(现微软亚洲研究院)。2005年7月加入Google(谷歌)公司并担任Google全球副总裁兼中国区总裁一职。2009年9月李开复宣布离职并创办创新工场，任董事长兼首席执行官。以下内容摘自李开复《算法的力量》这篇文章。

算法是计算机科学领域最重要的基石之一，但却受到了国内一些程序员的冷落。许多学生看到一些公司在招聘时要求的编程语言五花八门就产生了一种误解，认为学计算机就是学各种编程语言，或者认为，学习最新的语言、技术、标准就是最好的铺路方法。其实大家都被这些公司误导了。编程语言虽然该学，但是学习计算机算法和理论更重要，因为计算机语言和开发平台日新月异，但万变不离其宗的是那些算法和理论，例如数据结构、算法、编译原理、计算机体系结构、关系型数据库原理等。在开复学生网上，有位同学生动地把这些基础课程比拟为“内功”，把新的语言、技术、标准比拟为“外功”。整天赶时髦的人最后只懂得招式，没有功力，是不可能成为高手的。

图3.38　创新工场董事长兼CEO李开复

- 算法与我

记得我读博时写的Othello对弈软件获得了世界冠军。当时，得第二名的人认为我是靠侥幸才打赢他，不服气地问我的程序平均每秒能搜索多少步棋，当他发现我的软件在搜索效率上比他快60多倍时，才彻底服输。为什么在同样的机器上，我可以多做60倍的工作呢？这是因为我用了一个最新的算法，能够把一个指数函数转换成四个近似的表，只要用常数时间就可得到近似的答案。在这个例子中，是否用对算法才是能否赢得世界冠军的关键。

- 网络时代的算法

有人也许会说：“今天计算机这么快，算法还重要吗？”其实永远不会有太快的计算机，因为我们总会想出新的应用。虽然在摩尔定律的作用下，计算机的计算能力每年都在飞快增长，价格也在不断下降。可我们不要忘记，需要处理的信息量更是呈指数级增长。现在每人每天都会创造出大量数据(照片、视频、语音、文本等等)。日益先进的记录和存储手段使我们每个人的信息量都在爆炸式增长。互联网的信息流量和日志容量也在飞快增长。在科学研究方面，随着研究手段的进步，数据量更是达到了前所未有的程度。无论是三维图形、海量数据处理还是机器学习、语音识别，都需要极大的计算量。在网络时代，越来越多的挑战需要靠卓越的算法来解决。

- 并行算法：Google 的核心优势

每天 Google 的网站要处理十亿个以上的搜索，Gmail 要储存几千万用户的 2G 邮箱，Google Earth 要让数十万用户同时在整个地球上遨游，并将合适的图片经过互联网提交给每个用户。如果没有好的算法，这些应用都无法成为现实。在这些应用中，哪怕是最基本的问题都会给传统的计算带来很大的挑战。例如，每天都有十亿以上的用户访问 Google 的网站，使用 Google 的服务，也产生很多很多的日志(Log)。因为 Log 每分每秒都在飞速增加，我们必须有聪明的办法来进行处理。我曾经在面试中问过关于如何对 Log 进行一些分析处理的问题，有很多面试者的回答虽然在逻辑上正确，但是实际应用中是几乎不可行的。按照他们的算法，即使用上几万台机器，我们的处理速度都跟不上数据产生的速度。

那么 Google 是如何解决这些问题的？

首先，在网络时代，就算有最好的算法，也要能在并行计算的环境下执行。在 Google 的数据中心，我们使用的是超大的并行计算机。但传统的并行算法运行时，效率会在增加机器数量后迅速降低，也就是说，十台机器如果有五倍的效果，增加到一千台时也许就只有几十倍的效果。这种事倍功半的代价是没有哪家公司可以负担得起的。而且，在许多并行算法中，只要一个节点犯错误，所有计算都会前功尽弃。

那么 Google 是如何开发出既有效率又能容错的并行计算的呢？

Google 最资深的计算机科学家 Jeff Dean 认识到，Google 所需的绝大部分数据处理都可以归结为一个简单的并行算法：Map and Reduce。这个算法能够在很多种计算中达到相当高的效率，而且是可扩展的(也就是说，一千台机器就算不能达到一千倍的效果，至少也可以达到几百倍的效果)。Map and Reduce 的另外一大特色是它可以利用大批廉价的机器组成功能强大的 server farm。最后，它的容错性能异常出色，就算一个 server farm 里面的机器 down 掉一半，整个 farm 依然能够运行。正是因为这个天才的认识，才有了 Map and Reduce 算法。借助该算法，Google 几乎能无限地增加计算量，与日新月异的互联网应用一同成长。

- 算法并不局限于计算机和网络

举一个计算机领域外的例子：在高能物理研究方面，很多实验每秒钟都能产生几个 TB 的数据量。但因为处理能力和存储能力的不足，科学家不得不把绝大部分未经处理的数据丢弃掉。可大家要知道，新元素的信息很有可能就藏在我们来不及处理的数据里面。同样地，在其他任何领域里，算法可以改变人类的生活。例如人类基因的研究，就可能因为算法而发明新的医疗方式。在国家安全领域，有效的算法可能避免下一个“9·11”的发生。在气象方面，算法可以更好地预测未来天灾的发生，以拯救生命。

所以，如果你把计算机的发展放到应用和数据飞速增长的大环境下，你一定会发现，算法的重要性不是在日益减小，而是在日益加强。

3.8.2 数据结构

如今，计算机已深入到人类社会的各个领域，计算机的应用不再局限于科学计算，而更多地用于控制、管理及数据处理等非数值计算的处理工作。比如在图书馆的图书管理系统、人机对弈、多岔路口交通信号灯管理中，计算机加工处理的对象不是纯粹数值而是诸如字符、表、图像等各种具有一定结构的数据。由此，在程序设计过程中，必须分析这些数据元素之间存在的一种或多种特定关系以及作用于其上的函数或运算。通常情况下，精心选择的数据结构可以带来更高的运行效率或者存储效率。

数据结构的研究不仅涉及计算机硬件(存储设备和存取方法等)、计算机软件(数据元素在存储器中的分配)，还要考虑到信息检索过程中如何组织数据，以方便查找和存储数据元素。数据结构是一门介于数学、计算机硬件、计算机软件三者之间的核心课程。

通常，研究数据结构一般包括三个方面的内容，即数据的逻辑结构、数据的存储结构和定义在这些数据上的运算。

数据的逻辑结构中描述的是数据元素之间的逻辑关系。通常有下列4类基本结构：集合、线性结构、树型结构、网状(图)结构。

线性结构中，在数据元素非空的有限集合的前提下，要求：存在唯一的一个被称作“第一个”的数据元素；存在唯一的一个被称作“最后一个”的数据元素；除第一个元素之外，集合中的每一个数据元素均只有一个前驱；除最后一个元素之外，集合中的每一个数据元素均只有一个后继。线性结构中的数据元素可以是一个数字或一条记录，甚至其他更复杂的信息。由于数据元素之间有明确的顺序关系，这个集合将构成一个有方向的线性链表，如图3.39所示。

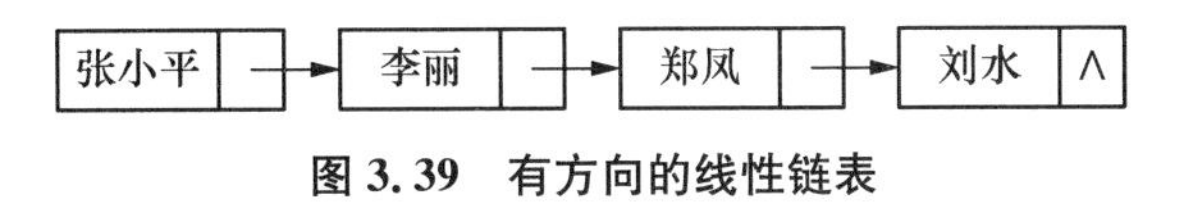

图3.39 有方向的线性链表

如果要描述人类社会的族谱或各种社会组织关系，这种关系将不是线性的，可以用“树”来形象描述。例如，祖父有两个儿子，每个儿子又有两个儿子，可以得到这个家庭关系的树型描述如图3.40所示。当然其中的数据元素可以是一个数字或一条记录，甚至其他更复杂的信息。

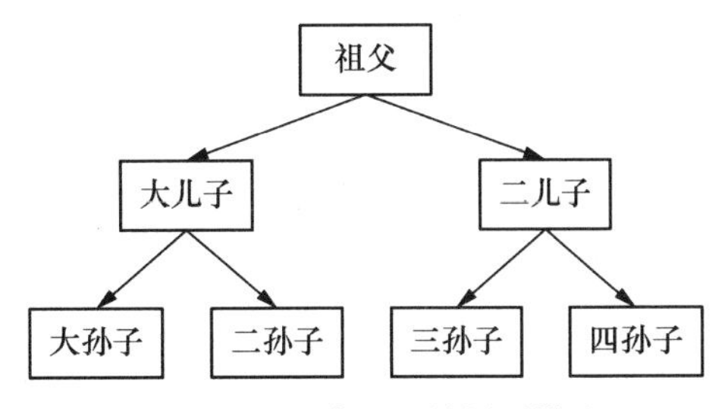

图3.40 家庭关系的树型描述

假如一位旅客要从济南出发去福州，他希望选择一条途中中转次数最少的路线。假设他每到一个城市都要换车。由于城市和城市相互之间存在道路，则可以使用“图”这种结构解决这个问题。如图 3.41 所示，我们需要从顶点“济南”出发，搜索每一条可以到达“福州”的路径，这个问题就是搜索一条由济南到福州所含边最少的路径。

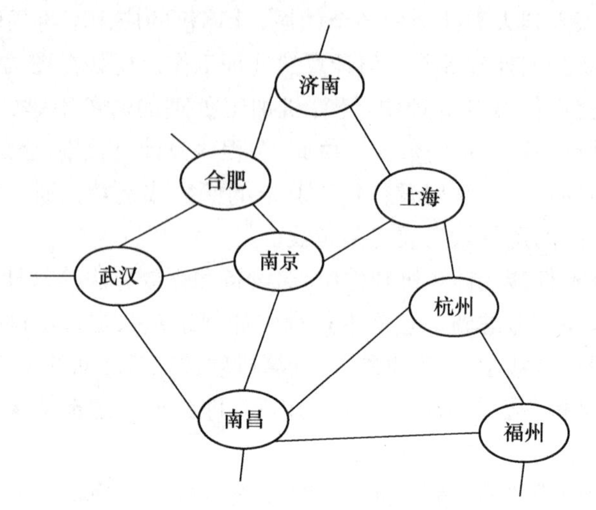

图 3.41　城市和城市相互之间的图型描述

数据的存储结构实质上是它的逻辑结构在计算机存储器上的实现，是数据结构在计算机中的表示(映像)。数据元素在计算机中有两种不同的表示方法，即顺序存储和非顺序存储，因此得到两种不同的存储结构——顺序存储结构和链式存储结构。顺序存储结构是数据元素在存储器中按照先后顺序进行存放的存储结构，非顺序存储结构是借助于数据元素存储地址(指针)表示数据元素间的逻辑关系的存储结构。

不同数据结构有其相应的运算，常见的运算有数据检索、插入、删除、更改、排序等。

3.8.3　程序设计语言

一个程序除了数据结构和算法以外，还应包括程序设计的方法和某一种程序设计语言。

程序设计语言是一套表达计算过程的符号系统，其表达形式能够同时被计算机和人所理解。其中“计算”被定义为计算机能够完成的任何操作。这种操作不仅仅局限于算术运算，而且包括数据运算、文本处理、信息存储等计算机能做的工作。程序设计语言能够被计算机所理解，它的语法结构足够简单，以便于翻译成机器语言。如果想让人们能够理解程序设计语言，一般的要求是，程序设计语言能够对计算的各种操作进行高度抽象，使得一个对底层硬件一无所知的人也能编写他的程序。

程序设计语言是表达计算的工具，从不同的角度考虑计算会产生不同的程序设计语言，但是可读性(无论对人还是对机器而言)是对它们共同的要求。

语言的定义大致可以分成两个部分：语法和语义。语法决定了语言要素如何组合在一起构成其他的语言要素。程序设计语言的语法和我们所使用的自然语言的语法很相似，几乎所有的语言都使用上下文无关文法进行语法定义。语义是对程序中的某个结构含义的理解，它与上下文环境有关。

1. 程序设计语言的发展历史

20世纪40年代末，人们发明了第一台计算机，真正的程序设计可以说是与这台机器同时问世的。完全用于计算的计算机是1830年到1840年由巴贝奇(Babbage)发明的。虽然该机器没有完全建成，但它却能执行由诗人拜伦的女儿Ada设计的数个计算实例，正因为如此，Ada被公认为是第一个程序员，因而后来用她的名字命名了Ada语言。

随着具有存储程序的通用电子数字计算机的问世，程序设计成了一大难题。早期的程序是直接用二进制代码编写的，但很快就出现了能用符号和助记符代替二进制代码的汇编语言。

1954年至1957年由John Backus领导下的IBM的一个开发小组研制出了世界第一个高级程序设计语言——FORTRAN。

1970年，第一个结构化程序设计语言——Pascal语言出现，标志着结构化程序设计时期的开始。

从20世纪80年代初开始，软件设计思想又产生了一次革命，其成果就是面向对象的程序设计。由于人们对数据处理的过程面向具体的应用功能，其方法就是软件的集成化，即产生一些通用的、封装紧密的功能模块，它们应该能相互组合又能重复使用。对使用者来说，只需关心它的接口(输入量、输出量)及能实现的功能，完全不用关心它们是如何实现的。C++、VB、Delphi就是这样的语言。

到目前为止，共有几百种高级语言出现，其中影响较大、使用较普遍的有FORTRAN、ALGOL、COBOL(通用商业语言)、BASIC、LISP、SNOBOL、PL/1、Pascal、C、PROLOG、Ada、C++、VC、VB、Delphi、C#、Java等。高级语言的发展也经历了从早期语言到结构化程序设计语言，从面向过程的语言到非过程化的程序语言的过程。

高级语言的下一个发展目标是非过程化的程序语言，也就是用户只需要告诉程序你要干什么，程序就能自动生成算法，自动进行处理。

未来计算机语言的发展中，面向对象程序设计以及数据抽象将占有很重要的地位，未来计算机语言的发展将不再是一种单纯的语言标准，其使用者将不再只是专业的编程人员，人们完全可以用订制工作流程的简单方式来完成编程。

2. 程序设计语言的分类

程序设计语言按照语言级别可以分为低级语言和高级语言。

低级语言有机器语言和汇编语言两种。低级语言与特定的机器有关，其功效高，但使用复杂、繁琐、费时、易出差错。

机器语言是直接用二进制代码表达的计算机语言，指令用0和1组成的一串代码来表示。机器语言是一种面向机器的编程语言。用机器语言编写的程序可以直接被计算机识别和运行。机器语言是计算机能够直接识别和运行的唯一语言。由机器指令构成的、完整的、可直接运行的程序称为“可执行程序”，相应的文件称为“可执行文件”。机器语言具有直接执行和运行速度快等优点。但是由于机器语言与硬件的关系十分密切，不同类型计算机的指令系统不同，因此不同类型计算机的机器语言编写的程序并不通用。而且，机器语言程序是直接用二进制代码编写的，人们难于记忆和理解，后期修改和维护也很困难，所以现在已不用机器语言编制程序了。

汇编语言用容易理解和记忆的助记符来代替机器指令的操作码和操作数地址，这样就可以使机器指令用符号表示而不再用二进制表示，从而增强了程序的可读性，使得程序更加直观，更容易被人们理解和记忆。汇编语言曾经是非常流行的程序设计语言之一。汇编语言里的每一条指令都对应着处理器的一条机器指令，其执行速度快，代码体积小，在那些存储器容量有限但需要快速和实时响应的场合比较有用，比如仪器仪表和工业控制设备中。在系统程序的核心部分以及与系统硬件频繁打交道的部分可以使用汇编语言，比如操作系统的核心程序段、I/O接口电路的初始化程序、外部设备的底层驱动程序，以及频繁调用的子程序、动态链接库、某些高级绘图程序、视频游戏程序等。汇编语言可以用于软件的加密和解密、计算机病毒的分析和防治以及程序的调试和错误分析等各个方面。Linux内核在某些关键地方使用了汇编代码，由于这部分代码与硬件的关系非常密切，从而可最大限度地发挥硬件的性能。但汇编语言的缺点是面向机器，不同的处理器有不同的汇编语言语法和编译器，在一种处理器中编写的程序无法在其他处理器上执行，可移植性比较差。另外，汇编语言对程序设计人员的硬件知识要求也比较高，程序设计人员掌握起来比较困难。

高级语言是一种接近人类自然语言（主要是英语）的程序设计语言，在一定程度上与具体机器无关，其易学、易用、易维护，克服了汇编语言的缺点，提高了编程和维护效率。高级语言的语法规则极其严格，主要表现在它对于语法中的符号、格式等都有专门的规定。主要原因是高级语言的处理系统是计算机，计算机没有人类的智能，它所具有的能力是由人所预先赋予的，它本身不能自动适应变化不定的情况。

由汇编语言或高级语言编写的程序称为“源程序”，存储源程序的文件称为“源文件”，它们不能被CPU直接识别和处理，需要经过翻译，转换成机器语言后才可以执行。用汇编语言编写的源程序要经过汇编语言编译器翻译成机器语言之后才可以运行。用高级语言编写的源程序的翻译有编译和解释两种方式，分别由编译程序和解释程序完成。编译程序对源程序进行扫描处理，根据已知的规则，判断源程序是否存在语法等方面的错误，最终将其转换成为目标程序，再由链接程序将若干个目标程序块及库文件链接成为可执行文件，这种方式提高了程序的开发效率。解释程序则按照源程序中语句的顺序逐条翻译并执行语句，边解释边执行，不生成目标程序。解释程序就好比“口译”，编译程序就好比“笔译”，比起编译方式，解释方式的运行效率较低。

除了按语言级别分外，程序设计语言还可以按照用户的要求分为过程式语言和非过程式语言。过程式语言的主要特征是，用户可以指明一列可顺序执行的运算以表示相应的计算过程，如FORTRAN、COBOL、Pascal、C等。非过程式语言的含义是相对的，凡是用户无法指明表示计算过程的一列可顺序执行的运算的语言都是非过程式语言，如SQL（数据库标准语言）等。

按照应用范围，程序设计语言有通用语言与专用语言之分。如FORTRAN、COLBAL、Pascal、C等都是通用语言。目标单一的语言称为专用语言，如APT等。

按照使用方式，程序设计语言有交互式语言和非交互式语言之分。具有反映人机交互作用的语言称为交互式语言，如BASIC等。不具有反映人机交互作用的语言称为非交互式语言，如FORTRAN、COBOL、ALGOL69、Pascal、C等。

3. 常用的程序设计语言简介

(1) FORTRAN 语言

FORTRAN(FORmula TRANslation,公式翻译)语言,产生于1956年,是第一个被广泛使用的高级语言,为广大科学和工程技术人员使用计算机创造了条件。其特点是接近数学公式,简单易用,允许复数与双精度实数运算。

FORTRAN 语言由于其悠久的历史,在我国已得到大范围的推广普及,几乎每一位工程技术人员都学习并使用过 FORTRAN 语言。伴随着计算机技术的飞速发展,FORTRAN 语言也处于不断演变的过程之中。对于广大计算机工作者,特别是与科学计算领域密切相关的技术人员来说,了解 FORTRAN 语言的发展状况,对充分利用现有计算机资源有效求解各自领域的计算问题,无疑是大有裨益的。

(2) Pascal 语言

高级语言的发展过程中,Pascal 语言是一个重要的里程碑。Pascal 语言是第一个系统地体现了 E. W. Dijkstra 和 C. A. R. Hoare 定义的结构化程序设计概念的语言。

1971年,瑞士联邦技术学院的尼克劳斯·沃尔斯(Niklaus Wirth)教授设计并创立以计算机先驱帕斯卡(Pascal)的名字命名的 Pascal 语言。帕斯卡的取名原本就是为了纪念17世纪法国著名哲学家和数学家 Blaise Pascal。

Pascal 是最早出现的结构化编程语言,具有丰富的数据类型和简洁灵活的操作语句,其语法严谨,层次分明,运行效率高,查错能力强,适用于描述数值和非数值的问题。

Pascal 有 5 个主要的版本,分别是 Unextended Pascal、Extended Pascal、Object-Oriented Extensions to Pascal、Borland Pascal 和 Delphi Object Pascal。其中,Borland Pascal 和 Delphi Object Pascal 不是正式的 Pascal 标准,具有专利性。但由于 Turbo Pascal 系列和 Delphi 的功能强大并且广为流行,Borland Pascal 和 Delphi Object Pascal 已自为一种标准,为大家所熟悉。

(3) C 语言

C 语言是在20世纪70年代初问世的。1978年美国电话电报公司(AT&T)贝尔实验室正式发表了 C 语言。同年,由 B. W. Kernighan 和 D. M. Ritchit 合著了著名的《The C Programming Language》一书,通常简称为"《K&R》",也有人称之为"K&R 标准"。但是,在《K&R》中并没有定义一个完整的标准 C 语言,后来由美国国家标准学会在此基础上制定了一个 C 语言标准,于1983年发表,通常称之为"ANSI C"。

C 语言是一种结构化程序设计语言。它层次清晰,便于按模块化方式组织程序,易于调试和维护。C 语言的表现能力和处理能力极强。它不仅具有丰富的运算符和数据类型,便于实现各类复杂的数据结构,还可以直接访问内存的物理地址,进行位(bit)一级的操作。由于 C 语言实现了对硬件的编程操作,且兼顾了高级语言和汇编语言的特点,简洁、丰富、可移植,因此 C 语言既可用于系统软件的开发,也适用于应用软件的开发。此外,C 语言还具有效率高、可移植性强等特点,因此被广泛地移植到了各类型的计算机上,从而形成了多种版本的 C 语言。

目前最流行的 C 语言有以下几种:Microsoft C(或称 MS C)、Borland Turbo C(或称

Turbo C)、AT&T C。这些C语言版本不仅实现了ANSI C标准,而且在此基础上各自作了一些扩充,使之更加方便、完美。

(4) C++语言

1983年,贝尔实验室的Bjarne Strou-strup在C语言的基础上推出了C++(我国的程序员通常将其读作"C加加",而西方的程序员通常将其读作"C plus plus"、"CPP")。C++语言是由C语言发展而来的,与C语言兼容。用C语言写的程序基本上可以不加修改地用于C++语言中。C++语言既可用于面向过程的结构化程序设计,又可用于面向对象的程序设计,是一种功能强大的混合型程序设计语言,既可以用于设计性能要求比较高的系统级程序,又可以用于设计应用软件,且设计的程序易于维护、可重用、效率高。

《C++语言的设计和演化》一书指出C++在低级系统程序设计、高级系统程序设计、嵌入式程序设计、数值科学计算、通用程序设计以及混合系统设计等方面有着根本性的优势。在Bjarne的个人主页上,有一页列出了如下使用C++语言编写的系统、应用程序和库:

① Adobe Systems:所有主要应用程序都使用C++开发而成,比如Photoshop & ImageReady、Illustrator和Acrobat等。

② Maya:《蜘蛛人》《指环王》的电脑特技就是用Maya软件制作出来的。

③ Amazon.com:使用C++开发的大型电子商务软件。

④ Apple:部分重要"零件"采用C++编写而成。

⑤ AT&T:美国最大的电信技术提供商,主要产品采用C++开发。

⑥ Google:Web搜索引擎采用C++编写。

⑦ 微软公司的以下产品主要采用C++(Visual C++)编写:Windows XP、Windows NT、Windows 2000、Windows 9x、Word、Excel、Access、PowerPoint、Outlook、Internet Explorer、Exchange、SQL Server、FrontPage。

目前流行的C++语言编译器的最新版本是Borland C++4.5、Symantec C++6.1和Microsoft Visual C++ 2015。

(5) C#语言

C#读作"C Sharp",是微软公司于2000年7月发布的一种面向对象的、运行于.NET Framework之上的、全新且简单、安全的高级程序设计语言。C#语言由C语言和C++语言衍生而来,继承了C语言和C++语言强大功能的同时去掉了它们的一些复杂特性。C#综合了C++、Visual Basic、Delphi、Java等语言的优点,以其强大的操作能力、优雅的语法风格、创新的语言特性和便捷的面向组件编程的支持成为.NET开发的首选语言。

(6) BASIC语言

BASIC的全称是"Beginner's All-purpose Symbolic Instruction Code",意为"初学者通用符号指令代码"。BASIC语言的第一个版本是在1964年由美国达尔摩斯学院的基米尼和科茨完成设计并提出的,经过不断丰富和发展,现已成为一种功能全面的中小型计算机的程序设计语言。BASIC易学、易懂、易记、易用,是初学者的入门语言,也可以作为学习其他高语级言的基础。

(7) Java语言

Java语言由Sun Microsystems公司于1995年5月推出，是一种可以撰写跨平台应用软件的面向对象的程序设计语言。Java语言具有卓越的通用性、高效性、平台移植性和安全性，广泛应用于个人PC、数据中心、游戏控制台、科学超级计算机、移动电话和互联网，拥有全球最大的开发者专业社群。Java的编程应用可以说无处不在，从嵌入式设备到服务器都有。Java可以运行于任何微处理器，用Java开发的程序可以在网络上传输并运行于任何客户机上。

“Java”是印度尼西亚爪哇岛的英文名称，因盛产咖啡而闻名。Java语言中的许多库类名称多与咖啡有关，如JavaBeans(咖啡豆)、NetBeans(网络豆)以及ObjectBeans(对象豆)等。SUN和Java的标志也正是一杯正冒着热气的咖啡，如图3.42所示。

Java是一种通过解释方式来执行的语言，其语法规则和C++类似，但摈弃了C++中各种弊大于利的功能和许多很少用到的功能。Java有许多值得称道的优点，如简单、面向对象、分布式、解释性、可靠、安全、结构中立性、可移植、高性能、多线程、动态性等。

图3.42 Java标志

Java分为三个体系：Java SE(Java Platform Standard Edition，Java平台标准版)、Java EE(Java Platform Enterprise Edition，Java平台企业版)和Java ME(Java Platform Micro Edition，Java平台微型版)。

Java SE以前称为J2SE，主要用于开发和部署在桌面、服务器、嵌入式环境和实时环境中使用的Java应用程序。Java SE包含了支持Java Web服务开发的类并为Java EE提供基础。

Java EE以前称为J2EE，主要用于开发和部署可移植、健壮、可伸缩且安全的服务器端Java应用程序。Java EE是在Java SE的基础上构建的，提供Web服务、组件模型、管理和通信API，可以用来实现企业级的面向服务体系结构(Service-Oriented Architecture，SOA)和Web 2.0应用程序。

Java ME以前称为J2ME，也叫K-Java，它为在移动设备和嵌入式设备(比如手机、PDA、可视电话、电视机顶盒和汽车导航系统)上运行的应用程序提供一个健壮且灵活的环境。Java ME包括灵活的用户界面、健壮的安全模型、许多内置的网络协议以及对可动态下载的联网和离线应用程序的丰富支持。基于Java ME规范的应用程序只需编写一次，就可以用于许多设备，而且可以利用每个设备的本机功能。Java ME将Java语言的与平台无关的特性移植到小型电子设备上，允许移动无线设备之间共享应用程序。Android是第一个内置支持Java的操作系统，Android应用程序使用Java语言编写。

Java非常适合于企业网络和Internet环境，现在已成为Internet中最受欢迎、最有影响的编程语言之一。在全球云计算和移动互联网产业环境下，Java更具备了显著优势和广阔前景。

(8) COBOL语言

COBOL的全称是“Common Business Oriented Language”，意为“面向商业的通用语言”。

在企业管理中，数值计算并不复杂，但数据处理量却很大。为专门解决经企管理问题，1959年，由美国的一些计算机用户组织设计了专用于商务处理的计算机语言COBOL，并于1961年由美国数据系统语言协会公布，经不断修改、丰富、完善和标准化后COBOL已发展出多种版本。

COBOL语言使用了300多个英语保留字，大量采用普通英语词汇和句型。COBOL程序通俗易懂，素有“英语语言”之称。目前COBOL语言主要应用于情报检索、商业数据处理等管理领域。

程序设计的本质是为了实现数据的处理，其中的数据我们可以理解为对客观事物的符号表示，即所有能输入到计算机中并被计算机程序处理的符号的总称。数据作为程序操作的对象，具有名称、类型、作用域等特征，使用前要先对这些特征加以说明。

3.8.4 如何学习编程

程序就是计算机的语言和人类语言的翻译者，作为一个程序员，就是要把人类世界的问题用计算机的方法去解决和展现，要学会从计算机的角度来考虑现实问题的解决方法，即要学会计算思维。

学习编程需要广泛地阅读程序，了解算法的博大精深和计算机的基本理论，有广泛的练习，还要有创新精神和数学思维能力，这些都是需要培养的。想学好编程要具备以下几个条件：

(1) 数学基础

从计算机发展和应用的历史来看，计算机的数学模型和体系结构等都是由数学家提出的，最早的计算机也是为数值计算而设计的。因此，要学好计算机就要有一定的数学基础。

举世闻名的微软公司总裁比尔·盖茨(图3.43)在11岁时，所具备的数学知识就远远超过其同龄人。比尔·盖茨一直都非常喜欢数学，他在这方面的天赋极高。在一次湖滨中学举行的数学例试中，他荣登第一名的宝座。校委会在评定他的数学成绩时给了他800分的满分。在湖滨中学时，比尔·盖茨就开始学习华盛顿大学的数学课程。湖滨中学的数学系主任弗雷福·赖特这样谈起比尔·盖茨：“他能用一种最简单的方法来解决某个代数或计算机问题，他可以用数学的方法来找到一条处理问题的捷径，我教了这么多年的书，没见过像他这样有天分的数学奇才。他甚至可以和那些优秀数学家媲美。”

图3.43 比尔·盖茨

考上哈佛大学以后，第一年比尔·盖茨就选修了哈佛大学最难的研究生级别的数学课，此时他还期望着自己能当一名数学教授，但最终，他还是把主要的精力花在了计算机方面，并在哈佛大学的艾坎计算机中心里度过了无数个不眠之夜。盖茨把大量的时间花在了研究计算机上。不管什么时候，他只要有空余时间，总会往机房跑，不仅花大量时间操作计算机，也用大量的时间来探讨有关未来计算机技术的问题。他常常在机房一待就是好几个小时，三句话不离计算机。他的同学拉德·奥古斯丁称："他对计算机迷恋到这种程度，可以说是共命运同呼吸，以至于经常忘记修剪他的指甲。他的指甲有时达半英寸长也无暇去修剪。从一定意义上说，他完全是一个沉迷者，不管他做什么，他都是那么投入。"盖茨曾在日记中写道："也许，人的生命是一场正在焚烧的'火灾'，一个人所能去做也必须去做的，就是竭尽全力要在这场'火灾'中去抢救点什么东西出来。"

他的计算机技巧与敏锐的商业头脑相结合，加上希望赢的强烈愿望，使他很快就出人头地了。在出发上大学的头天晚上，18岁的盖茨曾踌躇满志地宣布："我要在25岁之前赚到我的第一个一百万。"他确实做到了，并且超过310倍。只不过此时他已经离开了哈佛校园，走上了辉煌的创建微软帝国之路。

(2) 逻辑思维能力

学程序设计要有一定的逻辑思维能力，而逻辑思维能力的培养要经过长时间的实践锻炼。要想成为一名优秀的程序员，最重要的是掌握编程思想。要做到这一点就必须在反复的实践、观察、分析、比较、总结中逐渐地积累。因此在学习编程的过程中，我们不必等完全明白了才去动手实践，只要明白了解题的思路和步骤，就要敢于自己动手去试验，只有通过反复的实践才能明白其中的奥秘，也只有反复实践才能把老师和书本上的知识变成自己的，才有可能练成编程高手。

(3) 良好的编程习惯

编程入门不难，但入门后不断学习是十分重要的。不断学习相对来说较为漫长，在此期间要注意养成一些良好的编程习惯。编程风格的好坏在很大程度上影响着程序质量。良好的编程风格可以使程序结构清晰合理，且使程序代码便于维护，如代码的缩进编排，变量名见名知意，为代码添加注释，变量命名规则统一等。

(4) 正确的学习方法

学习编程，掌握正确的方法最重要。以下是行之有效的学习方法：

① 先照书上的例子写，编程要从模仿开始。

② 写几个小程序解决一些数学题，以熟悉基本的算法和基础函数。

③ 结合身边的事，找个小课题，自己想办法实现或参照别人的程序。

④ 研读教材中的例子，自己仿照着写一遍，上机运行，看结果。

⑤ 从自己熟悉的事情入手，如成绩统计，编制一段程序，完成一个功能，然后再完善。

⑥ 反复上机练习，不断提高编程技巧。

(5) 多问多学习

掌握编程思想必须在编程实际工作中去实践和体会。在编程起步阶段要经常自己动手设计程序，具体设计时不要拘泥于固定的思维方式，遇到问题要多想几种解决的方案。这就要与人多交流，各人的思维方式不同、角度各异，各有高招，通过交流可不断吸收别人的长处，丰富编程实践，帮助自己提高水平。亲自动手进行程序设计是创造性思维应用的体现，也是培养逻辑思维的好方法。

(6) 选择一种合适的入门语言

面对各种各样的语言，应从哪门语言开始学呢？目前，程序设计工具主要有以下几类：

① 本地应用软件开发工具：Visual Basic(VB)、Delphi、C、C++、C#、Visual Foxpro、Oracle Developer、Power Builder 等。

② 跨平台开发工具：Java 等。

③ 网络应用软件开发工具：ASP、JSP、PHP、ASP. NET、VB. NET 等。

以上几种开发工具中，VB 语言的语法简单并容易理解，界面设计是可视化的，易学、易用；C 语言是很多编程语言的基础，学好 C 语言之后，再学习 C++、C# 或 Java 语言，就会有基础了。所以，对于初学者而言，选 VB 或 C 语言作为入门语言较为合适。

3.8.5 计算思维

计算思维建立在计算过程的能力和限制之上，由人和机器执行。计算方法和模型使我们敢于去处理那些原本无法由任何个人独自完成的问题求解和系统设计。计算思维直面机器智能的不解之谜：哪些人类比计算机做得好？哪些计算机比人类做得好？最基本的问题是：哪些是可计算的？迄今为止我们对这些问题仍是一知半解。

计算思维是每个人的基本技能，不仅仅属于计算机科学家。我们应当使每个孩子在培养解析能力时不仅掌握阅读、写作和算术(Reading, wRiting and aRithmetic, 3R)，还要学会计算思维。正如印刷出版促进了 3R 的普及，计算和计算机也以类似的正反馈促进了计算思维的传播。

计算思维是运用计算机科学的基础概念去求解问题、设计系统和理解人类的行为。它涵盖了计算机科学广度的一系列思维活动。

当我们必须求解一个特定的问题时，首先会问：解决这个问题有多么困难？怎样才是最佳的解决方法？计算机科学根据坚实的理论基础来准确地回答这些问题。表述问题的难度就是工具的基本能力，必须考虑的因素包括机器的指令系统、资源约束和操作环境。

为了有效地求解一个问题，我们可能要进一步问：一个近似解是否就够了，是否可以利用随机化，以及是否允许误报(false positive)和漏报(false negative)？计算思维就是通过嵌入、转化和仿真等方法，把看起来困难的问题重新阐释成我们知道该怎样解决的问题。

计算思维是一种递归思维，它是并行处理的。它把代码译成数据又把数据译成代码。它是由广义量纲分析进行的类型检查。对于别名或赋予人与物多个名字的做法，它既知道其益处又了解其害处。对于间接寻址和程序调用的方法，它既知道其威力又了解其代价。它评价一个程序时，不仅仅根据其准确性和效率，还有对美学的考量。而对于系统的设计，它还会考虑简洁和优雅。

计算思维通过抽象和分解来迎接庞杂的任务或者设计极端复杂的系统，它是关注的分离(SOC 方法)。它是选择合适的方式去陈述一个问题，或者是选择合适的方式对一个问题的相关方面建模使其易于处理。它是利用不变量简明扼要且表述性地刻画系统的行为。它使我们在不必理解每一个细节的情况下就能够安全地使用、调整和影响一个大型复杂系统的信息。它就是为预期的未来应用而进行的预取和缓存。

计算思维是按照预防、保护及通过冗余、容错、纠错的方式从最坏情形恢复的一种思维，它称堵塞为"死锁"，称约定为"界面"。计算思维就是学习在同步相互会合时如何避免"竞争条件"（亦称"竞态条件"）的情形。

计算思维利用启发式推理来寻求解答，就是在不确定情况下的规划、学习和调度。它就是搜索、搜索、再搜索，结果是一系列的网页，一个赢得游戏的策略，或者一个反例。计算思维利用海量数据来加快计算，在时间和空间之间，在处理能力和存储容量之间进行权衡。

考虑下面日常生活中的事例：当你女儿早晨去学校时，她把当天需要的东西放进背包，这就是预置和缓存；当你儿子弄丢他的手套时，你建议他沿走过的路寻找，这就是回推；在什么时候停止租用滑雪板而为自己买一付呢？这就是在线算法；在超市付账时，你应当去排哪个队呢？这就是多服务器系统的性能模型；为什么停电时你的电话仍然可用？这就是失败的无关性和设计的冗余性；完全自动的大众图灵测试如何区分计算机和人类，即CAPTCHA 程序是怎样鉴别人类的？这就是充分利用求解人工智能难题之艰难来挫败计算代理程序。

计算思维将渗透到我们每个人的生活之中，到那时诸如"算法"和"前提条件"这些词将成为每个人日常语言的一部分，对"非确定论"和"垃圾收集"这些词的理解会和计算机科学里的含义趋近，而树已常常被倒过来画了。

我们已见证了计算思维在其他学科中的影响。例如，机器学习已经改变了统计学。就数学尺度和维数而言，统计学用于各类问题的规模仅在几年前还是不可想象的。各种组织的统计部门都聘请了计算机科学家。计算机学院（系）正在与已有或新开设的统计学系联姻。

计算机学家们对生物科学越来越感兴趣，因为他们坚信生物学家能够从计算思维中获益。计算机科学对生物学的贡献决不限于其能够在海量序列数据中寻找模式规律的本领。最终希望是数据结构和算法（我们自身的计算抽象和方法）能够以其体现自身功能的方式来表示蛋白质的结构。计算生物学正在改变着生物学家的思考方式。类似地，计算博弈理论正改变着经济学家的思考方式，纳米计算改变着化学家的思考方式，量子计算改变着物理学家的思考方式。

这种思维将成为每一个人的技能组合成分，而不仅仅限于科学家。普适计算之于今天就如计算思维之于明天。普适计算是已成为今日现实的昨日之梦，而计算思维就是明日现实。

3.9　软件工程

3.9.1　软件危机

20 世纪 60 年代以前，计算机刚刚投入实际使用，软件设计往往只是为了一个特定的应用而在指定的计算机上设计和编制，采用密切依赖于计算机的机器代码或汇编语言，软件的规模比较小，文档资料通常也不存在，很少使用系统化的开发方法，设计软件往往等同于编制程序，基本上是个人设计、个人使用、个人操作、自给自足的私人化的软件生产方式。

60年代中期，大容量、高速度计算机的出现，使计算机的应用范围迅速扩大，软件开发需求急剧增长。高级语言开始出现，操作系统的发展引起了计算机应用方式的变化，大量数据处理导致第一代数据库管理系统的诞生。软件系统的规模越来越大，复杂程度越来越高，软件可靠性问题也越来越突出。原来的个人设计、个人使用的方式不再能满足要求，迫切需要改变软件生产方式，提高软件生产率，软件危机开始爆发。

60年代中期以后，计算机硬件技术日益进步，计算机价格的下跌为它的广泛应用创造了极好的条件。在这种形势下，一些开发大型软件系统的要求被提了出来。然而在大型软件的开发过程中出现了复杂程度高、研制周期长、正确性难以保证三大难题。遇到的问题找不到解决办法，致使问题堆积起来，形成了人们难以控制的局面，"软件危机"形势严峻。

最为突出的例子是美国IBM公司于1963—1966年开发的IBM360系列机的操作系统。该软件系统花了大约5 000人一年的工作量，最多时有1 000人投入开发工作，写出近100万行的源程序。尽管投入了这么多的人力和物力，得到的结果却极其糟糕。据统计，这个操作系统每次发行的新版本都是从前一版本中找出1 000个程序错误而修正的结果。可想而知，这样的软件质量糟到了什么地步。难怪该项目的负责人F. D. 希罗克斯在总结该项目时无比沉痛地说："……正像一只逃亡的野兽落到泥潭中作垂死挣扎，越是挣扎，陷得越深，最后无法逃脱灭顶的灾难……程序设计工作正像这样一个泥潭……一批批程序员被迫在泥潭中拼命挣扎……谁也没有料到问题竟会陷入这样的困境……"IBM360操作系统的历史教训已成为软件开发项目中的典型事例被记入史册。

将大的浮点数转换成整数是一种常见的程序错误来源。1996年6月4日，欧洲航天局研制的阿里亚娜五型(Ariane 5)火箭的初次航行造成了灾难性的后果。发射后仅仅37秒，火箭偏离它的飞行路径，爆炸并解体了。火箭上载有价值5亿美元的通信卫星，连同火箭本身，6亿美元付之一炬。后来的调查显示，控制惯性导航系统的计算机向控制引擎喷嘴的计算机发送了一个无效数据，在将一个64位浮点数转换成16位有符号整数时产生了溢出。在设计Ariane 4火箭的软件时，软件开发人员小心地分析了数值，并且确定该数据绝不会超出16位。不幸的是，他们在Ariane 5火箭的系统中简单地重新使用了这一部分，没有检查它所基于的假设。

如果开发的软件隐含错误，可靠性得不到保证，那么在软件运行过程中很可能对整个系统造成十分严重的后果，甚至导致整个系统的瘫痪，造成无可挽回的巨大损失。1963年，美国用于控制火星探测器的计算机软件中的一个","被误写为"·"，致使飞往火星的探测器发生爆炸，造成高达数亿美元的损失。1965年至1970年，美国范登堡基地多次发射火箭失败，绝大部分故障是由应用程序错误造成的。有一次，在美国肯尼迪航天中心发射一枚阿脱拉斯火箭，火箭飞离地面几十英里后在高空开始翻转，地面控制中心被迫下令炸毁。后经检查发现是飞行计划程序里漏掉了一个连字符。就是这样一个小小的疏漏造成了这枚价值1 850万美元的火箭的试验失败。

产生软件危机的主要原因是软件开发人员错误地认为：

① 开发软件就是编程，不注重软件开发过程，忽视了分析、设计、测试、维护的工作。

② 软件很灵活，很容易修改。软件确实容易修改，但难的是如何正确地修改，并且不引入新的错误，而且越到软件开发后期，软件修改的难度和代价也越大。

③ 增加人员可以加快进度。对于进度已落后的软件开发项目，增加人员只会让其进度更加落后。

④ 软件开发最重要的是编程技巧。光重视编程技巧而忽视了编程的规范性，不注意信息交流，从而导致开发人员难以合作，软件难以维护。

试比较以下两段功能完全相同的C语言程序：

程序A：

```
if (num>0)
    num=num+1;
else
    num=num-1;
printf("%d",num);
```

程序B：

```
printf("%d",(num>0? ++num:--num);
```

显然程序A比较容易理解，更便于开发人员之间交流和维护软件。

因此，为了应对软件危机，一方面，需要对程序设计方法、程序的正确性和软件的可靠性等问题进行系列的研究；另一方面，也需要对软件的编制、测试、维护和管理的方法进行研究。

"软件工程"这一概念是1968年在NATO(北大西洋公约组织)一次专门讨论软件危机的国际会议上正式提出的，其基本思想是用"工程"的概念来开发软件，使得软件开发过程变得可管理、可控制并保证软件开发的质量。

3.9.2 软件生命周期

一个软件从提出设想到开发完成要经历一个漫长的时期，通常把软件经历的这个漫长的时期称为"软件生命周期"。一般软件生命周期主要经历软件规划、软件需求分析、软件总体设计、软件详细设计、软件编码、软件测试和软件维护等阶段，每个阶段有明确的任务，这就使得规模大、结构复杂和管理复杂的软件开发变得容易控制和管理。

软件生命周期中的软件规划、软件需求分析、软件总体设计、软件详细设计、软件编码、软件测试阶段常统称为"软件开发期"，软件维护阶段称为"软件维护期"。在软件开发期中，软件测试阶段的工作量占整个开发期总工作量的40%，而在软件的整个生命周期中软件维护阶段的周期最长，工作量最大。

1. 软件规划

这个阶段的主要任务是对将要开发的软件的必要性、技术可行性、经济可行性进行分析，确定软件的主要功能和预期目标；预测软件开发所需要的硬件资源、软件资源和人员；对软件开发成本进行初步估计，并写出软件规划任务书。

2. 软件需求分析

这个阶段的工作是对用户的需求进行分析和综合，确定软件的基本目标和逻辑功能要求，解决系统“做什么”的问题，并写出软件需求规格说明书。软件需求规格说明书是软件工程中最重要的文件，是用户和软件开发人员之间共同约定和开发的基础。

3. 软件总体设计

这一阶段的主要任务是解决系统“怎么做”的问题。总体设计决定软件系统的总体结构，即模块结构，并给出模块的相互调用关系、模块间传递的数据及每个模块的功能说明。这个阶段将产生软件结构图和模块功能说明。

4. 软件详细设计

软件详细设计阶段给出每个模块内部过程的描述，并写出软件详细设计说明书。

5. 软件编码

软件编码阶段把软件设计方案加以具体实施，即根据软件详细设计说明书的要求，为软件系统中的每一个功能模块编写程序并进行模块测试。这一阶段生成程序说明书、源程序。

6. 软件测试

软件测试阶段的主要任务是发现和排除错误，对软件系统进行从上到下全面的测试和检验，看它是否符合软件总体设计方案规定的功能要求。这期间要提出测试标准，制订测试计划，确定测试方法。经过测试、纠错得到可运行的程序，同时写出软件测试报告。

7. 软件维护

由于经过测试的软件仍然可能有错，用户的需求和软件的操作环境也可能发生变化，因此交付运行的软件系统仍然需要维护，软件维护的实质是对软件继续进行查错、纠错和修改。

通常软件维护分为以下 4 种类型：

(1) 更正性维护：在软件交付使用后，可能会有一部分隐藏的错误或在软件测试阶段没有被发现的错误在某些特定的使用环境下暴露出来，对这些错误需要进行改正。

(2) 适应性维护：为适应环境的变化而修改软件。

(3) 完善性维护：根据用户在使用过程中提出的一些建议和意见对软件进行修改。

(4) 预防性维护：改善软件系统的可维护性和可靠性，为以后的改进奠定基础。

软件开发工作经常需要反复。如在软件总体设计阶段发现软件规格说明书有不完整或定义不确切的地方，就要回到软件需求分析阶段进行再分析；软件测试阶段发现模块内部或接口中的错误，就要回到软件详细设计阶段对原来的设计进行修改。

3.9.3 软件开发原则

软件项目的开发应按照自顶向下、模块化设计的原则进行。

自顶向下是指将复杂系统进行分解，由高度抽象到逐步具体，每一层设计成一组独立的模块，这些模块调用它的下一层模块，是一种逐层分解的设计方法。每一个层次的项目都是它的上一层次项目的子项目，这种结构简单明了，各层次间联系少，独立性强，便于修改与维护。

模块化设计是将软件系统分解成若干个模块，这些模块的特点是结构灵活、独立性强，这样整个系统可靠性强，便于修改与维护。

3.10　软件行业发展前景

软件行业是 21 世纪最具广阔前景的新兴产业之一。随着 IT 技术在通信、电子商务、教育、医疗、娱乐等各个领域的全面应用，软件开发人才的需求日益旺盛。

目前，软件开发主要分为两类，一类是通用软件开发，另一类是软件定制服务。未来我国 IT 企业将需要大量的通用软件开发人才。同时，针对各行各业的软件定制服务也将对软件人才提出更高的要求。全球软件人才存在大量缺口，欧美、日本、印度等国家和地区均面临着软件人才短缺的问题。在我国，虽然高校的软件类毕业生的数目不断增加，但是仍然难以满足软件行业快速发展的需要。

2006 年起，信息产业部及相关部委出台了《国家规划布局内重点软件企业认定管理办法》等有关政策，从税收和研发经费等方面都加大了对大型软件企业的支持力度，更加注重扶植优秀企业和鼓励本土企业的自主创新及国际化发展，这为中国软件企业做大做强创造了良好的政策环境。

随着中国软件市场的逐步成熟和持续扩大，政府保护知识产权工作的大力推进，以及跨国软件企业对中国市场的了解程度越来越深，外资软件企业对中国软件市场的投资继续呈现出快速增长态势。一些实力较强的外资企业在中国正从开始的试水阶段逐步进入大规模投资阶段，并通过各种形式不断加大进入中国市场的力度。例如，近几年微软已先后与中国中软、创智、神州数码、浪潮等企业签约，成为战略合作伙伴，为中国软件企业的成长带来了一定的发展机遇。但是，外资软件企业的进入也给中国软件企业的发展带来了一定的挑战。例如，中国软件企业与国际大型软件企业相比起步较晚，在规模、技术、资金和管理等方面与外资企业都存在较大差距，面临重大考验。中国软件企业需要充分利用机遇，沉着、灵活地应对外资软件企业的挑战。

习题 3

一、选择题

1. 操作系统的主要功能是________。

A. 实现软、硬件转换

B. 管理系统所有的软、硬件资源

C. 把源程序转换为目标程序

D. 进行数据处理

2. 计算机软件系统包括________。

A. 实用软件和管理软件　　B. 编辑软件和服务软件

C. 管理软件和网络软件　　D. 系统软件和应用软件

3. 一个文件的扩展名通常表示为________。

A. 文件的版本　　B. 文件的大小

C. 文件的类型　　D. 由用户自己设定

4. 操作系统是________的接口。

A. 主机和外设　　B. 用户和计算机

C. 系统软件和应用软件　　D. 高级语言和机器语言

5. 通常人们所说的计算机系统是指________。

A. 硬件和固件　　B. 计算机的 CPU

C. 系统软件和数据库　　D. 计算机的硬件系统和软件系统

6. 操作系统是一种________。

A. 系统软件　　B. 操作规范

C. 语言编译程序　　D. 面板操作程序

7. 下列 4 种扩展名的文件中不能直接执行的是________。

A. exe　　B. sys　　C. bat　　D. com

8. 当应用程序窗口被最小化后，该应用程序的状态是________。

A. 继续在前台运行　　B. 被终止运行

C. 被转入后台运行　　D. 保持最小化前的状态

9. 下列有关计算机软件的叙述中错误的是________。

A. 程序设计语言处理系统和数据库管理系统被归类为系统软件

B. 共享软件是一种具有版权的软件，它允许用户在买前免费试用

C. 机器语言和汇编语言与特定的计算机类型有关，取决于 CPU

D. 目前 PC 只能使用 Windows 系列操作系统，均不能使用 Unix 和 Linux 操作系统

10. 下列常用的 PC 软件中，编辑的文档能直接保存为图片类型(如 JPEG 文件类型)的是________。

A. Microsoft Word　　B. Microsoft Excel

C. Microsoft PowerPoint　　D. Internet Explorer

11. 关于 Windows 系列操作系统及其功能，下列叙述中错误的是________。

A. Windows 操作系统采用并发多任务方式支持系统中多个任务的执行

B. Windows XP 分为多个版本，它们可用于不同的计算机和不同的应用

C. 与 Windows XP 相比，Windows Vista 做了许多改进，但其硬件运行环境要求较高

D. 无论是硬盘还是光盘，它们均采用相同的文件系统，即 FAT 文件系统

12. 下列有关软件的叙述中错误的是________。

A. 软件的主体是程序，单独的数据和文档资料不能称为软件

B. 软件受知识产权(版权)法的保护，用户购买软件后仅得到了使用权

C. 软件的版权所有者不一定是软件的作者(设计人员)

D. 共享软件允许用户对其进行修改，且可在修改后散发

13. PC 从硬盘启动 Windows XP 操作系统是一个比较复杂的过程。在这个过程中，它需要经过以下这些步骤：

Ⅰ. 装入并执行操作系统；Ⅱ. 读出主引导记录；Ⅲ. 装入并执行引导程序；Ⅳ. 加电自检。

上述步骤的正确顺序是________。

A. Ⅰ、Ⅱ、Ⅲ、Ⅳ　　B. Ⅳ、Ⅰ、Ⅱ、Ⅲ

C. Ⅳ、Ⅲ、Ⅱ、Ⅰ　　D. Ⅳ、Ⅱ、Ⅲ、Ⅰ

14. 下列有关算法和程序关系的叙述中正确的是________。

A. 算法必须使用程序设计语言进行描述　B. 算法与程序是一一对应的

C. 算法是程序的简化　　D. 程序是算法的具体实现

15. 以下所列软件全都属于应用软件的是________。

A. AutoCAD、PowerPoint、Outlook

B. DOS、Unix、SPSS、Word

C. Access、WPS、PhotoShop、Linux

D. DVF(FORTRAN 编译器)、AutoCAD、Word

二、填空题

1. 解决某一问题的算法也许有多种,但它们都必须满足确定性、有穷性、可行性等特性,其中输出的个数 n 应大于等于________。

2. 文件名由文件主名和________两部分组成,中间用点号“.”隔开。

3. BIOS 的中文全称为________,它是存放在主板上的只读存储器芯片中的一组机器语言程序。

4. 汇编语言用________来代替机器指令的操作码和操作数。

5. 对高级语言编写的源程序进行翻译,有两种方式:________和________。

6. 理论上已经证明了求解可计算问题的程序框架都可用________、________、________这三种控制结构来描述。

7. 软件的主体是程序,程序的灵魂是________。

8. Windows 用________来形象地表示系统中的文件、程序、设备等对象。

9. 低级的程序设计语言有________和________。

10. 文件是一组________的集合。文件中除了它所包含的数据或程序之外,为了管理的需要,还包含了________。

三、简答题

1. 按照应用软件的开发方式和适用范围,应用软件又分为哪几种?举例说明。

2. 简述操作系统的启动过程。

3. 程序设计语言按照语言级别可分为几大类?分别说明之。

4. 什么是算法?算法有哪些特点?

5. 软件的生命周期分为哪几个阶段?

6. 软件维护分为哪几种类型?

四、简述题

根据自己的了解,阐述手机 APP 对你的生活的影响。

第 4 章　计算机网络与 Internet 应用

当前，人们通过网络来获取各种信息并进行交流，网络的应用已经渗透到社会的各个方面，网络对社会的发展起着越来越重要的作用。尽管网络已经无处不在，网络技术的发展也非常迅速，但是网络是基于一系列可靠的原理工作的。如果理解了网络是如何工作的，那么我们就可以轻松自如地迎接层出不穷的网络新技术了。本章讲述计算机网络的基本原理和应用。

4.1　计算机网络基础知识

4.1.1　计算机网络的形成和发展

计算机网络是计算机技术与通信技术相结合的产物。早在 1951 年，美国麻省理工学院林肯实验室就开始为美国空军设计自动化地面防空系统 SAGE，用于将远程雷达等测量设施通过总长度达 2 410 000 km 的通信线路与计算机相连接，使得测量到的分布的防空信息在远程计算机中得到集中处理，该系统于 1963 年建成。20 世纪 50 年代初，美国航空公司与 IBM 公司联合研制飞机订票系统 SABRE-I，并于 60 年代初投入使用。20 世纪 60 年代，美国的研究人员又进行多台计算机之间互连网络系统的研制，1969 年美国国防部研究计划局(DARPA)主持研制的 ARPANet 计算机网络系统开始投入使用。在这之后，计算机网络的建设迅速发展起来。

4.1.2　计算机网络的定义和功能

1. 计算机网络的定义

计算机网络是将处于不同地理位置的具有独立功能的计算机通过通信介质和通信设备互连在一起，并配置网络软件从而实现资源共享的系统。“不同地理位置”是指计算机网络范围可以小到一个房间内部，也可以大到全球；“独立功能的计算机”是指网络中的计算机在接入网络之前应该有自己的独立操作系统，并且能够独立运行，联网以后它本身又是网络中的一个节点；“通信介质”可以是双绞线、同轴电缆、光纤和微波等；“通信设备”指计算机和通信线路之间按照通信协议传输数据的设备；“网络软件”指网络操作系统和网络通信协议等。

2. 计算机网络的功能

相对于单台计算机，计算机网络具有更多的功能，其主要功能如下：

(1) 数据通信

利用计算机网络可以实现计算机之间或计算机与终端之间的数据通信，通过网络，数据、程序或文件可以从甲地的计算机传输到乙地的计算机。例如，文件传输服务可以实现文件的快速传递，用户既可以从远程计算机上下载文件，又可以上传文件到远程计算机上；电子邮件服务可以使异地用户之间快速可靠地进行通信；电子数据交换服务可以实现银行、海关等部门或公司之间的订单、发票等商业文件安全准确地交换。

(2) 资源共享

网络上的计算机之间可以实现数据、软件和硬件等资源的共享。由于计算机中的很多资源价格昂贵，并不是所有用户都能独立拥有，如大容量磁盘、具有强大计算能力的大型计算机、高速打印机、大型绘图仪、大型数据库、大型文件等，通过网络可以实现这些资源的共享。网络上的计算机不仅可以利用自身的资源，还可以利用网络上的资源，从而增强了计算机的处理能力，提高了计算机资源的使用效率。

(3) 提高计算机系统的可靠性

某些场合对计算机的可靠性要求极高。在计算机网络中，各台计算机之间可以互相作为后备计算机，当其中的一台计算机出现故障，可以由另外一台计算机作为代理。例如，银行的计算机系统在使用过程中，当其中一台服务器出现故障时，另外一台服务器立即替换使用，避免了系统的瘫痪。计算机网络极大地提高了计算机系统的可靠性。

(4) 分布式处理

分布式处理是指分布的多台计算机分工协同地完成某一任务。该功能使得一个大的计算任务可以被分解成多个子任务，通过计算机网络，在多台计算机上被同时处理。分布式处理充分利用了网络中的多台计算机，处理效率得到很大的提高。网络中的多台计算机组成的分布式计算机处理系统具有强大的对复杂计算任务的处理能力，且所花费用也不高。例如 BT(BitTorrent，比特流，是一个文件分发协议，每个下载者在下载的同时不断向其他下载者上传已下载的数据)下载就是基于分布式处理来执行任务的。

4.1.3 计算机网络的分类

计算机网络有多种分类方法，如按网络的大小和覆盖的地理范围分类，按传输介质分类，按网络所使用的通信传输技术分类，按使用的协议分类等。

按网络的大小和覆盖的地理范围可以把计算机网络分为个人区域网、局域网、广域网和城域网，这是最常用的计算机网络分类方法。

1. 个人区域网

个人区域网(Personal Area Network，PAN)是在个人工作或生活的范围内，把个人使用的电子设备如便携式计算机、掌上电脑以及手机等相互连接起来组成的通信网。个人区域网的通信范围通常在 10 m 左右。个人区域网可改善办公环境，使生活更加便利，还可以提供医疗辅助及闲暇娱乐服务。目前个人区域网大多是通过无线技术连接起来的，因此又称为无线个人区域网(Wireless Personal Area Network,WPAN,简称无线个域网)。

2. 局域网

局域网(Local Area Network,LAN)是计算机通信网络的重要组成部分,是在一个局部地区范围内,把各种计算机、外围设备、数据库等相互连接起来组成的计算机通信网络。局域网的通信距离通常在较小地理区域内,一般在10 km范围内,如一栋楼房、一所学校或一个企业内,能够使用多种有线和无线技术。局域网是封闭型的,可以由办公室内的两台计算机组成,也可以由一个公司内的上千台计算机组成。

局域网可以通过数据通信网或专用的数据电路与其他局域网、数据库或处理中心等相连接,构成一个大范围的信息处理系统。

局域网可以实现文件管理、应用软件共享、打印机共享、扫描仪共享、工作组内的日程安排、电子邮件服务和传真通信服务等功能。

3. 广域网

广域网(Wide Area Network,WAN)是远距离的计算机网络,其通信距离通常在几十公里到几千公里,甚至更远,是一种可以跨地区和国家的远程网,它将分布在不同地区的局域网或计算机系统互连起来,达到资源共享的目的。因特网是世界范围内最大的广域网,全国性的银行网络、大型有线电视网络、公共电话交换网也都属于广域网。

广域网覆盖范围广,通信距离远,通常由电信部门或公司负责组建、管理和维护。在组建广域网时要考虑多种因素,例如线路的冗余、媒体的成本、媒体带宽的利用和差错处理等。

广域网主要提供面向通信的服务,支持用户使用计算机进行远距离的信息交换,向全社会提供面向通信的有偿服务,存在流量统计和计费问题。

4. 城域网

城域网(Metropolitan Area Network,MAN)指地理覆盖范围为一个城市的计算机网络,其通信距离通常在几十公里以内,介于局域网和广域网之间。例如本地因特网服务提供商、小型有线电视公司和本地电话公司使用的都是城域网。

宽带城域网正在得到广泛使用,它是以光纤作为传输媒介,集数据、语音、视频服务于一体的高带宽、多功能、多业务接入的多媒体通信网络。宽带城域网能够满足政府机构、金融保险、大中小学校、公司企业等单位对高速率、高质量数据通信业务日益旺盛的需求,特别是快速发展起来的互联网用户群对宽带高速上网的需求。

另外,计算机网络还有其他的分类方法。例如,按传输介质分类,可以把计算机网络分为有线网和无线网;按网络所使用的通信传输技术分类,可以把计算机网络分为点对点传输网络和广播式传输网络;按使用的协议分类,可以把计算机网络分为TCP/IP网、SNA网和IPX网。

4.1.4 计算机网络的组成

一个计算机网络包含计算机网络硬件和计算机网络软件。

1. 计算机网络硬件

本地化网络通常包括少量可由基本设备进行连接的计算机。随着网络覆盖区域的扩大

和工作站数量的增加，需要有专门的设备来增强信号，同时多样化的设备也需要复杂的管理工具和策略。计算机网络硬件有服务器、工作站、网络接口卡、通信介质、通信设备等。

(1) 服务器

网络中有多台计算机主机，其中有一台或一台以上的主机提供资源和服务来处理其他机器的请求，称为“服务器”。服务器一般具有丰富的资源和强大的计算及处理能力。服务器可以分为文件服务器、打印服务器、应用程序服务器和通信服务器等。

(2) 工作站

网络中向服务器发出请求的主机称为“工作站”，也称为“客户机”。工作站可以为高性能计算机，也可以为低性能计算机。

(3) 网络接口卡

网络接口卡简称“网卡”，是主机与通信传输介质的接口。

(4) 通信介质

网络中节点之间通过通信介质进行信息传输，常用的通信介质有双绞线、同轴电缆、光缆、微波等。

(5) 通信设备

通信设备负责网络中数据的传送和转发，如交换机、路由器等。

2. 计算机网络软件

计算机网络系统不仅需要计算机网络硬件，还需要计算机网络软件。计算机网络软件包括网络操作系统和网络应用服务软件等。网络操作系统能够对计算机网络的资源进行控制和管理，提供网络通信、网络管理和网络安全等服务。网络服务器必须安装网络操作系统，常见的网络操作系统有 Unix、Linux、Windows 2012、Windows Server 2008、Novell Netware 等。网络应用服务软件是为满足用户的网络应用需要而开发的。网络应用服务软件多种多样，为用户提供各种网络应用服务，例如文件传输软件、聊天软件等。

4.1.5　计算机网络的应用模式

常见的计算机网络应用模式有客户机/服务器(Client/Server，简称 C/S)模式、浏览器/服务器(Browser/Server，简称 B/S)模式和对等(Peer to Peer，简称 P2P)模式。

1. C/S 模式

C/S 模式是一种两层结构的模式，第一层在客户机上安装了客户机应用程序，第二层在服务器上安装了服务器管理程序。在 C/S 模式工作过程中，客户机程序发出请求，服务器管理程序接收并且处理客户机程序提出的请求，然后返回结果，如图 4.1 所示。

基于网络的实时消息系统可以让在线的用户互相发送消息。通常，一对一地发送消息称为即时消息(Instant Messaging，IM)，而群组通信则称为聊天。多数消息是基于 C/S 模式的，需要使用服务器来处理用户(客户机)间的通信包，比如 MSN、QQ、飞信、阿里旺旺等。用户登录时，需要连接到消息服务器，消息服务器会验证用户的 ID 和密码。然后服务器会传回用户列表或好友列表。用户消息被输入到客户机软件中，客户机软件使用消息协议将消息分割成包，然后将这些消息包发送到服务器进行分发，或者直接将消息包发送给接收者。

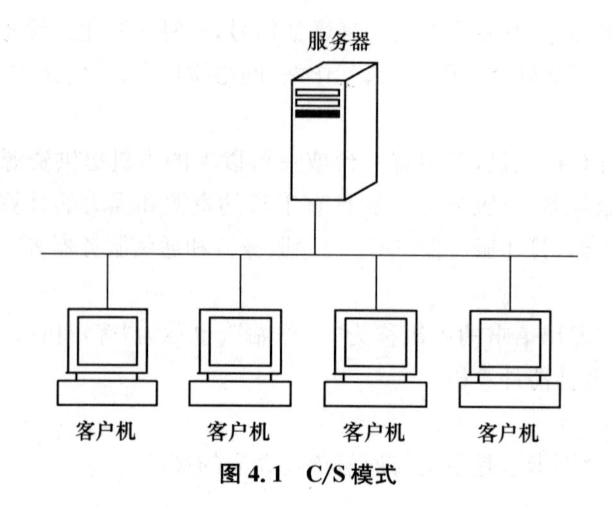

图 4.1 C/S 模式

C/S 模式有以下特点：

① C/S 模式将应用与服务分离，系统具有稳定性和灵活性。

② C/S 模式配备的是点对点的结构模式，适用于局域网，有可靠的安全性。

③ 由于客户机实现与服务器的直接相连，没有中间环节，因此响应速度快。

④ 在 C/S 模式中，作为客户机的计算机都要安装客户机程序，一旦软件系统升级，每台客户机要重新安装客户机程序，系统升级和维护较为复杂。

2. B/S 模式

B/S 模式，即浏览器/服务器模式，是一种从传统的两层 C/S 模式发展起来的新的网络结构模式，其本质是三层结构的 C/S 模式。在用户的计算机上安装浏览器软件，服务器上存放数据并且安装服务应用程序。服务器有 WWW 服务器和文件服务器等。用户通过浏览器访问服务器，使用信息浏览、文件传输和电子邮件等服务，如图 4.2 所示。

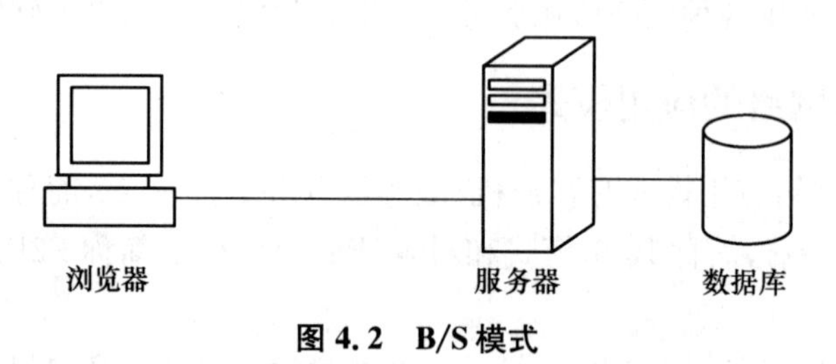

图 4.2 B/S 模式

B/S 模式有以下特点：

① 系统开发、维护和升级方便。每当服务应用程序升级时，只要在服务器上升级服务应用程序即可，用户计算机上的浏览器软件不需要修改。

② B/S 模式具有很强的开放性。在 B/S 模式下，用户通过通用的浏览器进行访问，系统开放性好。

③ B/S 模式的结构易于扩展。由于 Web 的平台无关性，B/S 模式的结构可以任意扩展，可以从包含一台服务器和几个用户的小型系统扩展成为拥有成千上万用户的大型系统。

④ 用户使用方便。B/S 模式的应用软件都是基于 Web 浏览器的，而 Web 浏览器的界

面是类似的。对于无用户交互功能的页面，用户接触到的界面都是一致的，使用起来很方便。

3. 对等模式

对等模式产生于 20 世纪 70 年代，在对等网络中，每台计算机既是服务器，又是工作站，如图 4.3 所示。每个节点的地位都是相同的，具备客户机和服务器双重特性，可以同时作为服务使用者和服务提供者。

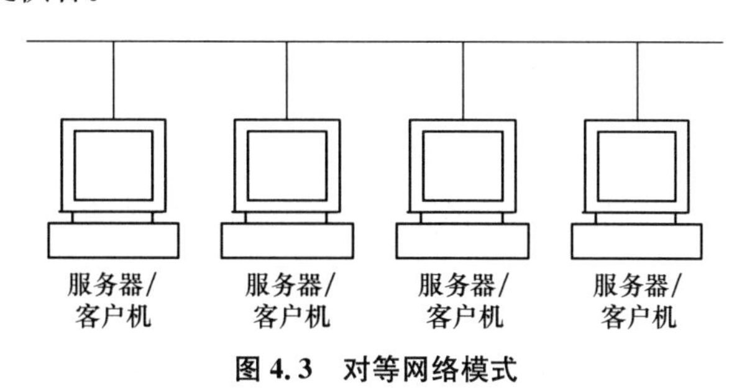

图 4.3　对等网络模式

对等模式有着广阔的应用领域，目前主要的应用领域有文件交换、分布式处理、协同工作、分布式搜索等。

4.2　数据通信基础知识

4.2.1　数据通信基本概念

1. 通信系统模型

一个通信系统通常由信源、发送器、信道、接收器、信宿五部分组成。如图 4.4 所示。

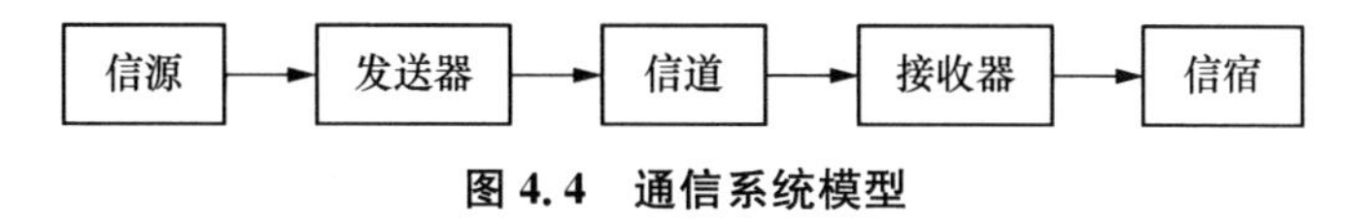

图 4.4　通信系统模型

信源是数据的生成者，信宿是数据的接收者，最常用的信源和信宿是网络中的计算机，也可以是网络中的专用数据输出设备，如打印机等。发送器和接收器可以完成发送和接收网络中的信息并进行信息格式转换等功能的设备，如网卡等。信道指传输的通道，如双绞线等。

数据由信源产生，通过发送器发出，在通信信道上进行传输，由接收器完成接收，最终到达信宿。

在数据通信中，数据以二进制的形式表示，数据通信的任务是传输二进制的序列。信号是传输过程中数据的电信号表示形式。信号分为模拟信号和数字信号，如图 4.5 所示。模拟信号是幅度连续变化的电信号。用两种不同的电平表示二进制的序列的电信号是数字信号，它是离散的信号。与模拟信号相比，数字信号具有精确和抗干扰等优点。

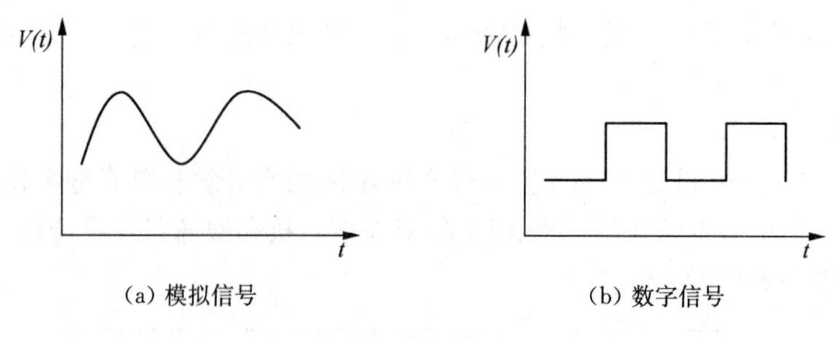

(a) 模拟信号

(b) 数字信号

图 4.5　模拟信号和数字信号

2. 基带传输和频带传输

在数字通信信道上直接传输数据信号的传输方式称为"基带传输"。基带传输具有速度快和误码率低等优点。

在模拟通信信道上传输数据信号的传输方式称为"频带传输"。在频带传输中,经常采用调制解调器对信号进行调制和解调,例如早期家庭中利用电话线上网。因为电话线属于模拟信道,计算机产生的数字信号必须通过调制解调器调制成模拟信号才能在电话线上有效传输,而接收方必须使用调制解调器进行解调,把模拟信号还原成数字信号送入接收方的计算机。

频带传输的调制方式有幅移键控、频移键控和相移键控三种。

3. 数据通信的技术指标

(1) 数据传输速率

数据传输速率指通信过程中单位时间内传输数据的多少,通常用每秒钟传输的二进制信息位数表示。

(2) 带宽

计算机网络的带宽是指网络可通过的最高数据传输速率,通常用每秒钟传输数据的最大字节数表示。

(3) 误码率

误码率指数据在传输过程中出错的数据传输位数占总数据传输位数的比例,在计算机网络通信系统中,一般要求误码率低于 10^{-6}。

4.2.2　通信介质

常用的通信介质分为有线介质和无线介质。有线介质包括双绞线、同轴电缆和光纤,无线介质包括无线电波、微波、红外线和可见光等。

1. 有线介质

(1) 双绞线

双绞线是由 6 根绝缘导线两两一组按螺旋结构有规则地扭合而成的传输线,如图 4.6 所示。双绞线既可以传输模拟信号,也可以传输数字信号。双绞线分为屏蔽双绞线(STP)和非屏蔽双绞线(UTP)。屏蔽双绞线在整个绝缘导线外部又增加了金属屏蔽层,因此抗干扰性好。双绞线布线容易,接口设计简单,安装方便,在局域网中得到了广泛应用。

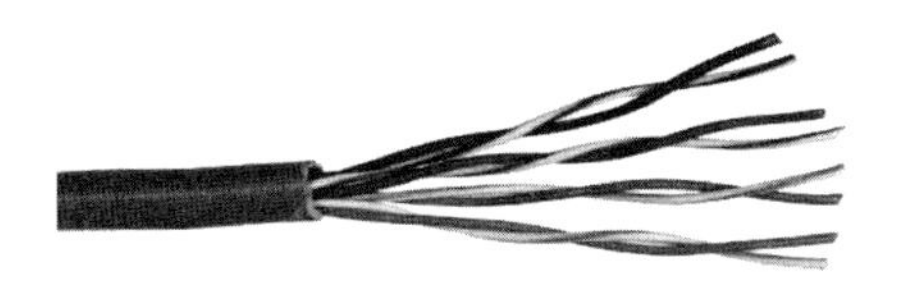

图 4.6　双绞线

(2) 同轴电缆

同轴电缆有两根导体,分别称为“内导体”和“外导体”,内导体位于同轴电缆的中央,在内导体的外部包裹着一个绝缘层,在绝缘层的外部包裹着外导体,在外导体的外部包裹着塑料保护层,内导体由铜芯线构成,外导体由金属丝网构成,如图 4.7 所示。常用的同轴电缆有阻抗为 50 Ω 的基带同轴电缆和阻抗为 75 Ω 的宽带同轴电缆。一般而言,对于较高频率的数据传输,同轴电缆的抗干扰性比双绞线好。同轴电缆的价格高于双绞线。

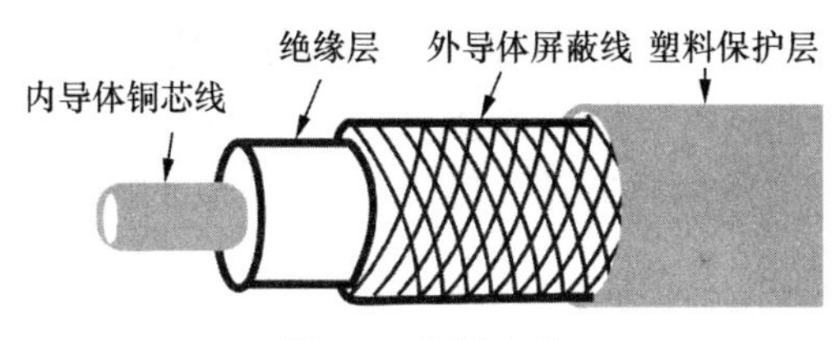

图 4.7　同轴电缆

(3) 光缆

光缆由光纤、包层和外部保护层组成,如图 4.8 所示。光纤是一种细小、柔软并且能够传输光线的介质,它通过内部的全反射来传输光信号,一般以光脉冲的出现和消失代表二进制的“1”和“0”。光纤分为单模光纤和多模光纤。与多模光纤相比,单模光纤的传输距离远、性能好,但成本高。

与双绞线和同轴电缆相比,光缆具有传输速率高、传输容量大、传输距离远、抗干扰性好和保密性强等特点。

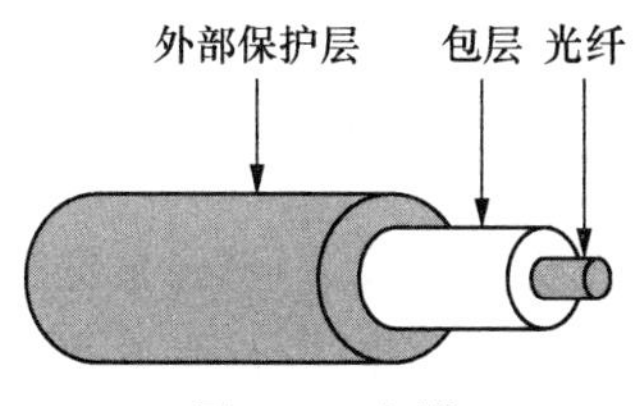

图 4.8　光缆

2. 无线介质

可用于无线通信的介质有无线电波、微波、红外线和可见光等。无线通信中常常使用微波。微波是直线传输的,微波通信分为地面微波通信方式和微波卫星通信方式。地面微波通信方式中,由于地球是一个曲面,传输距离受到限制,对于远距离通信,在两个通信站点之间需要中继站进行信号转发,信号从一个站点传输到远距离的另一个站点,有时需要多个中继站进行信号的接力转发。微波卫星通信方式中,利用高空中的人造地球卫星作为中继站,由于卫星发射的电磁波所覆盖的地球上的区域极大,所以把三颗卫星等距离放置在地球赤道上空的同步轨道上,就可以实现全球无线通信。

4.2.3 数据通信基本技术

1. 数据交换技术

网络通信中，计算机终端之间的信息交换采用相应的交换技术来实现。常用的交换技术有电路交换、报文交换和分组交换。

1) 电路交换

电路交换是在一对需要通信的站点之间建立一条临时的专用传输通道。此通道由多个交换节点和多条路径组成。公用电话交换网(Public Switched Telephone Network，PSTN)就是以电路交换技术为基础的用于传输模拟话音的网络。利用电路交换技术进行通信包括建立电路、传输数据和拆除电路三个阶段。

(1) 建立电路

在传输数据之前，由源站点发出呼叫信号，要求建立连接，呼叫信号经过确定的路径到达目的站点，目的站点收到呼叫信号后发出应答信号，在两个站点之间即建立了一条临时的专用传输通道。临时的专用传输通道建立以后，该通道以及该通道上的交换节点和信道资源只能供这两个站点使用。

(2) 传输数据

在两个站点之间的电路建立好以后即可进行数据传输，即把数据从源站点传输到目的站点。

(3) 拆除电路

在源站点和目的站点之间的数据传输完毕以后要拆除这条临时的专用传输通道，释放该通道占用的交换节点和信道资源。

2) 报文交换

报文交换采用存储—转发交换方式，当信息从源站点发出后，如果信道空闲，就进行传输；如果信道忙，就在相应的交换节点等待，直到信道空闲后再继续传输。在传输数据之前不需要建立电路，数据传输完毕后也不需要拆除电路。

3) 分组交换

分组交换仍然采用存储—转发交换方式，但不像报文交换那样以报文为单位进行交换、传输，而是把报文分为多个较短的、标准的报文分组，以报文分组为单位进行交换、传输。在分组交换中，一个报文的多个报文分组可以同时进行交换、传输，因此提高了传输效率。

目前大部分广域网都采用存储—转发方式进行数据交换，即广域网是基于报文交换或分组交换技术的(传统的公用电话交换网除外)。广域网中的交换机先将发送给它的数据包完整接收下来，然后经过路径选择找出一条输出线路，最后交换机将接收到的数据包发送到该线路上去，以此类推，直到将数据包发送到目的站点。

2. 多路复用技术

为了高效利用传输介质，常常采用多路复用技术，使得多种信号可以在同一个传输介质上同时进行传输。常用的多路复用技术有频分多路复用、时分多路复用和码分多路复用。

(1) 频分多路复用(Frequency Division Multiplexing,FDM)

频分多路复用把传输频带分成多个较窄的频带,每个窄频带构成一个子通道,每个子通道可以独立传输数据。为了防止相邻子通道的信号之间相互干扰,在相邻子通道之间一般保留一定的间隙,如图4.9所示。

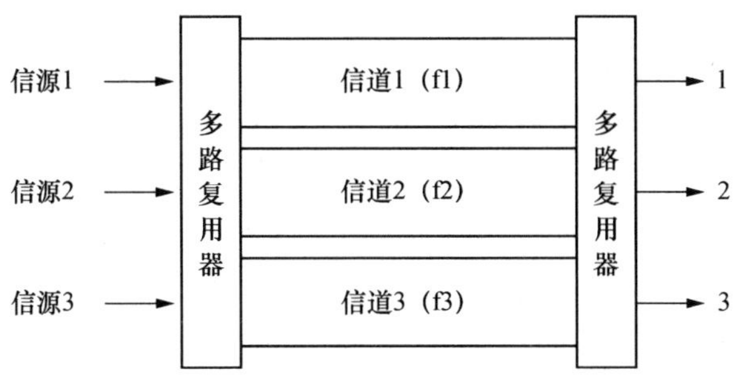

图4.9　频分多路复用

(2) 时分多路复用(Time Division Multiplexing,TDM)

时分多路复用把传输时间分为多个时间片,多个信源按时间片轮流使用物理通道,如图4.10所示。时分多路复用分为同步时分多路复用和异步时分多路复用。同步时分多路复用中,分配给每个信源的时间片是固定的,如果该信源在分配的时间片内没有数据发送,其他的信源也不能使用这个时间片发送数据,因此造成资源的浪费。在异步时分多路复用中,允许动态分配时间片,假设信源在分配的时间片内没有数据发送,其他的信源可以占用该时间片发送数据,因此资源利用充分。

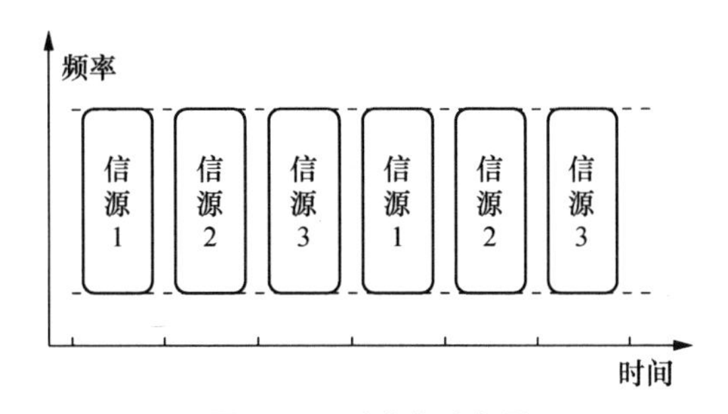

图4.10　时分多路复用

(3) 码分多路复用(Coding Division Multiplexing,CDM)

码分多路复用又称码分多址(Coding Division Multiple Access,CDMA),它既共享信道的频率,又共享时间,是一种真正的动态复用技术。CDMA是采用数字技术的分支——扩频通信技术发展起来的一种崭新而成熟的无线通信技术,它是在FDM和TDM的基础上发展起来的。FDM的特点是信道不独占,而时间资源共享,每一子信道使用的频带互不重叠。TDM的特点是独占时隙,而信道资源共享,每一个子信道使用的时隙不重叠。CDMA的特点是所有子信道在同一时间可以使用整个信道进行数据传输,它在信道与时间资源上均共享。因此,信道的效率高,系统的容量大。

CDMA的技术是基于扩频技术的,即将需传送的具有一定信号带宽的信息数据用一个带宽远大于信号带宽的高速伪随机码(Pseudo-random Number,PN)进行调制,使原数据信号的带宽被扩展,再经载波调制并发送出去;接收端使用完全相同的伪随机码,与接收的宽带信号作相关处理,把宽带信号转换成原信息数据的窄带信号,即解扩,以实现信息通信。CDMA的复用原理是基于码型分割信道的,每个用户分配有一个地址码,这些码型互不重叠,其特点是频率和时间资源均为共享的。在CDMA系统中,每个用户可在同一时间使用同样的频带进行通信,用各自的地址码序列接收信号。当两个或多个站点同时发送数据时,各路数据在信道中被线性相加。为了从信道中分离出各路信号,要求各个站点的码片序列是相互正交的。

CDMA也是一种共享信道的方法,通信各方之间不会相互干扰,且抗干扰能力强,完全满足现代移动通信网络所要求的大容量、高质量、综合业务、软切换等,主要用于无线通信系统,特别是移动通信系统,它不仅可以提高通信的话音质量和数据传输的可靠性以及减少干扰对通信的影响,而且增大了通信系统的容量。笔记本电脑或个人数字助理(Personal Data Assistant,PDA)、掌上电脑(Handed Personal Computer,HPC)、手机等移动性计算机的联网通信就是使用了这种技术。

4.3 局域网

局域网自从20世纪70年代诞生以来得到了迅速发展,它是在小的地理范围内将大量计算机以及各种设备互连在一起,实现数据传输和资源共享的计算机网络。

局域网采用的标准有许多,比如曾经流行的令牌环(Token Ring)、光纤分布式数据接口(Fiber Distributed Data Interface,FDDI)等。现在大多局域网都是用以太网技术来配置的,并且在需要无线访问的应用程序中使用兼容的Wi-Fi标准,这些标准在家用和商用领域都非常流行。

4.3.1 局域网的主要特征

局域网的主要特征如下:

(1) 传输速率高

由于局域网的地理范围有限,因此局域网中计算机之间的信息传输快,数据传输速率高,可达到10 Mbps~1 Gbps。

(2) 误差率低

局域网中计算机之间的距离有限,通常在一个办公室、一栋楼或一个单位内部,因此数据在传输过程中不易出错,数据传输误差率低。

(3) 网络拓扑结构简单

网络中设备的排列称为网络拓扑结构。局域网的拓扑结构一般采用总线型、星型、环型、树型等,拓扑结构较为简单,所以数据传输不容易出错。网络拓扑结构如图4.11所示,节点间的路径可由有线物理电缆或无线信号相连接。

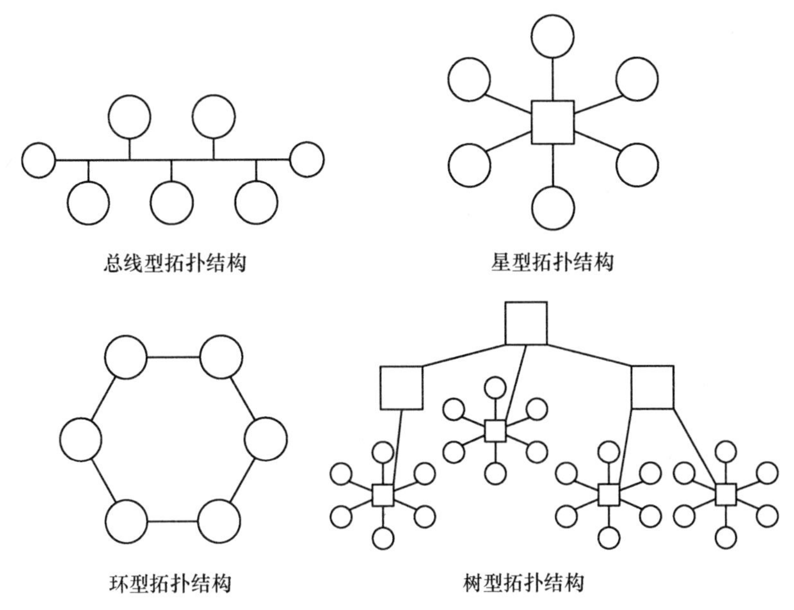

图 4.11 网络拓扑结构

总线型拓扑结构将所有的入网计算机均接入到一条公用的通信线路上,为防止信号反射,一般在总线两端连有称为"终端连接器"的特定设备。总线型拓扑结构的优点是信道利用率较高,结构简单,价格相对便宜。其缺点是同一时刻只能有两个网络节点相互通信,网络延伸距离有限,网络容纳节点数有限。

星型拓扑结构由一个中心连接点连接所有的工作站和外围设备,许多家庭网络就是以星型拓扑结构排列的。星型拓扑结构需要专用的网络设备作为网络的中心节点,对中心节点设备的可靠性要求高。其优点是结构简单,建网容易,控制相对简单,容易扩展。其缺点是集中控制,中心节点负载过重,可靠性低,需要较多的网线,通信线路利用率低。

环型拓扑结构将所有的设备用通信线路连接成一个闭合的环,每个节点只有两个相邻节点。在环型拓扑结构的网络中,信息按固定方向流动,或按顺时针方向,或按逆时针方向。该拓扑结构能将电缆数量最小化,但是一个节点出现故障可能会影响整个网络。IBM 曾经支持过环型拓扑结构,但现在很少有网络使用它了。

树型拓扑结构是总线型拓扑结构的扩展,它是在总线拓扑结构上加上分支形成的,其传输介质可有多条分支,但不形成闭合回路,也可以将它看成星型结构的叠加。树型拓扑结构具有层次结构,最底层是终端,其他各层可以是路由器、集线器或计算机。树型拓扑结构具有良好的可扩展性,非常适合构建网络主干。许多校园网和企业网都是基于树型拓扑结构的,因特网也大多采用树型拓扑结构。树型拓扑结构对根节点的要求较高,一旦根节点出现问题,则整个网络不能正常运行。

(4) 局域网通常归属于一个单一组织的管理

(5) 覆盖的地理区域较小,仅工作在有限的地理区域内

(6) 便于管理、安装和维护

正是由于以上这些特点,当前,局域网正被广泛应用。

4.3.2 局域网的组成

组成一个局域网需要局域网硬件和局域网软件。

1. 局域网硬件

局域网硬件有服务器、工作站、网络接口卡、电缆系统、集线器、交换机或路由器等数据通信和转发设备、共享的资源与外围设备如打印机等。

(1) 服务器

服务器是一台具有丰富的资源和强大的计算及处理能力的计算机,可以接受工作站的请求并且进行处理,然后把处理结果返回给发出请求的工作站。

(2) 工作站

一般用户用来上网的计算机称为“客户机”或“工作站”,工作站用于向服务器发出请求,可以是高性能计算机,也可以是低性能计算机。

(3) 网络接口卡

网络接口卡简称“网卡”,是主机与通信传输介质的接口。在局域网的计算机主机中,无论是服务器还是工作站都装有网卡,网络的电缆连在网卡的后部。网卡在生产时会被指定一串唯一的数字来标识,这串数字被称为网卡的 MAC 地址,MAC 是“Media Access Control (介质存取控制)”的简称。MAC 地址也叫物理地址、硬件地址或链路地址,由网络设备制造商在生产时写在硬件内部。MAC 地址与网络无关,无论将带有这个地址的硬件(如网卡、集线器、路由器等)接入到网络的何处,它都有相同的 MAC 地址。MAC 地址一般不可改变,不能由用户自己设定。

MAC 地址的长度为 48 位(6 个字节),通常表示为 12 个十六进制数,每 2 个十六进制数之间用冒号隔开,如 00:FF:0D:5C:65:6A 就是一个 MAC 地址,其中前 6 位十六进制数“00:FF:0D”代表网络硬件制造商的编号,它由 IEEE(Institute of Electrical and Electronics Engineers,电气与电子工程师协会)分配,而后 6 位十六进制数“5C:65:6A”代表该制造商所制造的某个网络产品(如网卡)的系列号。每个网络制造商必须确保它所制造的每个以太网设备都具有相同的前 3 个字节以及不同的后 3 个字节,这样就可保证世界上每个以太网设备都具有唯一的 MAC 地址。

(4) 通信介质

通信介质有双绞线、同轴电缆和光纤等有线介质以及无线电波、微波、红外线和可见光等无线介质。

(5) 中继器

中继器可以实现信号的再生放大,在组建局域网的过程中,当其中的一个网段超出规定的最大距离时,可以使用中继器把一个网段的信号传输到另外一个网段,从而延长网络距离。

(6) 集线器

集线器是一种特殊的中继器,它提供多个端口,可转接多个网络电缆,把多个网络段连接起来。

(7) 交换机

交换机可以根据网络信息构造自己的转发表,作出数据包转发决策。交换机的性能远高于集线器,因此使用交换机可以提高网络的性能。

(8) 路由器

路由器能识别数据的目的节点地址所在的网络,并能从多条路径中选择最佳的路径发送数据。路由器还能将通信数据包从一种格式转换成另一种格式,所以路由器既可以连接相同类型的网络,也可以连接不同类型的网络。

2. 局域网软件

局域网软件包括网络操作系统和网络应用软件。服务器上安装的操作系统应该具备网络管理功能,如 Novell 公司的 Netware、Microsoft 公司的 Windows 2012、Windows Server 2003、Windows Server 2008,以及 Unix、Linux 等操作系统。

4.3.3 常见的局域网

常见的局域网有以太网、FDDI 网、无线局域网等。

1. 以太网

1975 年,美国施乐(Xerox)公司开发了实验性以太网(Ethernet)。1980 年,Xerox 公司与 DEC 公司和 Intel 公司一起联合发布了第一个局域网规范即以太网规范。以太网是应用最为广泛的局域网,包括标准以太网(10 Mb/s)、快速以太网(100 Mb/s)和高速以太网(100 Mb/s,10 Gb/s,100 Gb/s),采用的是 CSMA/CD 访问机制,它们都符合 IEEE 802.3 标准。家庭、学校和企业中的大多数有线网络使用的是以太网技术。

以太网的核心思想是利用共享的传输媒体,如图 4.12 所示。早期的以太网多使用总线型拓扑结构,采用同轴缆作为传输介质,连接简单,通常在小规模的网络中不需要专用的网络设备,但由于它存在不易隔离故障点、管理成本高等缺陷,已经逐渐被以集线器和交换机为核心的星型网络所代替。以太网中的节点都可以看到在网络中发送的所有信息,因此以太网是一种广播网络。

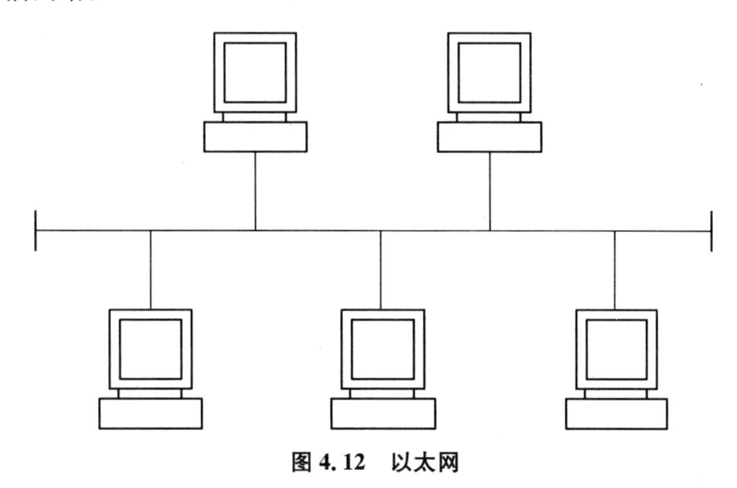

图 4.12 以太网

以太网采用带冲突检测的载波帧听多路访问(Carrier Sense Multiple Access with

Collision Detection,CSMA/CD)机制工作。CSMA/CD规定了多台计算机共享一个通道的方法。当以太网中的一台主机要传输数据时,首先侦听信道是否空闲,若空闲,则立即发送数据;若信道忙碌,则等待信道中的数据传输结束后再发送数据。若在上一段数据发送结束后,同时有两个或两个以上的节点都提出发送请求,则判定为冲突。若侦听到冲突,则立即停止发送数据,等待一段随机时间后再重新尝试。

标准以太网的传输速率为10 Mb/s,有传输介质采用细同轴电缆的10Base-2以太网,传输介质采用粗同轴电缆的10Base-5以太网,以及传输介质采用双绞线的10Base-T以太网。粗同轴电缆的性能优于细同轴电缆,10Base-5以太网的覆盖范围远大于10Base-2以太网。10Base-T以太网采用星型拓扑结构,节点通过双绞线连接到集线器上。

传统集线器的所有工作站端口共享集线器的带宽,传统集线器又称为"共享式集线器"。采用共享式集线器构成的以太网称为"共享式以太网",如图4.13所示。

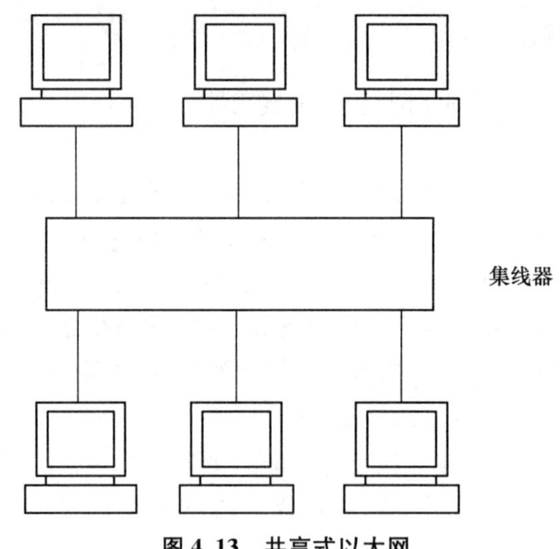

图4.13 共享式以太网

随着网络的发展,传统的标准以太网技术已难以满足日益增长的网络数据流量的需求。在1993年10月以前,对于要求10 Mbps以上数据流量的局域网应用,只有光纤分布式数据接口(FDDI)可供选择,但它是一种价格非常昂贵的、基于100Mpbs光缆的局域网。1993年10月,Grand Junction公司推出了世界上第一台快速以太网集线器Fastch10/100和网络接口卡FastNIC100,快速以太网技术正式得以应用。

20世纪90年代出现了交换机。交换机的多对工作站端口之间可以同时进行数据传输,交换机的每个工作站端口可以独享交换机的带宽,因此交换机又称为"交换式集线器"。采用交换机构成的以太网称为"交换式以太网",它比共享式以太网有更高的数据传输能力,如图4.14所示。1995年3月IEEE宣布了100Mbps快速以太网标准IEEE 802.3u(100BASE-T),就这样开始了快速以太网的时代。快速以太网的传输介质采用双绞线或光纤,采用星型拓扑结构,已经成为局域网的主流。

100Mbps快速以太网标准分为100BASE-TX、100BASE-FX、100BASE-T4三个子类。100BASE-TX使用两对双绞线(无屏蔽双绞线或屏蔽双绞线),一对用于发送数据,一对用于

接收数据，它的最大网段长度为 100 m。100BASE-FX 使用光缆(单模或多模光纤)，它的最大网段长度为 150 m、412 m、2 000 m，甚至更长的 10 km。100BASE-FX 特别适合在有电气干扰的环境、较大距离连接或高保密环境等情况下使用。100BASE-T4 使用 4 对双绞线(无屏蔽双绞线或屏蔽双绞线)，其中的 3 对用于在 33MHz 的频率上传输数据，第 4 对用于 CSMA/CD 冲突检测，它的最大网段长度为 100 m。

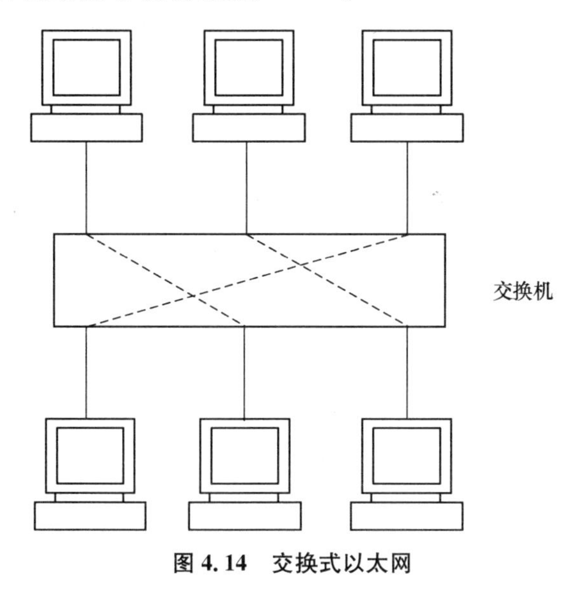

图 4.14 交换式以太网

由于语音、图像和视频等多媒体数据传输的需要，对网络带宽提出了更高的要求，以太网技术在快速以太网技术的基础上得到了新的发展，产生了高速以太网技术。高速以太网的传输速率从1 000 Mb/s(千兆以太网)发展到 10 Gb/s(万兆以太网)，再发展到 100 Gb/s，主要用于主干网。

2. FDDI 网

FDDI(Fiber Distributed Data Interface，光纤分布式数据接口)的产品在 1988 年问世，主要用于校园环境的主干网。FDDI 网是使用光纤作为传输介质的令牌环网，基本结构为两个封闭的逆向双环。FDDI 网由一组用光纤串联而成的多个工作站组成，每个工作站都通过转发器连接到环上，如图 4.15 所示。FDDI 网采用双环结构，当主环上的设备失效或光缆发

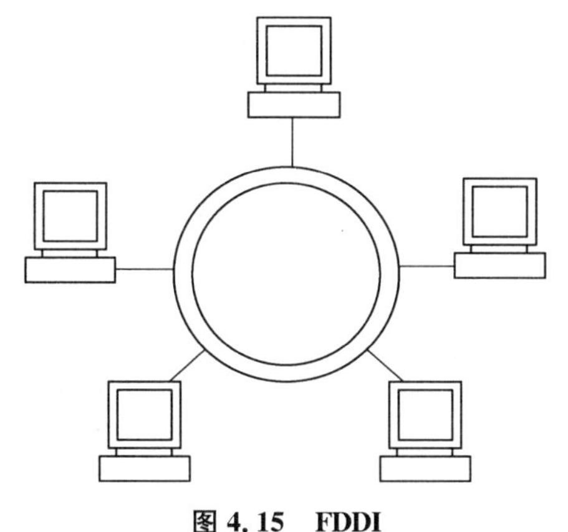

图 4.15 FDDI

生故障时，自动从主环向备用环切换，以保证FDDI网正常工作，可靠性高。但是FDDI的芯片过于复杂，所以价格昂贵。自从快速以太网大量进入市场后，FDDI网就逐渐被淘汰了。

3. 无线局域网

无线局域网(Wireless LAN，WLAN)是有线网络的扩展。有线网络布线困难，线路容易损坏，布线费用高，节点不容易移动，而无线局域网采用无线电波、微波、红外线作为传输介质，可以避免有线网络的这些缺点。无线局域网不仅移动方便，而且能够覆盖有线网络难以覆盖的范围。

与有线网络相比，无线局域网具有以下优点：

(1) 安装方便

通常在网络建设当中，网络布线的施工周期最长、对周边环境影响最大，施工时往往需要破墙掘地、穿线架管。而无线局域网最大的优势就是免去或减少了这部分繁杂的网络布线的工作量，一般只要安放一个或多个接入点设备就可建立覆盖整个建筑或地区的局域网络。

(2) 使用灵活

在有线网络中，网络设备的安放位置受网络信息点位置的限制。而在无线局域网中，信号覆盖区域内任何一个位置都可以接入网络。

(3) 易于扩展

无线局域网有多种配置方式，能够根据实际需要灵活选择。无线局域网既可以用于只有几个用户的小型局域网，也可以用于有上千用户的大型网络，并且能够提供像漫游等有线网络无法提供的服务。

(4) 费用低

由于有线网络缺少灵活性，在网络建设过程中，网络的规划者要尽可能地考虑未来的发展需要，通常预设大量利用率较低的信息点。如果网络的发展超出了设计规划时的预期，又要花费较多费用进行网络改造。而无线局域网灵活性好，避免了这些问题，因此费用低。

由于无线局域网具有多方面的优点，所以其发展十分迅速。据权威调研机构统计，全球无线局域网市场每年平均增长率高达25%。目前，流行的无线局域网技术有蓝牙、Wi-Fi等，它们的定位各不相同。Wi-Fi在带宽上有着极为明显的优势，达到11～108 Mbps，而且有效传输范围很大，其缺陷就是成本略高以及功耗较大。相对而言，蓝牙技术在带宽方面逊色不少，但是低成本以及低功耗的特点还是让它找到了足够的生存空间。

蓝牙(Bluetooth)，是一种支持设备短距离通信(一般在10 m内)的无线电技术，蓝牙图标如图4.16所示。蓝牙网络会在两个或多个蓝牙设备互相进入网络覆盖范围后自动形成，蓝牙网络有时也叫做“微型网(piconet)”。在两个蓝牙设备交换数据前，蓝牙设备所有者需要交换密钥或个人身份识别号(Personal Identification Number，PIN)。交换密钥后，两个蓝牙设备就会形成一个可信赖配对，两个蓝牙设备之间就可以进行通信了。

蓝牙工作在全球通用的2.4 GHz公用频率波段下，使用IEEE 802.15协议。2.4 GHz波段是一种无需申请许可证的工业、科技、医学(ISM)无线电波段，正因如此，使用蓝牙不需要支付任何费用。蓝牙1.0版的最大传输速率为1 Mb/s，蓝牙2.1版的最大传输速率为

3 Mb/s，蓝牙 3.0 版的最大传输速率为 24 Mb/s，蓝牙 5.0 版的最大传输速率为 50 Mb/s。

由于蓝牙采用无线接口来代替有线电缆连接，具有很强的可移植性，并且适用于多种场合，加上该技术功耗低、对人体危害小、应用简单、容易实现，所以易于推广。目前，蓝牙通常不是用来连接一系列工作站组建局域网，而是用来使鼠标、键盘或打印机摆脱连接线的束缚。蓝牙也能用来连接个人区域网内的设备，比如使用蓝牙耳机可以让驾驶员轻松地接听移动电话，再比如实现可穿戴产品与设备间的通信。

Wi-Fi 的英文全称为“Wireless Fidelity（无线保真）”，是一组在 IEEE 802.11 标准中定义的无线网络技术，Wi-Fi 的图标如图 4.17 所示。Wi-Fi 能够将个人电脑、PAD、手机等终端以无线方式互相连接，Wi-Fi 设备可以向无线电波一样传输数据。“Wi-Fi”是一个无线网络通信技术的品牌，由 Wi-Fi 联盟（Wi-Fi Alliance）所持有，目的是改善基于 IEEE 802.11 标准的无线网络产品之间的互通性。

图 4.16　蓝牙图标

图 4.17　Wi-Fi 图标

Wi-Fi 信号是由有线网络提供的，比如家庭 ADSL、小区宽带等。常见的就是使用无线路由器把有线网络信号转换成 Wi-Fi 信号，在这个无线路由器的电波覆盖的有效范围内都可以采用 Wi-Fi 连接方式进行联网。如果无线路由器连接了一条 ADSL 线路或者别的上网线路，则它又被称为“热点”。大多数智能手机与多数平板电脑都支持 Wi-Fi，它是当今使用最广的一种无线网络传输技术。

Wi-Fi 包括很多标准，如表 4.1 所示。1997 年 IEEE 为无线局域网制定了第一个无线局域网标准 IEEE 802.11，工作频率为 2.4 GHz，数据传输速率为 2 Mb/s。相对于当时的有线局域网和实际的应用需求来说，第一代无线局域网的数据传输速率过低，远不能满足需求。

表 4.1　无线局域网标准

无线局域网标准	发布年份	频率	最大速度
IEEE 802.11a	1999	5 GHz	54 Mb/s
IEEE 802.11b	1999	2.4 GHz	11 Mb/s
IEEE 802.11g	2003	2.4 GHz	54 Mb/s
IEEE 802.11n	2009	2.4/5 GHz	300 Mb/s

于是，在 802.11 的基础上，IEEE 又于 1999 年颁布了两个补充版本：IEEE 802.11b 和 IEEE 802.11a。IEEE 802.11a 标准采用了与 802.11 相同的核心协议，工作频率为 5 GHz，

最大数据传输速率为 54 Mb/s。IEEE 802.11b 标准沿用了 802.11 的 2.4 GHz 频段，传输速率为 11 Mb/s，无线传输距离在 100 m 左右(室外无遮挡)，可以基本满足局域网的要求。因为受到产品中 5 GHz 的高频组件研制进度的影响，802.11a 产品的上市时间比 802.11b 晚了近一年。

2003 年 IEEE 又推出了更高速率的 IEEE 802.11g 无线局域网标准，它兼容了 802.11b 的远距离信号覆盖和 802.11a 的高传输速率。但是，无论采用哪种协议，无线局域网与有线局域网相比还是有着明显的差距，因此在 802.11g 标准推出之后，IEEE 又着手新一代无线局域网标准 IEEE 802.11n 的制定工作。

为了实现更高带宽和质量的无线局域网服务，使无线局域网真正达到高度以太网的性能，2004 年 IEEE 专门成立了制定 IEEE 802.11n 标准的任务组，但利益和技术方面的因素使得主要的无线方案提供商分裂为了几个集团，导致标准制定缓慢，直到 2009 年这一标准才正式确立下来。IEEE 802.11n 的传输速率提升到了 300 Mb/s，其信号覆盖范围也进一步扩大，极大地提高了 802.11n 网络的移动性。而在兼容性方面，802.11n 采用了一种软件无线电技术，它是一个完全可编程的硬件平台，使得不同系统的基站和终端都可以通过这一平台的不同软件实现互通和兼容。这使得无线局域网的兼容性得到极大改善，不但能实现 802.11n 向下兼容，而且可以实现无线局域网与无线广域网的结合，这在无形之中也提升了 802.11n 兼容并蓄的能力，使其更具扩充性。

蓝牙与 Wi-Fi 使用相同的频率范围，但是两者的目的是不同的。Wi-Fi 是一个更加快速的无线局域网技术，覆盖范围更大，但是需要更加昂贵的硬件，因此比较适于办公室中的企业无线网络，而蓝牙技术则可以应用于任何可以用无线方式替代线缆的场合。目前这些技术还处于并存状态，从某种程度而言，各种无线技术标准是弥补的，它们共同撑起整个无线技术大局。而从长远看，它们将走向融合。除此以外，红外线技术也并没有彻底消失，甚至射频技术也仍活跃在市场上。

从最早的红外线技术到被给予厚望的蓝牙，乃至今日最热门的 IEEE 802.11(Wi-Fi)，无线网络技术一步步走向成熟。然而，无线信号容易受到如微波炉、无绳电话之类设备的干扰。不过要说明的是，尽管易受到干扰，但无线网络对于大多数应用来说已经足够快了。无线信号会随着网络设备之间距离的增加而减弱，信号的覆盖范围会受到信号类型、发射机功率强度以及厚墙、地板或天花板等很多因素的限制。无线信号可在空气中传播并能穿透墙壁，那么在用户房屋之外就可以盗用因特网连接。而且无线网络使用的是公用频率，有限的公用频率是非常拥挤的，相邻的家庭网络间不得不使用相同的频率，因此存在着一定的安全风险。所以，与有线网络相比，无线局域网的缺点主要体现在速度、覆盖范围、授权以及安全性等方面。

4.4 移动通信

移动通信起源于 19 世纪末，意大利电气工程师伽利尔摩·马可尼(Guglielmo Marchese Marconi)完成了陆地与一只拖船之间的无线电通信。20 世纪 70 年代末第一代移动通信模

拟蜂窝电话系统产生，20 世纪 80 年代末开启了第二代移动通信模拟蜂窝电话系统，1998 年第三代移动通信系统得到广泛应用，目前社会上广泛应用的是第四代移动通信系统，而第五代移动通信系统的研发也已经拉开帷幕。

4.4.1 第一代移动通信系统

1978 年，美国贝尔实验室开发了先进的移动电话业务系统（Advanced Mobile Phone Service，AMPS），第一代（1st Generation，1 G）移动通信系统是指模拟的蜂窝电话系统，仅提供语音业务，主要采用的是模拟技术和频分多址（Frequency Division Multiple Access，FDMA）技术。第一代移动通信系统有多种制式，主要包括美国的 AMPS、欧洲的 TACS（Total Access Communication System，全入网通信系统）、英国的 ETACS（Enhanced Total Access Communication System，增强的全入网通信系统）、北欧的 NMT-450（Nordic Mobile Telephony，北欧移动电话）系统、日本的 NTT/JTACS/NTACS 等。我国主要采用的是 TACS。尽量不同制式的第一代移动通信系统在技术上有很多相似之处，但最终没有发展成全球标准，由于制式太多，互不兼容，只能进行区域性通信。第一代移动通信系统还有很多不足之处，如容量有限、保密性差、存在同频干扰和互调干扰、通话质量不高、不能提供数据业务和自动漫游等。

4.4.2 第二代移动通信系统

为了解决第一代蜂窝移动通信系统存在的技术性缺陷，1982 年北欧四国向欧洲邮电主管部门大会提交了一份建议书，要求制定 900 MHz 频段的欧洲公共电信业务规范，建立全欧洲统一的蜂窝移动通信系统。同年，成立了欧洲"移动通信特别小组（Group Special Mobile，GSM）"，后来演变成"全球移动通信系统（Global System for Mobile Communication）"。随后美国制定的数字高级移动电话服务（Digital-Advanced Mobile Phone Service，D-AMPS）和码分多址（Code Division Multiple Access，CDMA）也成为 IS-95（Interim Standard 95，暂时标准）系统。日本也制定了 PDC（Personal Digital Cellular，个人数字蜂窝）系统。这些系统被称为第二代（2nd Generation，2 G）移动通信系统。第二代移动通信系统采用数字调制技术，相对于模拟调制技术，提高了频谱利用率，支持多种业务服务，并与 ISDN（Integrated Service Digital Network，综合业务数字网）等兼容。第二代移动通信系统以传输语音和低速数据业务为目的，因此被称为窄带数字通信系统，其典型代表是欧洲的 GSM 系统和美国的IS-95 系统。

4.4.3 第三代移动通信系统

第三代（3rd Generation，3 G）移动通信系统最早由国际电信联盟（International Telecommunication Union，ITU）于 1985 年提出，当时称为未来公众陆地移动通信系统（Future Public Land Mobile Telecommunication System，FPLMTS），1996 年更名为 IMT-2000（International Mobile Telecom System-2000，国际移动电话系统-2000），意即该系统工作在2 000 MHz 频段，最高业务速率可达 2 000 kbit/s。3 G 特指能支持高速数据传输的一

种蜂窝移动通信技术，能够同时传送声音（通话）及数据信息（电子邮件、即时通信等）。第三代移动通信有三种制式：欧洲的WCDMA（Wideband Code Division Multiple Access，宽带码分多址）、美国的CDMA2000（Code Division Multiple Access2000，码分多址2000）和中国自主研发的TD-SCDMA（Time Division-Synchronous Code Division Multiple Access，时分同步的码分多址）。

4.4.4 第四代移动通信系统

3GPP（3rd Generation Partnership Project，第三代合作伙伴计划）国际组织于2004年开始了LTE（Long Term Evolution，长期演进）的研究，基于正交频分复用（Orthogonal Frequency Division Multiplexing，OFDM）、多输入多输出（Multiple Input Multiple Output，MIMO）等技术，致力于使无线通信技术向更高速率演进，并在2009年3月发布了FDD-LTE（频分双工）和TD-LTE（时分双工，国外称作TDD-LTE）标准。2013年12月，中华人民共和国工业和信息化部在官网上宣布向中国移动、中国电信、中国联通颁发“LTE/第四代数字蜂窝移动通信业务（TD-LTE）”经营许可，也就是4 G牌照。至此，移动互联网的网速达到了一个全新的高度。

4.4.5 第五代移动通信系统

在第四代移动通信系统的部署方兴未艾之时，第五代（5th Generation，5 G）移动通信技术的研发已拉开大幕，成为整个学术界和信息产业界最热门的课题之一，掀起全球移动通信领域新一轮的技术竞争。5 G呈现出低时延、高可靠、低功耗的特点，已经不再是一个单一的无线接入技术，而是多种新型无线接入技术和现有无线接入技术（4 G后向演进技术）集成后的解决方案总称。可以看到，是车联网、物联网带来的庞大终端接入、数据流量需求以及种类繁多的应用体验提升需求推动了5 G的研究。可以预想，未来5 G网络将为用户提供光纤般的接入速率，“零”时延的使用体验，百亿设备的连接能力，超高流量密度、超高连接数密度和超高移动性等多个场景的一致服务，业务及用户感知的智能优化，同时将为网络带来超百倍的能效提升和超百倍的比特成本降低，最终实现“信息随心至，万物触手及”的总体愿景。无线通信技术通常每10年更新一代，2000年3 G开始成熟并商用，2010年4 G开始成熟并商用，现在研究5 G，于2020年成熟应该是符合规律预期的。5 G的诞生将进一步改变我们的生活。

4.5 Internet基础知识

4.5.1 Internet的产生和发展

Internet的中文名称是“因特网”或“国际互联网”，是目前最大的全球性计算机网络，在全世界得到了最广泛的使用。Internet起源于美国国防部高级研究计划局研制的

ARPANet，在 1969 年 ARPANet 投入使用时，只有美国的四所大学连接在它上面，它采用 TCP/IP 协议。ARPANet 发展迅速，到了 1983 年，它已经连接了三百多台计算机。1986 年，美国国家科学基金会（NSF）利用 TCP/IP 协议建立了国家科学基金网，覆盖了全美国主要的大学和研究所。1988 年 NSFNet 取代 ARPANet 成为 Internet 的主干网。由于全世界有大量的公司要求接入 Internet，Internet 的容量已经满足不了需求，需要对 Internet 进行扩容。因此，1991 年，美国政府决定把 Internet 交给私营公司经营，并且对使用 Internet 的用户收费，Internet 得到快速发展。

中国的部分计算机在 1994 年正式接入 Internet，中国科学院高能物理研究所的计算机于 1994 年 5 月正式接入 Internet，中国教育与科研网 CERNet 于 1994 年 5 月正式接入 Internet，中国互联网 ChinaNet 于 1996 年 6 月正式接入 Internet。Internet 在中国的发展极为迅速，接入 Internet 的计算机数量和网民数量每年都在大幅增加。截至 2016 年年末，中国网民总数量达到 7.31 亿，位居世界第一。

4.5.2　Internet 的体系结构

Internet 采用层次式体系结构，也称为"TCP/IP 协议簇"。TCP/IP 协议簇是多种协议的集合，包含了 100 多个协议，TCP 和 IP 是其中最基本、最重要的两个协议。Internet 的体系结构由低到高分为 4 层，分别是网络接口层、互联网络层、传输层和应用层，如图 4.18 所示。

图 4.18　Internet 的体系结构

1. 网络接口层

网络接口层指出主机必须使用某种协议与网络连接，以便进行 IP 分组的传输，但没有具体协议。

2. 互联网络层

互联网络层的主要功能是实现各种子网的互联，规定数据分组的格式和传输路径。IP 协议是互联网络层主要的协议，它定义的数据报包括报头以及数据，其中报头包括源地址、目的地址、IP 协议的版本号、头部长度、数据报长度和服务类型等。采用路由器可以为 IP 数据报选择合适的传输路径。

3. 传输层

传输层定义了两个端到端的协议——TCP 和 UDP。TCP 是一个面向连接的协议，允许从一台机器发出的字节流无差错地发往互联网上的其他机器。TCP 采用连接的方式，使得数据传输和通信更加可靠。UDP 是一个不可靠的无连接协议，主要应用于对数据传输可靠性要求不高的情况，如语音传输等。

4. 应用层

应用层位于最高层，包含多种应用服务协议，能够为用户提供多种服务，如简单邮件传输协议(SMTP)、文件传输协议(FTP)和远程登录协议(Telnet)等。

TCP/IP 协议有下列特点：

① 开放的协议标准，可以免费使用。

② 与特定的计算机硬件无关，独立于特定的网络硬件，可以运行在局域网、广域网甚至于互联网，使得异构网络互联在一起。

③ 统一的网络地址分配方案，使得整个 TCP/IP 设备在全球性的网络中都具有唯一的地址。

④ 提供了两个端到端的协议——TCP 和 UDP，既可以实现面向连接的端到端的可靠传输，也可以实现无连接的端到端的快速传输，满足了不同的端到端传输服务要求。

⑤ 标准化的高层协议，可以提供可靠的用户服务。

4.5.3 Internet 的地址和域名

1. IP 地址

Internet 使用 TCP/IP 协议实现了全球范围内的计算机网络的互联，连接到 Internet 的每一台主机都有一个 IP 地址。IP 地址(Internet Protocol Address)是一种在 Internet 上给主机编址的方式，也称为"网际协议地址"。IP 地址是识别网络设备的一串数字，可以被指定给网络计算机、服务器、外设和设备。目前 IP 地址使用 IPv4 标准，长度为 32 位。近些年来由于互联网的蓬勃发展，IP 位址的需求量越来越大，全球公用 IPv4 地址在 2011 年初已经全部分配完毕。下一代互联网将会采用 IPv6 标准，其 IP 地址长度为 128 位。

1) IP 地址的组成

IP 地址通常划分成两部分，第一部分指定网络的地址，即网络号；第二部分指定主机的地址，即主机号。网络号的位数直接决定了可以分配的网络数，主机号的位数则决定了网络中最大的主机数。IP 地址表示为 1 个 32 位的无符号数，按字节分为 4 段，每个字节用十进制表示，并且各字节之间用点号"."隔开，即 IP 地址采用"点分十进制"表示法。在这种格式下，每字节以十进制记录，从 0 到 255。例如，十六进制地址 C0290614 被记为 192.41.6.20。每个接入因特网的主机和路由器都有一个 IP 地址(路由器可有多个 IP 地址)，它包括网络号和主机号，其中网络号由网络信息中心(Network Information Center，NIC)分配，以避免冲突。

IP 地址的格式为：

IP 地址＝网络号＋主机号

2) IP 地址的类型

由于整个互联网所包含的网络规模可能比较大，也可能比较小，所以将 IP 地址空间划分成不同的类别，每一类具有不同的网络号位数和主机号位数。IP 地址分为 A、B、C、D、E 5

类，其中A、B、C是基本类，分别适用于大型网络、中型网络、小型网络；D、E类作为多播和保留使用，如图4.19所示。常用的是B和C两类。

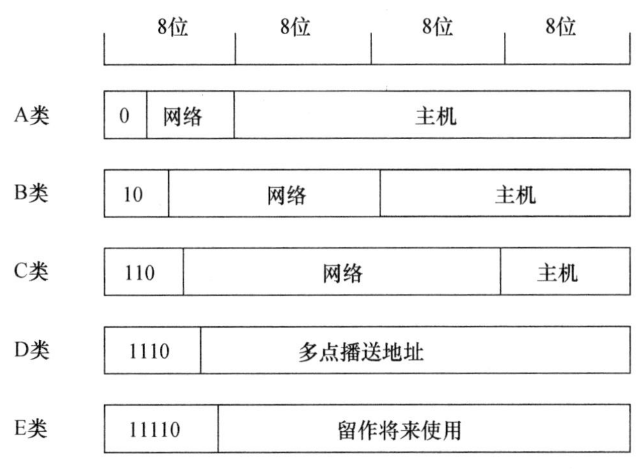

图4.19 IP地址的类型

(1) A类IP地址

A类IP地址的最高位为0，分别为网络号和主机号分配了8个和24个二进制位。A类IP地址中共有128(2^7)个网络，但实际可用的只有126个，因为0和127要用作保留地址。如：127.0.0.1可以代表本机IP地址，用“http://127.0.0.1”就可以测试本机中配置的Web服务器。所以，A类IP地址第一字节允许的取值范围为1～126。

Internet中有一些特殊的IP地址。主机号全为0的IP地址是当前网络的网络地址，例如30.0.0.0代表网络号为30的一个A类网络。主机号全为1的IP地址是广播地址，代表该网络中的所有主机，当利用广播地址发送IP分组时，分组会发送给该网络中的所有主机，例如30.255.255.255代表网络号为30的网络中的所有主机。所以，每个A类网络支持的最大主机数为1 600多万(16 777 214，即$2^{24}-2$)台。A类IP地址的范围是1.0.0.0到126.255.255.255。

(2) B类IP地址

B类IP地址的最高两位为10，为网络号和主机号都分配了16个二进制位。B类IP地址的第一字节允许的取值范围为128～191($128+2^6-1$)。B类IP地址中共有16 384(2^{14})个网络，但实际可用的只有16 383($2^{14}-1$)个。每个B类网络支持的最大主机数为65 534($2^{16}-2$)台。B类IP地址的范围是128.0.0.0到191.255.255.255。

(3) C类IP地址

C类IP地址的最高位为110，分别为网络号和主机号分配了24个和8个二进制位。C类IP地址的第一字节允许的取值范围为192～223($192+2^5-1$)。C类IP地址中共有200多万(2^{21}=2 097 152)个网络，但实际可用的只有2 097 151($2^{21}-1$)个。每个C类网络支持的最大主机数为254(2^8-2)台。C类IP地址的范围是192.0.0.0到223.255.255.255。

在前三种类型的IP地址里，各保留了三个区域作为私有地址。私有地址(private address)属于非注册地址，专门为组织机构内部所使用，其地址范围如下：

A 类地址:10.0.0.0～10.255.255.255

B 类地址:172.16.0.0～172.31.255.255

C 类地址:192.168.0.0～192.168.255.255

(4) D 类 IP 地址

D 类 IP 地址的最高位为 1110,在 IP 多路复用组中使用。

(5) E 类 IP 地址

E 类 IP 地址最高位为 1111,保留至将来使用。

3) 子网掩码(subnet mask)

子网掩码不能单独存在,它必须结合 IP 地址一起使用。利用子网掩码可以将 IP 地址划分成网络号和主机号两部分。子网掩码是一种用来指明一个 IP 地址的哪些位标识的是主机所在的子网以及哪些位标识的是主机的位掩码。

子网掩码分为两类,一类是缺省(自动生成)子网掩码,一类是自定义子网掩码。缺省子网掩码即指未划分子网,对应的网络号的位都置 1,主机号的位都置 0。A 类网络的缺省子网掩码为255.0.0.0,B 类网络的缺省子网掩码为 255.255.0.0,C 类网络的缺省子网掩码为 255.255.255.0。

自定义子网掩码是将一个网络划分为几个子网,需要每一段使用不同的网络号或子网号,可以认为是将主机号分为两个部分:子网号和子网主机号,即子网划分后的 IP 地址＝网络号＋子网号＋子网主机号。在划分子网后,IP 地址中以前的主机号位的一部分给了子网号,余下的是子网主机号。利用子网掩码可以判断两台主机是否在同一子网中。若两台主机的 IP 地址分别与它们的子网掩码进行逻辑与运算后的结果相同,则说明这两台主机在同一个子网中,这两台主机在交换信息时就不需要通过路由器进行。

2. 域名和域名系统

域名由三部分组成:局部名、组织名和组织类型名。例如,域名“computer. cs. tsingha. edu. cn”对应于域名结构:局部名. 组织名. 组织域. 顶级域。顶级域“cn”表示中国,组织域“edu”表示教育部门,组织名“cs. tsingha”表示清华大学计算机系,局部名“computer”表示主机名称。

域名由字母、数字以及连字符构成,其中字母不区分大小写,整个地址的长度不超过 255 个字符。在整个 Internet 中,域名也是唯一的。一个完整的域名最多可包括 5 个子域名,各个子域名之间用“.”分隔,如 www. microsoft. com。

在因特网上有两种不同的域名组织模式。第一种是按部门机构组织的,称为“组织模式”;第二种是按地理位置组织的,称为“地理模式”。在因特网上我们看到的绝大部分主机都是按组织模式设置域名的,而且高层域都已经国际标准化了,如表 4.2 所示。表中除最后一项是按地理模式外,其余各项都是组织模式域名的高层域。

在美国,以组织模式设置域名的主机通常都是以表 4.2 中的域名作为第一级域名。在美国以外的国家,第一级域名则为该国家的代码,由两个字母缩写组成并且已经被标准化。

域名的最高管理机构是 Inter NIC,它管理第一级和第二级域名,整个域名管理机构是按树型层次结构分布管理的。CNNIC(中国互联网信息中心)负责管理中国的顶级域名,cn

域按组织模式和地理模式划分为多个二级域名。我国的二级域名中,“ac”代表科研机构,“com”代表商业组织,“edu”代表教育机构,“gov”代表政府部门,“int”代表国际组织,“net”代表网络支持中心,“org”代表各种非营利性组织。我国的各个行政区二级域名中,“bj”代表北京,“sh”代表上海,“tj”代表天津。互联网名称与数字地址分配机构(Internet Corporation for Assigned Names and Numbers,ICANN)在 2013 年下半年允许选择用汉字注册顶级域名。

表 4.2　因特网标准第一级域名表

域名	组织部门
com	商业组织
edu	教育部门
gov	政府部门
mil	军事部门
net	网络信息中心和网络操作中心
org	其他非营利性组织
int	国际性特殊组织
国家代码	国家或地区

Internet 主机域名的排列原则为:低层的子域名在前面,而它们所属的高层域名在后面,一个域名对应一个 IP 地址,一个 IP 地址对应多个域名。一台主机只能有唯一的 IP 地址,但可以有多个域名。在一台主机的 IP 地址改变时,其原来的域名仍然有效。

把一个管理域名的软件装在一台主机上,该主机就称为“域名服务器”、域名服务器(DNS)完成域名到 IP 地址的转换。每个网络一般都要有一个域名服务器,地区域名服务器以树型结构连入上级域名服务器。当请求将域名解析为 IP 地址时,首先向本地域名服务器请求解析,如有则返回解析结果;如域名不在本地域名服务器范围内,则指向上级域名服务器。

4.6　接入 Internet

2017 年 1 月,CNNIC 发布第 39 次《中国互联网络发展状况统计报告》。报告显示,截至 2016 年 12 月底,中国网民规模达 7.31 亿,相当于欧洲人口总量,互联网普及率达到 53.2%。那么,大家都是以什么方式接入 Internet 的呢?

4.6.1　接入 Internet 的方式

1. 电话拨号接入方式

电话拨号接入是个人用户接入 Internet 最早使用的方式之一。电话拨号接入方式是通过现有公共交换电话网,使用调制解调器来实现电话线路中的模拟信号与终端中的数字信号的转换,从而接入 Internet,如图 4.20 所示。

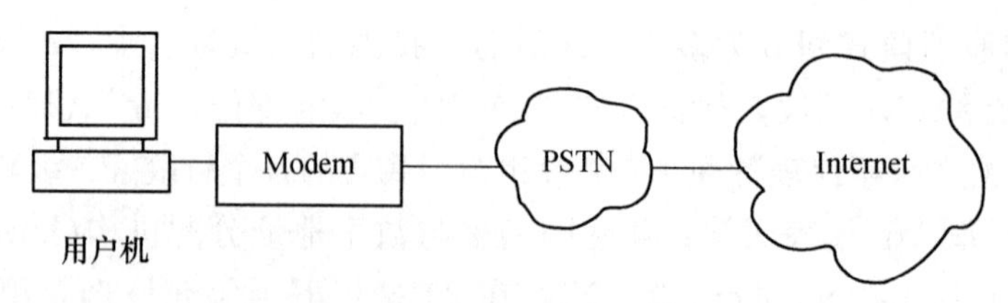

图 4.20 电话拨号接入方式

用户使用这种接入方式时需要以下配备：

① 计算机。

② 调制解调器(Modem)。

③ 电话线。

④ 标准的通信软件。

⑤ 在所选择的因特网服务提供商那里申请一个账号成为注册用户，注册用户可以在任意一台计算机上用自己的用户名和密码上网，上网费用记在开户时所提供的户主名下；或者使用公开的非注册用户账号的用户名和密码上网，上网费用记录在上网的电话机上。

电话拨号接入操作简单，单位时间费用昂贵，且接入速度慢。大多数调制解调器都遵循 V.90 标准，这个标准理论上可以提供最高为 56 kbps 的数据传输速率，但实际的数据传输速率会受到很多因素的影响，如电话线和连接的质量等。所以，56 kbps 的调制解调器实际的数据传输速率最高约为 44 kbps。电话拨号接入是非对称的，56 kbps 的调制解调器的最快下行速率通常是 44 kbps，而上行速率通常约为 33 kbps。而且电话拨号接入使用的是与平时语音通话相同的频率发送数据，因此用户不能在上网的同时打电话。

2. ISDN 接入

20 世纪 70 年代，CCITT(International Telephone and Telegraph Consultative Committee，国际电报电话咨询委员会)提出了将语音、数据、图像等业务综合在一个网内的设想，即建立综合业务数字网(Integrated Services Digital Network，ISDN)，ISDN 又称为“一线通”。ISDN 提供了标准的用户-网络接口来进行端到端的数字连接，不仅可以完成电话语音的数字传输，而且可以完成数据、图像、动画等多媒体数字传输业务。

ISDN 接入允许用户在上网的同时打电话，其速度比电话拨号接入方式快。ISDN 的用户-网络接口分为基本速率接口(BRI)和一次群速率接口(PRI)两种。BRI 由两条传输速率为 64 kb/s 的 B 通道和一条传输速率为 16 kb/s 的 D 通道组成，即 2B+D，B 通道用于传送用户信息，D 通道用于传送控制信号。BRI 主要用于家庭和小型企事业单位。PRI 采用 23B+D 或 30B+D 的通道结构，适用于大型企事业单位。

ISDN 的开通范围比下文将要介绍的 ADSL 和 LAN 接入方式都要广泛得多，所以对于那些没有宽带接入的用户，ISDN 接入似乎成了唯一可以选择的高速上网的解决办法，毕竟 128 kbps 的速度比电话拨号接入快多了。ISDN 和电话一样按时间收费，所以对于某些上网时间比较少的用户(比如每月 20 小时以下的用户)来说还是要比使用 ADSL 便宜很多的。另外，由于 ISDN 线路属于数字线路，所以用它来打电话(包括网络电话)的效果都比普通电话要好得多。但是，如果 ISDN 接入长时间在线的话，费用会很高，并且设备费用不便宜。ISDN 并没有

在美国的电话网络中得到广泛应用。

3. ADSL 接入

ADSL(Asymmetric Digital Subscriber Line,非对称数字式用户线路)采用非对称方式传输数据,即从 ISP 端到用户端的下行带宽大,而从用户端到 ISP 端的上行带宽小。标准的 ADSL 的数据上行速率一般只有 64 kbps~256 kbps,最高可达 1 Mbps,数据下行速率在理想状态下可以达到 8 Mbps。采用 ADSL 接入方式需要一个 ADSL 调制解调器和滤波器,如图 4.21 所示。

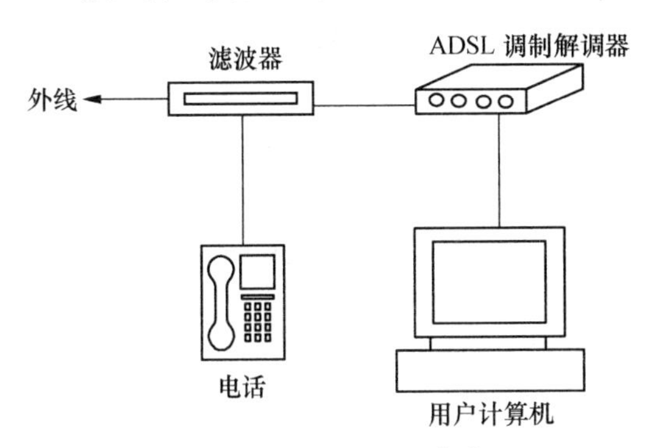

图 4.21 ADSL 接入方式

ADSL 通过一种自适应的数字信号调制解调技术(频分复用技术),能在电话线上得到 3 个可同时工作的信息通道:一是为电话服务的语音通道(0~4 kHz 频段),二是速率为 64~256 kbps 的上行数据通道(20 kHz~138 kHz 频段),三是速率为 1~8 Mbps 的高速下行数据通道(138 kHz~1.1 MHz 频段)。所以,用户在上网的同时也可以打电话。

ADSL 接入方式的最大特点是不需要改造信号传输线路,完全可以利用普通铜质电话线作为传输介质,配上专用的调制解调器即可实现数据高速传输,速度快并且费用低,特别适合于家庭和中小型局域网接入 Internet,是目前应用最为广泛的一种宽带接入方式。

4. Cable Modem 接入方式

Cable Modem 称为“线缆调制解调器”,它利用现有的有线电视网将计算机接入 Internet,是一种先进的高速 Internet 接入方式。由于我国的有线电视网发展迅速,覆盖范围广,已经成为世界上最大的有线电视网络,因此利用 Cable Modem,通过有线电视网进行数据传输、访问 Internet 已成为一种高速接入方式。

Cable Modem 系统包含调制解调、射频信号接收调谐、加密解密和协议适配等部分。Cable Modem 在有线电视网上的某段或几段频率上进行数据传输,而其他频段仍可用于有线电视信号传输。

Cable Modem 系统基于宽带同轴电缆,在技术上具有覆盖广和宽带高效的突出优点,又能与有线电视等业务共存。通过 Cable Modem 系统,用户可在有线电视网络内实现 Internet 访问、IP 电话、视频会议、视频点播、远程教育、网络游戏等功能。Cable Modem 系统也存在一些缺点,由于传统的有线电视系统的数据传输是单向的,为了实现接入 Internet 的双向数据通信,需要对现有设备进行改造。此外,Cable Modem 系统采用共享结构,随着用户的增多,个人的接入速率会有所下降。

5. 光纤接入方式

光纤接入方式采用光纤作为主要传输媒介进行数据传输。光纤是宽带网络中多种传输媒介中最理想的一种，它的特点是传输容量大、传输质量好、损耗小、中继距离长等。由于光纤传送的是光信号，因而需要在交换局将电信号进行电光转换，变成光信号后再在光纤上进行传输。用户端需要利用光网络单元(Optical Network Unit，ONU)再次进行光电转换，将光信号恢复成电信号后送至用户设备。

根据光纤向用户延伸的距离，也就是ONU所设置的位置，光纤接入方式又有多种应用形式，其中最主要的三种形式是光纤到大楼(Fiber To The Building，FTTB)、光纤到路边(Fiber To The Curb，FTTC)和光纤到户(Fiber To The Home，FTTH)。

FTTC主要是为住宅用户提供服务的，将ONU设置在路边，即用户住宅附近。从ONU出来的电信号传送到各个用户，一般用同轴电缆传送视频业务，用双绞线传送电话业务，每个ONU一般可为8～32个用户服务。

FTTB将ONU设置在大楼内的配线箱处，主要用于综合大楼、远程医疗、远程教育及大型娱乐场所，为大中型企事业单位及商业用户服务，提供高速数据、电子商务、可视图文、远程医疗、远程教育等宽带业务。

FTTH将ONU放置在用户住宅内，为家庭用户提供各种综合宽带业务，如VOD、多方可视游戏等。FTTH是光纤接入网的最终目标，但是每一位用户都需一对光纤和专用的ONU，因而成本昂贵，实现起来非常困难。

6. 无线接入方式

无线接入方式利用微波、移动通信、卫星通信等无线技术进行通信。无线网络在架设便利性或使用机动性等方面都要比有线网络更具优势。

无线局域网是常用的一种无线网络接入方式，适用于室内及移动环境。802.11g是目前主流的无线局域网标准，使用2.4 GHz的频率，可以提供54 Mbps的带宽。

为了满足日益增长的宽带无线接入需求，IEEE推出了802.16无线城域网标准。802.16标准是为在各种传播环境中获得最优性能而设计的，即使在链路状况最差的情况下也能提供可靠的性能。符合802.16标准的设备可以实现“最后一英里”宽带接入，它的服务区范围高达50 km。

7. 局域网接入方式

随着计算机网络技术的发展，通过局域网接入Internet的方法越来越多，常用的方法有以下两种：

① 通过路由器访问Internet，局域网中每台计算机都有自己正式的IP地址。这种方法可以在Internet上快速传输大量信息。

② 通过代理服务器访问Internet，局域网中所有计算机通过代理服务器访问Internet，只有服务器需要正式的IP地址。这种方法使有限IP地址资源得到充分的利用，但需要专门配备一台计算机作为代理服务器，增加了成本。

8. DDN接入方式

DDN是“Digital Data Network”的缩写，即“数字数据网”。DDN主要由6个部分组成：

光纤或数字微波通信系统、智能节点或集线器设备、网络管理系统、数据电路终端设备、用户环路、用户端计算机或终端设备。

DDN 采用专用线路连接，其主干网传输媒介有光纤、数字微波、卫星信道等。用户租用 DDN 专线进行点对点通信，DDN 支持任何类型的用户设备入网络，如计算机、终端、图像设备或 LAN 等。

DDN 为用户提供各种速率的高质量数字专用电路和其他新业务，以满足用户的多媒体通信和组建中高速计算机通信网的需要。使用 DDN 可以高速度、高质量地传输数据、图像、视频和声音等信息。

4.6.2　动手组建家庭个人区域网

假设家庭需要组网的计算机有一台台式计算机、一台笔记本电脑、一台平板电脑或智能电视以及可上网的 4 G 手机(智能手机)，当然每台机器已经安装了相关的软件。在组网之前，一般还需准备的硬件有调制解调器一台、无线路由器一台、电话线一根、网线(双绞线)若干。以通过 ADSL 接入 Internet 为例，无线路由器的型号为 TP-LINK TL-WR886N 450 M，组建家庭个人区域网及连接 Internet 的步骤一般如下：

① 接通 Modem 的电源，用电话线将 Modem 和电话接口相连。

② 接通无线路由器的电源，用网线将 Modem 与无线路由器的 WAN 口相连。

③ 用网线将无线路由器和台式计算机相连，无线路由器最好放置在相对中心的位置。启动台式计算机，设置其 IP 地址为“自动获取 IP 地址”。测试台式机和路由器之间是否连接成功。单击“开始”菜单中的“运行”命令，在打开的“运行”对话框中输入命令“CMD”后单击“确定”按钮，在打开的 CMD 窗口中输入“ping 192.168.1.1”(路由器的默认 IP 地址在路由器的说明书或路由器的背面可以找到，通常是 192.168.1.1 或 192.168.1.100)，若显示结果如图 4.22 所示，说明台式机和路由器之间已经连接成功。

```
C:\>ping 192.168.1.1

正在 Ping 192.168.1.1 具有 32 字节的数据:
来自 192.168.1.1 的回复: 字节=32 时间=1ms TTL=64
来自 192.168.1.1 的回复: 字节=32 时间<1ms TTL=64
来自 192.168.1.1 的回复: 字节=32 时间<1ms TTL=64
来自 192.168.1.1 的回复: 字节=32 时间<1ms TTL=64

192.168.1.1 的 Ping 统计信息:
    数据包: 已发送 = 4, 已接收 = 4, 丢失 = 0 (0% 丢失),
往返行程的估计时间(以毫秒为单位):
    最短 = 0ms, 最长 = 1ms, 平均 = 0ms
```

图 4.22　测试路由器与台式计算机是否连接成功

(4) 配置路由器。打开浏览器，在地址栏输入“http://192.168.1.1”后按回车键。然后在“Windows 安全”对话框中输入默认的用户名(admin)和密码(admin)，如图 4.23 所示。路由器的配置主要有网络参数、无线参数以及 DHCP 服务器 3 项。

图 4.23 配置路由器

网络参数中的 LAN 口设置已有默认基本网络参数，一般不用改动，当然也可以修改，如图 4.24 所示。

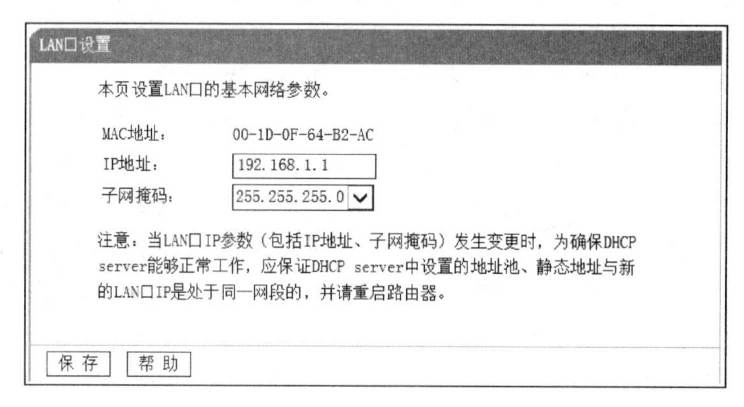

图 4.24 “LAN 口设置”对话框

网络参数中的 WAN 口设置是需要因特网服务提供商(比如电信公司)来提供 WAN 口连接类型、上网账号和上网口令的。WAN 口连接类型主要有 PPPoE、动态 IP 和静态 IP，如果是 ADSL 用户应选择 PPPoE。一般使用动态 IP，计算机直接插上网线就可以用，因为上层有 DHCP(Dynamic Host Configuration Protocol，动态主机配置协议)服务器。静态 IP 一般用于专线、小区宽带、上层没有 DHCP 服务器或想要固定 IP 的情况。网络参数中的“WAN 口设置”对话框如图 4.25 所示。

无线参数中的基本设置项目主要有无线网络的服务集标识符(Service Set Identify，SSID)、安全类型和密钥或密码。SSID 可设置为任意一个字符串来标识你的无线网络。安全类型有 WEP、WPA/WPA2 和 WPA-PSK/WPA2-PSK，其中 WEP 是“Wired Equivalent Privacy”的缩写，即有线对等保密，是早期的无线加密技术，加密效果与有线加密基本相当；WPA 是“Wi-Fi Protected Access”的缩写，即 Wi-Fi 保护访问，通过确保数据报没有受到任何的截取和篡改提供了更强的保护；WPA2 是 WPA 的后续版本；PSK 是“Pre-Shared Key”的缩写，即预共享密钥，所有的工作站都使用相同的密钥连接到网络，是一种在大多数家庭网

络中使用的 WPA。安全类型的选择取决于网络中的设备是否都支持该类型，可能的话最好使用安全级别较高的。就目前的网络设备我们可以选择安全类型为 WPA-PSK/WPA2-PSK。密钥或密码可以自行设置，但是尽量不要使用入侵者很容易破译的密钥或密码。

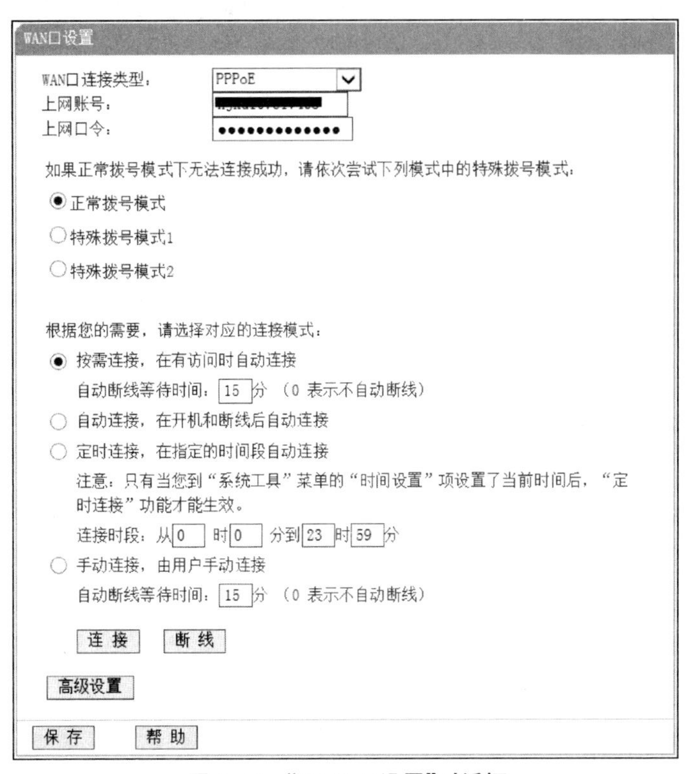

图 4.25 "WAN 口设置"对话框

对于 DHCP 服务器的设置，只需点击"启用"DHCP 服务器，其他项保留默认设置即可，如图 4.26 所示。

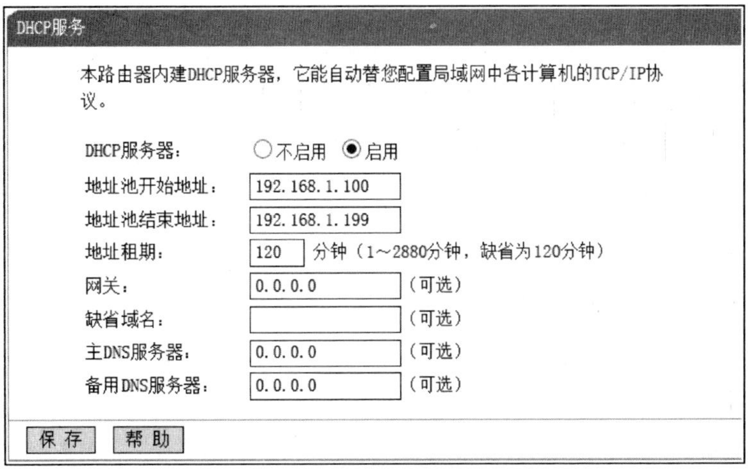

DHCP服务

本路由器内建DHCP服务器，它能自动替您配置局域网中各计算机的TCP/IP协议。

DHCP服务器： ○不启用 ◉启用

地址池开始地址： 192.168.1.100

地址池结束地址： 192.168.1.199

地址租期： 120 分钟（1～2880分钟，缺省为120分钟）

网关： 0.0.0.0 （可选）

缺省域名： （可选）

主DNS服务器： 0.0.0.0 （可选）

备用DNS服务器： 0.0.0.0 （可选）

保 存 帮 助

图 4.26 "DHCP 服务"对话框

以上的设置也可按照设置向导的引导一步一步来完成，具体的过程如图 4.27 到图 4.31 所示。

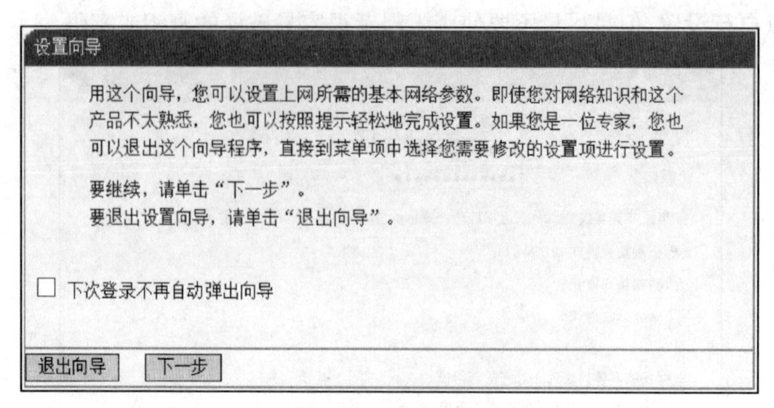

图 4.27　设置向导

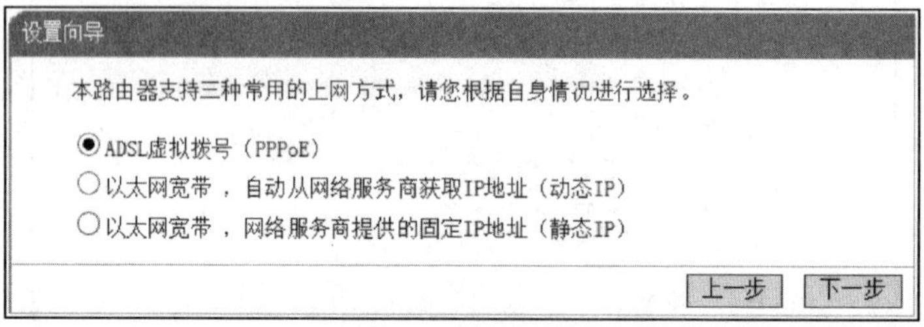

设置向导

本路由器支持三种常用的上网方式，请您根据自身情况进行选择。

ADSL虚拟拨号（PPPoE）
以太网宽带，自动从网络服务商获取IP地址（动态IP）
以太网宽带，网络服务商提供的固定IP地址（静态IP）

上一步　下一步

图 4.28　选择上网方式

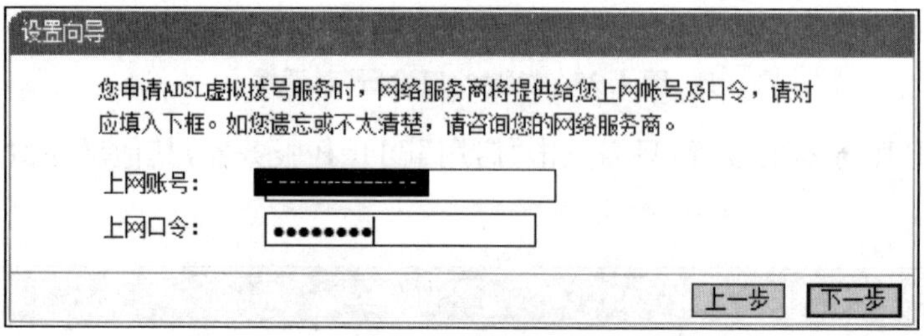

设置向导

您申请ADSL虚拟拨号服务时，网络服务商将提供给您上网帐号及口令，请对应填入下框。如您遗忘或不太清楚，请咨询您的网络服务商。

上网账号：
上网口令：

上一步　下一步

图 4.29　输入上网账号及口令

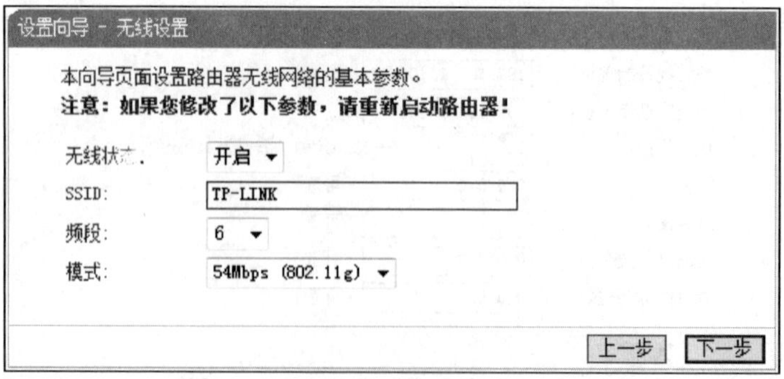

设置向导 - 无线设置

本向导页面设置路由器无线网络的基本参数。
注意：如果您修改了以下参数，请重新启动路由器！

无线状态：开启
SSID：TP-LINK
频段：6
模式：54Mbps (802.11g)

上一步　下一步

图 4.30　无线网络基本参数的设置

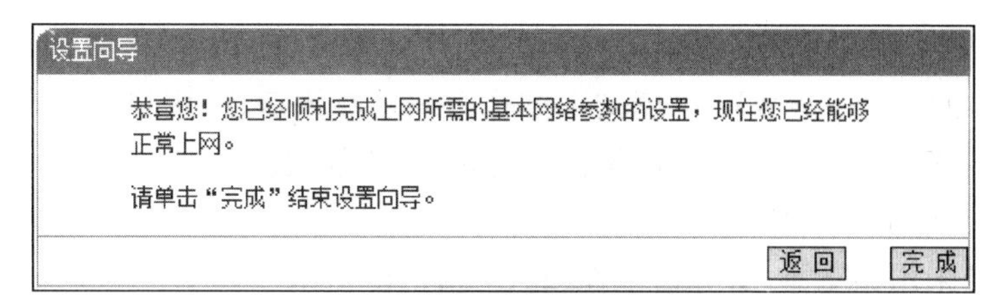

图 4.31　设置结束

单击图 4.31 中的“完成”按钮之后，路由器会自动重启。

(5) 查看本机 IP。路由器配置完成之后，可在 DOS 命令窗口中用“ipconfig”命令查看本机在个人区域网内的 IP 地址，如图 4.32 所示。

至此，家庭个人区域网建成并连接至 Internet。对于笔记本电脑，打开其无线网络连接开关，进入“控制面板”窗口后双击“网络连接”，在打开的“网络连接”窗口中右击“无线连接”，在弹出的快捷菜单中选择“查看可用的无线连接”，在弹出的“无线网络连接”对话框中选择网络的 SSID，点击对话框右下角的“连接”按钮，输入网络密钥后点击“连接”按钮即可。

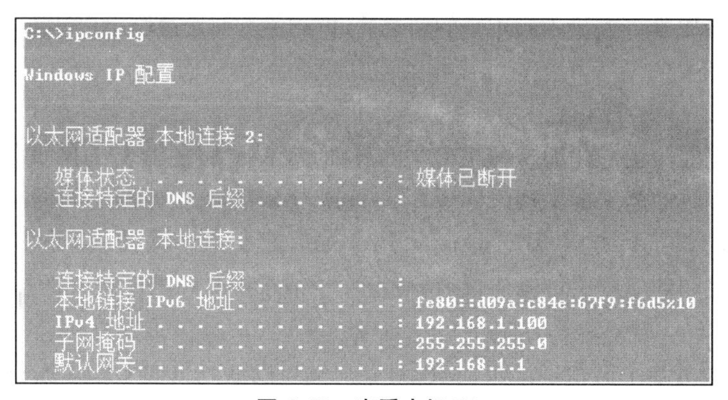

图 4.32　查看本机 IP

对于平板电脑、手机、智能电视等智能设备，在其设置界面中打开 WLAN，进入 WLAN 设置界面可以自动扫描网络或手动添加网络。手动添加时需要输入网络的 SSID 和安全类型以及网络密码，添加或扫描完成以后在 WLAN 列表中可以看到已添加的 SSID 名称，点击“连接”按钮，就可以连接到网络了。

4.7　Internet 的服务与应用

Internet 是一种全球性开放型网络，由大量的计算机和信息资源组成。Internet 为网络用户提供了丰富的服务与应用，包括 WWW 服务、电子邮件服务、文件传输服务、电子公告牌(BBS)服务、电子商务、网格计算等。

4.7.1　WWW 服务

1. WWW 的概念

WWW(World Wide Web)的中文译名为“万维网”，简称“Web”。作为因特网最有魅力、最吸引人的地方之一，WWW 是指能通过 HTTP 协议在因特网上连接和访问的文档、图像、视频和声音文件的集合。WWW 以超文本方式组织多媒体信息，用户可以在世界范围内任意查找、检索、浏览及添加信息。WWW 使用简单，功能强大。

2. WWW 服务的工作模式

WWW 服务采用浏览器/服务器工作模式，如图 4.33 所示。

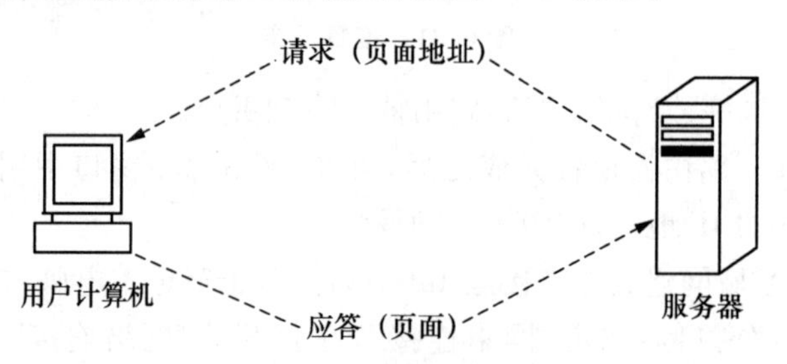

图 4.33 WWW 服务的工作模式

用户通过 WWW 浏览器发送访问页面的请求给 WWW 服务器，请求访问 WWW 服务器上的某个页面，WWW 服务器接收到用户的请求后，把相关页面发送给用户计算机上的 WWW 浏览器，用户计算机上的 WWW 浏览器接收到相应页面后，对页面进行解释并且把处理结果在显示器上显示出来。

WWW 浏览器为用户提供与网络交互的界面，WWW 服务器上的网页是用超文本标记语言(HTML)描述的超文本文档。WWW 浏览器与 WWW 服务器之间的交互通过 HTTP 协议完成。HTTP(Hyper Text Transfer Protocol，超文本传输协议)是 WWW 客户机与 WWW 服务器之间的应用层传输协议，精确定义了请求报文和响应报文的格式。

3. 页面 URL

在 WWW 服务器上有很多的页面资源，客户端可以通过页面 URL(统一资源定位符)来确定 WWW 服务器上的某个页面。

页面 URL 由三部分组成：协议类型、主机名、路径和文件名。其格式为：

协议类型://主机名:[端口号]/路径名/文件名

例如，新浪 WWW 服务器中的一个页面的 URL 为：

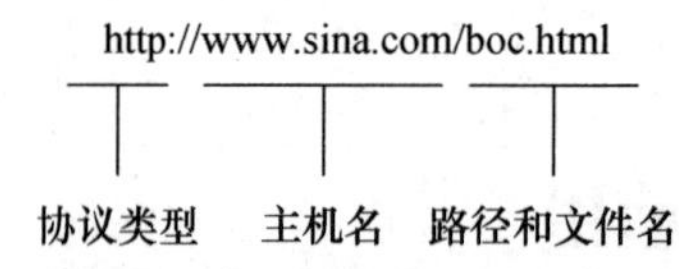

其中，“HTTP”指明要访问的服务器为 WWW 服务器；“www. sina. com”指明要访问的服务器的主机名；“boc. html”指明要访问的页面的文件名。

4. WWW 浏览器

(1) WWW 浏览器的工作原理

WWW 浏览器是 WWW 的客户程序，用户通过 WWW 浏览器可以浏览因特网上的 Web 页面。

WWW 浏览器由一系列的客户单元、解释单元和一个控制单元组成。控制单元是浏览器的中心，它协调和管理客户单元与解释单元。客户单元接收用户的键盘或鼠标输入，并调

用其他单元完成用户的指令。当 WWW 服务器返回 URL 指定的页面后，控制单元再调用解释单元解释该页面，并将解释后的结果通过显示驱动显示在用户的屏幕上。

利用 WWW 浏览器，用户不仅可以浏览服务器上的 Web 页面，而且可以访问因特网中的其他服务器和资源，例如利用 WWW 浏览器访问 FTP 服务器。当用户访问这些服务器和资源时，控制单元将调用其他的客户单元和解释单元来完成对资源的请求和解释工作。

(2) WWW 浏览器的功能

WWW 浏览器(如图 4.34 所示)的功能非常强大，通常具备以下几个基本的功能：

① 查找、启动与终止链接的功能。

② 通过按钮与菜单项来链接的功能。

③ 历史(History)与书签(Bookmark)功能。

④ 自由设定屏幕窗口的功能。

⑤ 选择起始页的功能。

⑥ 改变式样、字体与色彩的功能。

⑦ 查看内嵌图像与外部图像的功能。

⑧ 保存与打印主页的功能等。

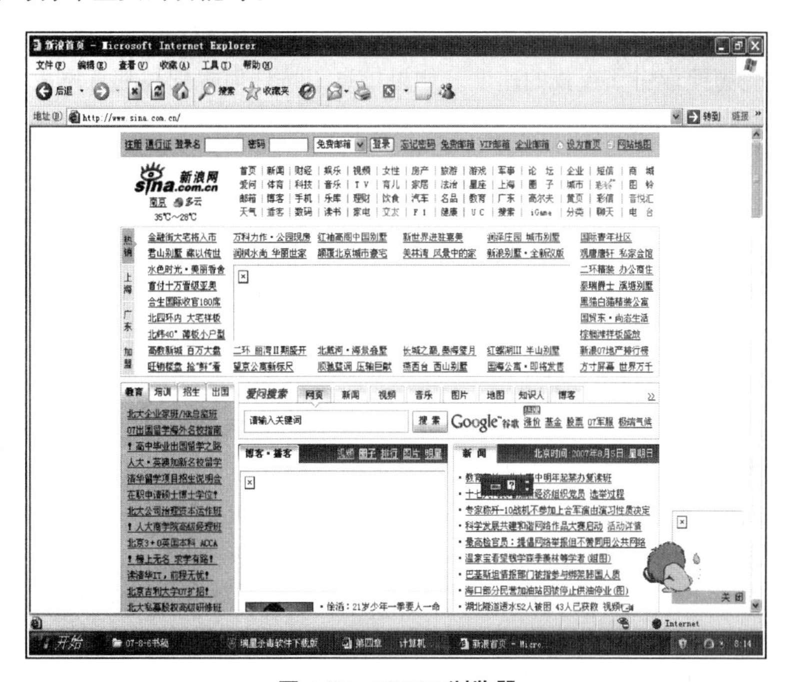

图 4.34　WWW 浏览器

5. 搜索引擎

Web 中包含数以亿计的页面，它们被存储在遍布世界各地的服务器上。要使用这些信息，就必须找到它们。我们可以使用搜索引擎在浩瀚如烟的 Web 信息中高效地查找自己所需要的信息。

Web 搜索引擎，通常简称为"搜索引擎"，是指根据一定的策略，运用特定的计算机程序从互联网上搜集信息，在对信息进行组织和处理后，为用户提供检索服务，将用户检索的相关信息展示给用户的系统。简单来说，搜索引擎是一种通过形成简单的关键字查询来帮助人们定位 Web 上的信息的程序。搜索引擎从互联网提取各个网站的信息（以网页文字为主），建立起数据库，并检索与用户查询条件相匹配的记录，按一定的排列顺序返回结果。

搜索引擎有全文搜索引擎、目录索引等。全文搜索引擎是广泛应用的主流搜索引擎，其代表有著名的百度和谷歌等。可以简单地认为 www. baidu. com 就是搜索引擎，但确切来说，它是一个提供搜索引擎的网站。

搜索引擎的整个处理流程是非常复杂的，涉及大量的运算。搜索引擎的工作大致可以分为以下三个部分：

(1) 搜集信息

搜索引擎利用称为“网络蜘蛛”(Web spider)的自动搜索程序在互联网中发现、搜集网页信息。网络蜘蛛又称为“爬网程序”(Web crawler)，从一个链接爬到另外一个链接，像蜘蛛在蜘蛛网上爬行一样。高性能的爬网程序一天能访问数以亿计的网页。

(2) 整理信息

将爬网程序收集来的原始信息进行文字提取、分析，按照一定的规则进行编排，并将其转换成存储在数据库中的关键字列表和 URL 列表。搜索引擎整理信息的过程称为“创建索引”，其目的是提高搜索引擎查找的速度。如果信息不按任何规则被随意堆放在搜索引擎的数据库中，那么每次找信息都得把整个数据库完全查阅一遍。

(3) 接受查询

用户向搜索引擎发出查询，搜索引擎接受查询并向用户返回结果。搜索引擎每时每刻都要接到来自大量用户的几乎是同时发出的查询，它根据每个用户输入的查询关键字在索引库中快速检索出文档，进行文档与查询的相关度评价，对将要输出的结果进行排序，并将查询结果返回给用户。目前，搜索引擎返回结果主要是以网页链接的形式提供的，通过这些链接，用户便能到达含有自己所需信息的网页。通常搜索引擎会在这些链接下提供一小段来自这些网页的摘要信息以帮助用户判断此网页是否含有自己需要的内容。

目前全世界的搜索引擎有数千个，这些搜索引擎的基本用法是在搜索框内输入要查找内容的关键字或词，再单击搜索按钮即可。但是用这种方法检索返回的结果中可能会包含大量无关的信息，为了提高检索的精确度，可以采取以下一些措施：

① 使用更为具体的关键字。用户提供的关键字越具体，搜索引擎返回无关 Web 页面的可能性就越小。

② 使用多个关键字来缩小搜索范围。用户提供的关键字越多，搜索引擎返回的结果越精确。

③ 在关键字上加引号。在关键字上加引号，可以让搜索引擎不拆分查询关键词，从而实现精确匹配查询。

④ 检索英文信息时，许多英文搜索引擎可以让用户选择是否要求区分关键字的大小写，这一功能对查询专有名词有很大的帮助。

⑤ 大多数搜索引擎都允许在搜索中使用逻辑运算符 AND 和 OR。

⑥ 大多数搜索引擎都支持在搜索关键词前冠以加号(+)来限定搜索结果中必须包含的词汇，用减号(—)来限定搜索结果不能包含的词汇。

⑦ 还可以通过特定的语法查询来限定搜索范围。如在使用百度搜索时，可以使用语法格式“intitle:关键字”把搜索范围限定在网页标题中。要注意的是，各个搜索引擎的检索语法也不尽相同，需要时请到各网站查阅检索帮助。

4.7.2　电子邮件服务

电子邮件(Electronic Mail,E-mail)是用户利用计算机，通过 Internet 与其他用户进行快速通信的方式。与传统的人工邮寄方式相比，电子邮件具有明显的优势。电子邮件快速、可靠、价廉且容易保存；电子邮件可以群发邮件，即把一封邮件同时发送给多个人；电子邮件不仅可以实现文本的发送，而且可以实现图像、语音和视频等多媒体信息的发送。

1. 电子邮件的格式

电子邮件由信封和内容组成，即由邮件头(header)和邮件体(body)两部分组成。邮件头包括发件人的电子邮件地址、收件人的电子邮件地址、抄送人的电子邮件地址、邮件主题和发送日期时间等内容。邮件体是发件人要发送的邮件内容，包括正文和附件，可以是文本、图像、语音和视频等信息。

早期的电子邮件系统使用简单邮件传送协议(SMTP)，只能传送文本信息。现在因特网上的多数电子邮件系统还支持多用途因特网邮件扩展(MIME)协议，它允许邮件正文具有丰富的排版格式，可以包含语音、图像和视频等信息。

2. 电子邮件的地址

电子邮件地址的格式为:用户名@主机名。主机名是邮件服务器的主机名或者是邮件服务器所在域的域名，作为邮件服务器的计算机应该具有独立的 IP 地址。用户名是用户在邮件服务器上建立的电子邮件账号。因特网上，用户的电子邮件地址在全球范围内具有唯一性。

例如，在“163. com”主机上有一个名为“liubin”的用户，则该用户的 E-mail 地址为: liubin@163. com。

3. 电子邮件的工作过程

电子邮件是基于存储—转发技术发展而来的，该通信技术可把不能直接发送到其目的地的数据先临时存储起来，等数据传输可以进行时再将其发出。在电子邮件的传递过程中使用了邮件服务器、邮箱和电子邮件应用程序。

邮件服务器包括邮件发送服务器和邮件接收服务器，它按照客户机/服务器模式工作。顾名思义，所谓邮件发送服务器是指为用户提供邮件发送功能的邮件服务器，而邮件接收服务器是指为用户提供邮件接收功能的邮件服务器。邮件发送服务器接收用户发送的电子邮件，并且根据电子邮件上的收件方电子邮件地址，把电子邮件发送给收件方所在的邮件服务器。邮件接收服务器接收其他邮件服务器发送来的电子邮件并且根据电子邮件上的目的地址，把此电子邮件发送到本邮件服务器上的相应邮箱中。

邮箱是在邮件服务器中为合法用户开辟的存储空间，用于存放该合法用户的电子邮件。

用户为了进行电子邮件传输,必须在计算机上安装电子邮件应用程序,它可以实现电子邮件的创建、发送、接收、阅读和管理等功能。

电子邮件应用程序在发送电子邮件时要使用邮件发送协议。常见的邮件发送协议有SMTP和MIME协议。SMTP(Simple Mail Transfer Protocol)称为“简单邮件传输协议”,只能传输文本信息。MIME(Multi-purpose Internet Mail Extension)协议称为“多用途因特网邮件扩展协议”,可以传输包括文本、声音、图像等在内的多媒体信息。MIME并没有改动或取代SMTP,只是一个辅助协议。当用户向邮件发送服务器发送邮件或邮件发送服务器向邮件接收服务器发送邮件时都要使用邮件发送协议。

当电子邮件到来后,首先存储在邮件服务器的电子邮箱中。用户在通过电子邮件应用程序接收邮件时要使用邮件接收协议。常见的邮件接收协议有POP3和IMAP。

POP3(Post Office Protocol-Version 3)称为“邮局协议版本3”,是规定怎样将个人计算机连接到Internet的邮件服务器和下载电子邮件的协议。POP3协议是因特网电子邮件的第一个离线协议标准,它允许用户从邮件服务器上把邮件存储到本地主机上,同时删除保存在邮件服务器上的邮件。

IMAP(Internet Mail Access Protocol)称为“交互式邮件存取协议”,是和POP3类似的邮件访问标准协议。和POP3一样,IMAP也能下载邮件、从邮件服务器中删除邮件或询问是否有新邮件,但POP3是脱机协议,而IMAP是联机协议。IMAP克服了POP3的一些缺点。IMAP可以只下载邮件的主题,而不把所有的邮件内容都下载下来,在邮箱中还保留着邮件的副本,没有把原邮箱中的邮件删除。用户可先阅读邮件的标题和发送者的名字再决定是否下载这份邮件,当用户通过电子邮件应用程序阅读邮件时才下载邮件的内容。IMAP可让用户在服务器上创建并管理邮件文件夹或邮箱、删除邮件、查询某邮件的一部分或全部内容,完成所有这些工作时都不需要把邮件从邮件服务器下载到用户的个人计算机上。

电子邮件的工作过程如图4.35所示。

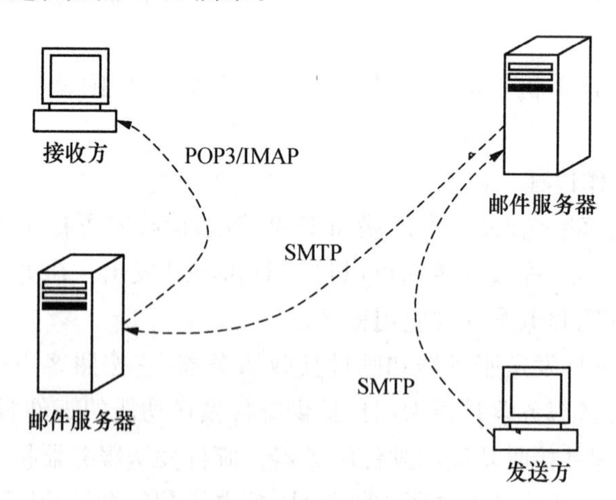

图4.35 电子邮件的工作过程

4. 电子邮件的撰写

电子邮件与传统的信件一样,都不能像面对面交流那样使用面部表情、声音语调、肢体

语言等表达方式。而且电子邮件不是保密的，也不安全。所以在撰写电子邮件时，仔细斟酌邮件的内容、内容的表达方式、邮件的格式等都是非常重要的。

例如，使用邮件主题来清楚简洁地表述邮件的内容；对附件进行注释，这样收件人可根据附件的注释来确定其安全性，因为附件可能隐藏有病毒；使用文明礼貌的措辞，避免使用具有煽动性或可能引起争论的言辞，在面对面交谈中不用的言辞一般也不要在电子邮件中使用；区分使用大小写字母，如果邮件中全部使用大写字母意味着对人咆哮；慎用讽刺言辞调侃，因为电子邮件中不会有面部表情和声音语调，带有讽刺性的文字容易被对方误解；慎用表情符号和文本消息的简略式，这些只能用在能理解它们含义的人群之间的通信中或某些非正式通信场合（如"c u 2moro at 10"不适合在确定工作面试时间时使用）等。

4.7.3　文件传输服务

在 Internet 上，通常利用文件传输协议（File Transfer Protocol，FTP）实现不同计算机之间的文件传输。

FTP 服务常采用客户机/服务器工作模式，如图 4.36 所示。

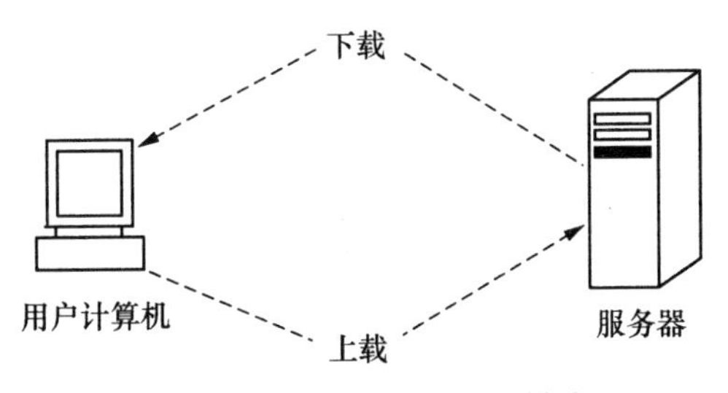

图 4.36　FTP 服务的工作模式

FTP 服务器用于存放大量的文件和一些常用的应用软件，客户机是用户计算机。客户机将 FTP 服务器上的文件复制到客户机中称为下载，客户机将客户机中的文件复制到 FTP 服务器中称为上传。

FTP 服务器分为匿名 FTP 服务器和非匿名 FTP 服务器。匿名 FTP 服务器的账号和密码是公开的；匿名 FTP 服务器的账号一般为"anonymous"，密码为"guest"，有的匿名 FTP 服务器的密码为用户的电子邮件地址，有的匿名 FTP 服务器不需要账号和密码，例如通过 IE 浏览器访问 FTP 服务器时不需要登录。

因特网用户使用的 FTP 客户端应用程序通常有三种类型：

① 传统的 FTP 命令行。早期 FTP 客户端程序采用 FTP 命令行方式。

② 浏览器。Web 浏览器是多用途的客户端程序，利用浏览器可以实现从 FTP 服务器上下载文件，方法如下：打开 Web 浏览器，在浏览器的 URL 地址栏中输入"ftp://FTP 服务器地址"，即可访问 FTP 服务器，进行文件下载。

③ FTP 下载工具。使用 FTP 下载工具不仅可以提高文件下载速度，而且实现了断点续传等功能。常见的 FTP 下载工具有 CuteFTP、QuickFTP2000 等。

4.7.4 电子商务

电子商务是Web上最流行的活动之一。电子商务通常是指是在全球各地广泛的商业贸易活动中，在Internet开放的网络环境下，基于浏览器/服务器应用模式，买卖双方不谋面地进行各种商贸活动，实现消费者的网上购物、商户之间的网上交易、在线电子支付以及各种商务活动、交易活动、金融活动和相关的综合服务活动的新型的商业运营模式。简单来说，电子商务就是在计算机网络上以电子形式进行的商业交易，它包括了Internet和Web技术能够支持的所有形式的商业和市场营销过程。随着我国Internet使用人数的增加，利用Internet进行网络购物并在线支付的消费方式已日渐流行，市场份额也在迅速增长，电子商务网站也层出不穷。

商城、消费者和物流是构成电子商务的三大要素。电子商务一般可分为B2B、B2C、C2C、B2G、O2O等模式。B2B(Business-to-Business，企业对企业)电子商务是指一个企业从另一个企业购买商品或服务。B2C(Business-to-Consumer，企业对消费者)电子商务是指个人消费者从在线商家处购买商品或服务。B2C模式是中国最早产生的电子商务模式，以1999年3月8848网上商城正式运营为标志。B2C电子商务平台是很多企业选择网上销售平台的第一目标，如今B2C电子商务平台非常多，比较大型的有京东商城、天猫、一号店等。在C2C(Consumer-to-Consumer，消费者对消费者)电子商务模式中消费者可以在流行的在线拍卖网站中互相出售商品。B2G(Business-to-Government，企业对政府)电子商务专门帮助企业将商品销售给政府。O2O(Online-to-Offline，线上网店线下消费)是一种新兴的电子商务模式，商家通过免费开网店来将商家信息、商品信息、团购信息等展现给消费者，消费者通过线上筛选服务，线下比较、体验后有选择地消费，在线上或线下进行支付。目前的O2O平台主要是团购平台，如大众点评、美团等。

电子商务通过削减成本来提高利润率，还可以通过为营销人员托管广告空间来获得收入。营销人员会创作出一些越来越难以拒绝的广告，如标题广告、浮动广告、弹窗广告。标题广告通常嵌入在网页的顶端。浮动广告将内容覆盖在网页上，只有用户点击之后才会隐藏，或者在广告定时器到时后自动消失。弹窗广告是一种连接到网页时在独立窗口显示的广告，当点击了这些广告时，浏览器就会直接连接到这个广告发布者的网站。提供托管广告空间的商家所获得的收入取决于点击率，点击率是指站点访问者通过点击广告连接到广告发布者的站点的次数。不过，最近几年网络广告点击率有所下降。因为大部分消费者或者简单地忽略了这些广告，或者安装了广告拦截软件来阻止广告在屏幕上出现，或者在使用的浏览器中启用拦截弹窗广告的功能。

淘宝网(www. taobao. com)是我国深受欢迎的网购零售平台，是亚太地区最大的网络零售商圈，拥有近5亿的注册用户，每天有超过6 000万的固定访客，每天的在线商品数已经超过了8亿件，平均每分钟售出4. 8万件商品。据统计，仅2016年“双11”当天，淘宝天猫的成交额突破1 207亿元。随着淘宝网规模的扩大和用户数量的增加，淘宝网也从单一的C2C网络集市变成了包括C2C、B2C、团购、分销、拍卖等多种电子商务模式在内的综合性零售商圈。目前淘宝网已经成为世界范围的电子商务交易平台之一。

“21 世纪,要么电子商务,要么无商可务”,这是比尔·盖茨在十多年前的预言,现在正逐渐成为现实。

4.7.5　网格计算

计算机科学家注意到,Internet 上有大量的计算机因为计算机用户在开会、打电话、睡觉或其他原因而处于空闲状态。如果将这些处于闲置状态的计算机利用起来,将可以提供非常巨大的计算能力。

网格计算,即分布式计算,它把一个需要非常巨大的计算能力才能解决的问题分成许多小的部分,然后把这些部分分配给许多计算机进行处理,最后把这些计算结果综合起来得到最终结果。

分布式网格,又称“CPU 拾遗网格”。分布式网格计算项目已经被用于使用世界各地成千上万志愿者的计算机的闲置计算能力,著名的分布式网格计算项目有 World Community Grid,SETI@Home,Folding@home,以及打破世界纪录的中国分布式计算项目 Pi Segment 圆周率计算等。如果你愿意将你的计算机空闲时间都捐献给分布式网格计算项目,可以下载安装分布式网格计算项目的客户端软件。这个客户端软件会以最低的优先度在计算机上运行,对你平时正常使用计算机几乎没有影响。这样,通过因特网,你就可以分析来自外太空的电讯号,寻找隐蔽的黑洞,并探索可能存在的外星智慧生命;你可以寻找超过 1 000 万位数字的梅森质数;你也可以寻找并发现对抗艾滋病毒更为有效的药物等。

分布式网格依靠的是志愿者提供的计算资源,而由更正式的计算资源池所形成的网格则能投入商业、办公或科学的应用。

4.7.6　云计算

云计算(Cloud Computing)是基于互联网的相关服务的增加、使用和交付模式,通常涉及通过互联网来提供动态、易扩展且经常是虚拟化的资源。“云”是网络、互联网的一种比喻说法。过去在图中往往用云来表示电信网,后来也用云来表示互联网和底层基础设施的抽象。云计算甚至可以让你体验每秒 10 万亿次的运算能力,拥有这么强大的计算能力可以模拟核爆炸、预测气候变化和市场发展趋势。用户通过计算机、笔记本电脑、手机等设备接入数据中心,按自己的需求进行运算。

对云计算的定义有多种说法。对于到底什么是云计算,至少可以找到 100 种解释。现阶段广为接受的是美国国家标准与技术研究院(NIST)的定义:云计算是一种按使用量付费的模式,这种模式提供可用的、便捷的、按需的网络访问,进入可配置的计算资源共享池(资源包括网络、服务器、存储、应用软件、服务),这些资源能够被快速提供,只需投入很少的管理工作,或与服务供应商进行很少的交互。

4.7.7　大数据

对于“大数据”(Big Data),研究机构 Gartner 给出了这样的定义:大数据是需要新处理模式才能具有更强的决策力、洞察力和流程优化能力来适应海量、高增长率和多样化的信息资产。

麦肯锡全球研究所给出的定义是:一种规模大到在获取、存储、管理、分析方面大大超出了传统数据库软件工具能力范围的数据集合,具有海量的数据规模、快速的数据流转、多样的数据类型和价值密度低四大特征。

大数据技术的战略意义不在于掌握庞大的数据信息,而在于对这些有意义的数据进行专业化处理。换而言之,如果把大数据比作一种产业,那么这种产业实现盈利的关键在于提高对数据的“加工能力”,通过“加工”实现数据的“增值”。

从技术上看,大数据与云计算的关系就像一枚硬币的正反面一样密不可分。大数据无法用单台计算机进行处理,必须采用分布式架构。它的特色在于对海量数据进行分布式数据挖掘,但它必须依托云计算的分布式处理、分布式数据库和云存储、虚拟化技术。

随着云时代的来临,大数据也吸引了越来越多的关注。分析师团队认为,大数据通常用来形容一个公司创造的大量非结构化数据和半结构化数据,这些数据在下载到关系型数据库用于分析时会花费过多的时间和金钱。大数据分析常和云计算联系到一起,因为实时的大型数据集分析需要使用像 MapReduce 一样的框架来向数十、数百甚至数千台的计算机分配工作。

大数据需要特殊的技术来有效地处理大量的容忍经过时间内的数据。适用于大数据的技术包括大规模并行处理(MPP)数据库、数据挖掘、分布式文件系统、分布式数据库、云计算平台、互联网和可扩展的存储系统。

4.8 计算机网络安全

4.8.1 计算机网络安全概述

计算机网络的应用广泛,人们不仅利用网络浏览信息、查找资料、传输文件以及发送和接收电子邮件,而且很多人通过网络购物,使用网络进行商品交易。因此,对网络的安全性要求越来越高。目前,网络上出现了很多不安全的现象,有人利用恶意程序窃取别人的账户和密码以谋取不正当的利益;QQ 号被盗现象经常发生;有人窃取别人的银行账号和密码后,盗取别人的资金;有人利用恶意程序进行破坏活动,网络上有很多用户的计算机的软硬件被恶意程序破坏过,用户损失惨重;还有人利用恶意程序进行恶作剧,给网络用户带来很多的麻烦。因此,需要采取保障网络安全的措施。

网络安全问题可以划分成以下 4 个方面:保密、鉴别、不可否认和完整性控制。保密是不能让未授权的用户访问相关的信息;鉴别是正确识别授权的用户;不可否认是授权的用户在事后不能否认自己的行为;完整性控制是保证信息在存储和传输过程中的正确性,信息不能被无故修改。

为了保证网络安全,可以采用下列安全保障技术:

(1) 认证技术

认证技术用来确定对象的真实性和有效性,确定被认证对象是否名副其实。认证技术对于保证开放系统环境中的各种信息安全有重要的作用。

(2) 访问控制技术

访问控制是用来防止用户越权使用资源而采用的技术，通过访问控制为用户设置访问范围，即访问权限。

(3) 数据加密

用户利用电子邮件服务或其他互联网技术传输重要文件时，不希望重要信息泄密，通过数据加密可以防止信息泄露给未授权用户。

(4) 数据完整性

数据在网络传输过程中有可能被未授权用户非法修改，数据完整性服务使数据接收者能够及时发现数据在传输过程中是否被修改和破坏。

(5) 防抵赖

防抵赖是防止发送信息的用户否认自己发送过此信息或者是防止接收信息的用户否认自己接收过此信息。

4.8.2　数据加密

1. 数据加密技术

加密学历史悠久，在计算机网络产生之前，加密学就已经存在，军事人员之间经常使用加密的方法来传送信息以防止军事机密泄露。将数据加密以后再传输，这样即使数据在传输的过程中被第三者截取，由于数据已经被加密，第三者无法知道真实的数据内容，从而保证了数据的安全性。

在数据加密系统中，未加密的原始数据息称为“明文”；明文经过加密算法调制后得到的数据称为“密文”；把明文转换为密文的过程称为“加密”；把密文转换为明文的过程称为“解密”。

加密技术可以分为加密密钥和加密算法两部分。加密密钥是在加密和解密过程中使用的一串数字；加密算法是作用于密钥和明文的一个数学函数。

常用的加密技术有对称密钥加密和公开密钥加密。

(1) 对称密钥加密

对称密钥加密是传统的加密技术。在对称密钥加密系统中，发送方和接收方使用相同的密钥，密钥需要保密，不能让第三者知道。使用对称密钥加密系统时，发送方用密钥对待发送的数据进行加密得到密文，然后把密文传输给接收方，接收方收到发送方传输来的密文后，使用与发送方相同的密钥对此密文进行解密即可得到明文。使用对称密钥加密系统传输数据的过程如图 4.37 所示。

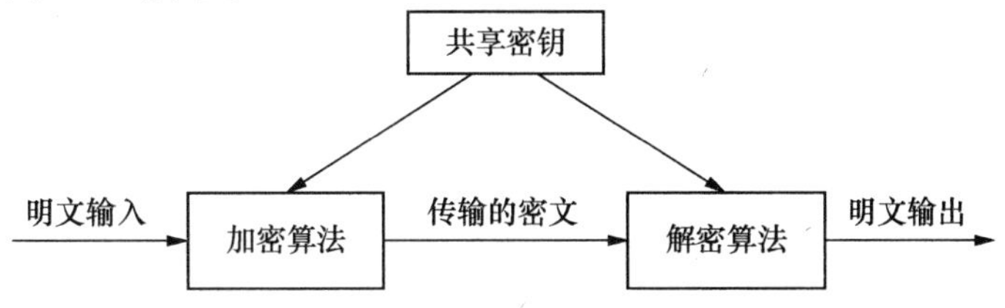

图 4.37　对称密钥加密系统的数据传输过程

对称密钥加密技术使用单个密钥对数据进行加密或解密，特点是运算速度快，但密钥分发困难。对称密钥加密系统的安全性取决于密钥的保密性。这类算法的代表是在计算机网络系统中广泛使用的 DES(Data Encryption Standard，数据加密标准)算法。DES 算法是 IBM 公司在 1971—1972 年研制成功的，并于 1977 年被定为美国联邦信息标准。

(2) 公开密钥加密

公开密钥加密也称“不对称加密”。在公开密钥加密系统中使用了两个密钥，其中一个密钥是公开的，称为“公用密钥”，简称“公钥”；另外一个密钥是保密的，称为“私有密钥”，简称“私钥”，只有用户自己知道。使用公开密钥加密系统传输数据的过程如图 4.38 所示。用户 A 使用用户 B 的公用密钥对待发送的数据进行加密得到密文，然后把密文传输给用户 B，用户 B 收到用户 A 传输来的密文后，使用用户 B 的私有密钥对此密文进行解密后得到明文。

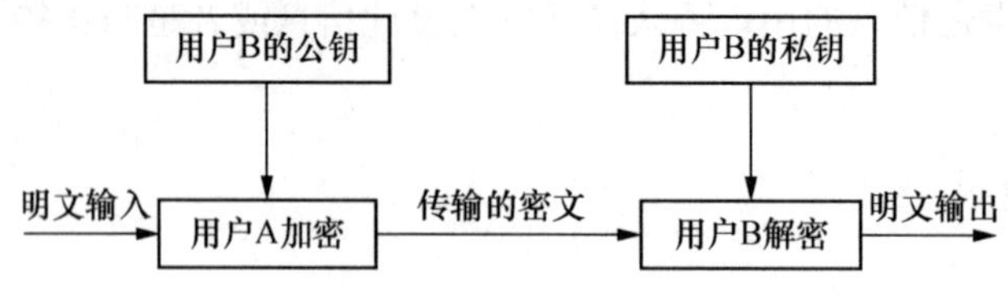

图 4.38　公开密钥加密系统的数据传输过程

2. 数字签名

现实生活中，许多法律、财务和公文等文件资料的真实性是通过签名来保证的，而在计算机网络中，使用数字签名来模拟文件资料中的亲笔签名。计算机网络中的数字签名具有亲笔签名同等的效力。首先，接收方能够证实消息是发送方发来的；其次，发送方事后对所发信息不能否认；第三，其他人无法伪造发送方发送信息。通过数字签名可以签署具有法律效力的电子文本。计算机网络中的数字签名通常利用公开密钥加密技术实现。

4.8.3　防火墙

建筑物中的防火墙可以阻止火势的蔓延，使得防火墙另外一侧的物体不被大火烧毁，而网络防火墙的功能正类似于建筑物中防火墙的功能。网络防火墙一般设置在内部网络与外部网络之间，使内部网络不受外部网络的攻击，保护内部网络资源，如图 4.39 所示。内部网络是安全可信的，外部网络主要指 Internet，是不安全和不可信的。防火墙检查和检测所有

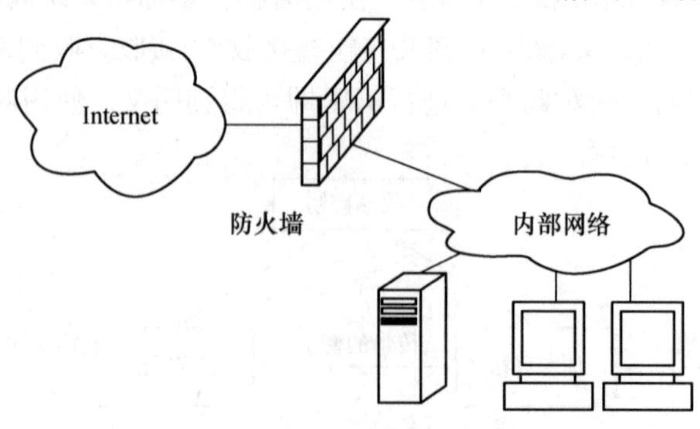

图 4.39　网络防火墙示意图

进出内部网络的通信,防止未经授权的通信进出被保护的内部网络。防火墙尽可能地对外部网络屏蔽内部网络的信息,以此来实现对内部网络的安全保护。

防火墙通常是包含软件部分和硬件部分的一个系统或多个系统的组合。防火墙的设计目标是:

① 进出内部网络的通信必须通过防火墙。可以通过物理方法阻塞除防火墙外的访问途径,对防火墙进行各种配置来达到这一目标。

② 只有那些在内部网络安全策略中定义了的合法的通信才能够进出防火墙。可以使用各种不同的防火墙来实现各种不同的安全策略。

③ 防火墙自身应该能够防止渗透。这就需要使用安装了安全操作系统的可信计算机系统。

在防火墙系统中采用的技术有包过滤技术和代理服务技术等。

(1) 包过滤技术

包过滤技术依靠对数据包的目的地址和目的端口、数据包的源地址和源端口以及数据包的传送协议进行检测,以决定数据包能否通过防火墙。

采用包过滤技术的防火墙,除了包过滤软件外,不需要增加其他软件和硬件。但采用包过滤技术的防火墙不能过滤包的文件内容,有一定的局限性。

(2) 代理服务技术

代理服务技术是在一台主机上安装代理服务软件构成代理服务器,内部网络中的主机通过代理服务器上运行的代理服务程序访问外部互联网。代理服务程序可以屏蔽内部网络、识别应用协议以及对数据流进行过滤和监控。采用代理服务技术的防火墙比采用包过滤技术的防火墙的功能强大,多数企业在内部网络中设置的防火墙都是采用代理服务技术。

4.8.4　计算机病毒及防范

1983 年世界上出现第一例计算机病毒,随后,在世界各地发现了形形色色的计算机病毒。随着计算机网络的普及,影响计算机正常运行的病毒正在大肆泛滥。现在每天都会出现新的计算机病毒,计算机用户的利益受到极大损害。

1. 计算机病毒的定义

计算机病毒是一段附着在其他程序上的可以实现自我繁殖的程序代码。《中华人民共和国计算机信息系统安全保护条例》对计算机病毒的定义为:“计算机病毒(Computer Virus)指编制或者在计算机程序中插入的破坏计算机功能或者破坏数据,影响计算机使用并且能够自我复制的一组计算机指令或者程序代码。”

计算机病毒是人为制造的程序,它能够通过磁盘、磁带和网络等媒体传播并且能够进行自我复制,对计算机的资源有破坏作用。

2. 计算机病毒的特点

计算机病毒一般具有如下的特点:

(1) 寄生性

计算机病毒不是通常意义下的一个完整的计算机程序,常常寄生在正常程序中,享有被寄生程序的权力。

(2) 可执行性

计算机病毒是一段可执行程序,寄生在其他可执行程序中。计算机病毒程序会与合法计算机程序争夺系统的控制权。一旦计算机病毒程序取得系统的控制权,即计算机病毒程序运行时,就会具有传染性和破坏性。

(3) 传染性

计算机病毒程序一旦运行,会搜寻同一机器上的其他符合传染条件的程序或存储介质,如果找到这样的程序或存储介质就把病毒代码嵌入其中,被传染的程序或存储介质又会成为新的传染源,这样计算机中的大量文件都会被传染。

计算机病毒能够通过移动存储介质进行传播。例如,在一台感染了病毒的计算机上使用无病毒的 U 盘时,U 盘会感染上病毒,使用此 U 盘的其他计算机也会感染上病毒。

计算机病毒能够通过计算机网络进行传播。一台感染了病毒的计算机能够使联网的其他计算机感染上病毒。

(4) 潜伏性

计算机病毒进入计算机系统后并不会立即发作,除了传染外,不表现出破坏性。隐藏在合法程序中的计算机病毒能够静静地待在磁盘上几周、几月甚至更长时间,一旦病毒的触发条件得到满足,它就对计算机资源进行破坏,如占用系统资源、删除硬盘文件等。

(5) 可触发性

计算机病毒的发作需要满足一定的触发条件。触发条件是病毒编制者制定的,可以是时间、日期、文件类型或某些特定的数据。如果病毒的触发条件得到满足,病毒就进行传染或破坏活动;如果病毒的触发条件没有得到满足,病毒就继续潜伏。例如,CIHV1.2 病毒的发作日期是 4 月 26 日。

(6) 破坏性

任何计算机病毒都会对计算机系统产生或大或小的影响,有的计算机病毒虽然对计算机系统不直接进行破坏,但占用系统资源,降低系统性能;有的计算机病毒直接破坏计算机系统,如毁坏系统数据,甚至造成系统瘫痪等。

(7) 隐蔽性

感染了病毒的计算机系统一般仍然能够正常运行,感染了病毒的合法程序也仍然能够正常运行,计算机用户感觉不到明显的异常。计算机病毒的代码一般都很短小并且隐藏在合法程序中,要用专门的病毒检测程序进行检测才能查出来。大多数病毒进行传染的速度极快,也很难被发现。

(8) 衍生性

计算机病毒是一段可执行的计算机程序,好事者通过分析计算机病毒程序的结构,可以掌握设计者的设计思想和设计方法,从而对计算机病毒程序进行修改,衍生出新的计算机病毒,这又称为"变种病毒"。现在,很多计算机病毒都有变种病毒,变种病毒的破坏性往往比原版病毒大得多。

(9) 针对性

计算机病毒是针对特定的计算机、特定的操作系统或特定的服务软件的。例如,有的计算机病毒专门攻击 Windows 操作系统,有的计算机病毒专门攻击 Unix 操作系统。

3. 计算机病毒的分类

按照感染方式，计算机病毒可以分为如下几类：

（1）引导区型病毒

引导区型病毒一般先感染软盘的引导区，进而感染硬盘的主引导记录，以后当计算机用户使用新的软盘时，软盘的引导区就会被感染。引导区型病毒一般在系统文件装入前加载到内存储器，从而进行传染和破坏。

（2）文件型病毒

文件型病毒一般寄生在文件的首部或尾部，通过修改程序的第一条指令，从而在程序执行时转向病毒程序，进行传染和破坏。文件型病毒主要感染扩展名为 com、exe、drv、bin、ovl、sys 等可执行文件。

（3）混合型病毒

混合型病毒既可以感染引导区，也可以感染文件，具有引导区型病毒和文件型病毒的特点。

（4）宏病毒

宏病毒只感染 Microsoft Word 文档文件和模板文件，一般用 Visual Basic 或 Microsoft Word 提供的宏程序语言编写。当对感染了宏病毒的文档进行操作时，宏病毒就会进行传播和破坏，这时可能出现不能进行复制、粘贴、打印以及保存等操作，正常的文档编辑工作被破坏。

（5）网络病毒

网络病毒是基于网络来运行和传播，影响和破坏网络系统的病毒。例如蠕虫病毒，它只占用计算机内存，不修改磁盘文件，利用网络功能搜索网络地址，将自身向下一地址传播。

4. 计算机病毒的表现

计算机感染病毒时常会有异常表现，常见的有：

① 系统内存空间无故减少。大多数病毒动态常驻内存，导致内存减少，以前能够正常运行的软件不能运行，或者在使用应用程序的某个功能时会提示内存不足。

② 磁盘空间无故减少。有些病毒会占用磁盘引导扇区，有些病毒能够在短时间内感染大量文件，即使计算机上没有安装新的应用程序，磁盘空间也会减少。

③ 主机经常无缘无故地死机或重启动。由于病毒感染计算机系统后将自身驻留在系统中并且对系统程序进行修改，使得系统运行极不稳定。

④ 无故出现文件的时间和日期变动。

⑤ 程序加载或执行时间无故变得很长。

⑥ 屏幕显示异常信息，如屏幕显示一些不相干的话，出现莫名其妙的图像，Windows 默认的图标变成其他样式或者鼠标自己在动等。

⑦ 系统文件丢失或损坏。有些病毒会删除或破坏计算机系统的文件，导致计算机系统无法启动。

⑧ 以前能够正常操作的文件无故不能正常操作。

如果出现以上情况，说明该计算机可能已经感染了病毒。

5. 计算机病毒的防范

防范计算机病毒可以从两方面着手：首先，加强管理，规范使用计算机的规章制度；其次，采用硬件和软件防病毒技术。具体的措施有：

① 建立规范的计算机使用管理制度，为不同的人员设定不同的计算机使用权限，有权限的人员可以使用相关的计算机或者访问相关的服务器。经常对计算机操作人员进行计算机病毒防范知识教育。

② 使用防病毒卡和防病毒芯片。

③ 使用本机硬盘启动。

④ 采用系统开机检查和病毒扫描程序。

⑤ 定期对重要文件进行备份。

⑥ 尽可能使用具有合法版权的软件，避免使用盗版软件。

⑦ 不得随意使用U盘、移动硬盘，使用前应该进行相应的病毒检查。

⑧ 不得从网络上随意下载文件、随意接收电子邮件。接收的远程文件应该写入U盘，进行病毒检查后才能写入本机硬盘。

⑨ 安装计算机防病毒软件，并且定期对计算机进行扫描杀毒，防病毒软件应及时进行版本升级更新。

⑩ 使用网络防火墙。

⑪ 上网时不要随意点击不明链接，不要随意打开不明来历的电子邮件。

4.9 计算机操作人员的职业道德和计算机相关法律法规

目前，在计算机应用过程中出现了很多违反职业道德以及法律法规的现象，例如计算机病毒层出不穷，利用网络盗取别人的银行账号进而盗取别人的资金，使用盗版软件。国内和国外都重视对知识产权的保护，对计算机的使用也制定了相应的法律法规。使用计算机的人员不仅应该具备良好的职业道德，而且应该遵守国家的法律法规。

计算机操作人员应该诚实、守信和守法，不利用计算机伤害别人，尊重他人，尊重他人的隐私，尊重他人的劳动成果，尊重知识产权，不使用盗版软件，在没有得到别人授权的情况下不使用他人的计算机资源，不使用计算机谋取不正当的利益。

为适应信息化社会的发展，保障国家的信息安全，保护国家和公民的权益，我国制定了有关的法律法规，如《中华人民共和国计算机信息系统安全保护条例》《计算机信息网络国际联网安全保护管理办法》《计算机病毒防治管理办法》《计算机信息系统国际联网保密管理规定》《互联网信息服务管理办法》《互联网公告服务管理规定》《计算机信息系统安全专用产品检测和销售许可证管理办法》等。

2000年12月29日，第九届全国人大常委会第十九次会议表决通过《全国人民代表大会常务委员会关于维护互联网安全的决定》。此决定从保障互联网的运行安全，维护国家安全和社会稳定，维护社会主义市场经济秩序和社会管理秩序以及保护个人、法人和其他组织的人身、财产等合法权利等四个方面对计算机犯罪行为进行了界定。

(1) 为了保障互联网的运行安全，对有下列行为之一，构成犯罪的，依照刑法有关规定追究刑事责任：

① 侵入国家事务、国防建设、尖端科学技术领域的计算机信息系统；

② 故意制作、传播计算机病毒等破坏性程序，攻击计算机系统及通信网络，致使计算机

系统及通信网络遭受损害；

③ 违反国家规定，擅自中断计算机网络或者通信服务，造成计算机网络或者通信系统不能正常运行。

(2) 为了维护国家安全和社会稳定，对有下列行为之一，构成犯罪的，依照刑法有关规定追究刑事责任：

① 利用互联网造谣、诽谤或者发表、传播其他有害信息，煽动颠覆国家政权、推翻社会主义制度，或者煽动分裂国家、破坏国家统一。

② 通过互联网窃取、泄露国家秘密、情报或者军事秘密；

③ 利用互联网煽动民族仇恨、民族歧视，破坏民族团结；

④ 利用互联网组织邪教组织、联络邪教组织成员，破坏国家法律、行政法规实施。

(3) 为了维护社会主义市场经济秩序和社会管理秩序，对有下列行为之一，构成犯罪的，依照刑法有关规定追究刑事责任：

① 利用互联网销售伪劣产品或者对商品、服务做虚假宣传；

② 利用互联网损坏他人商业信誉和商品声誉；

③ 利用互联网侵犯他人知识产权；

④ 利用互联网编造并传播影响证券、期货交易或其他扰乱金融秩序的虚假信息；

⑤ 在互联网上建立淫秽网站、网页，提供淫秽站点链接服务，或者传播淫秽书刊、影片、音像、图片。

(4) 为了保护个人、法人和其他组织的人身、财产等合法权利，对有下列行为之一，构成犯罪的，依照刑法有关规定追究刑事责任：

① 利用互联网辱他人或者捏造事实诽谤他人；

② 非法截获、篡改、删除他人电子邮件或者其他数据资料，侵犯公民通信自由和通信秘密；

③ 利用互联网进行盗窃、诈骗、敲诈勒索。

对利用互联网实施以上 15 种行为以外的其他行为，构成犯罪的，依照刑法有关规定追究刑事责任。利用互联网实施违法行为，违反社会治安管理，尚不构成犯罪的，由公安机关依照《治安管理处罚条例》予以处罚；违反其他法律、行政法规，尚不构成犯罪的，由有关行政管理部门依法给予行政处罚；对直接负责的主管人员和其他直接负责人员，依法给予行政处分或者纪律处分。利用互联网侵犯他人合法权益，构成民事侵权的，依法承担民事责任。

习题 4

一、选择题

1. 人们往往会用“我用的是 10 M 宽带上网”来说明自己计算机的联网性能，这里的“10 M”指的是数据通信中的________指标。

A. 最高数据传输速率　　B. 平均数据传输速率

C. 每分钟数据流量　　D. 每分钟 IP 数据包的数目

2. 计算机局域网按拓扑结构进行分类，可分为环型、星型和________型等。

A. 电路交换　　B. 以太　　C. 总线　　D. 对等

3. 交换式以太网与总线式以太网在技术上有许多相同之处，下面叙述中错误的是________。

A. 使用的传输介质相同　　B. 网络的拓扑结构相同

C. 传输的信息帧格式相同　　D. 都使用以太网卡

4. 以下关于局域网和广域网的叙述中，正确的是________。

A. 广域网只是比局域网覆盖的地域广，它们所采用的技术是完全相同的

B. 局域网中的每个节点都有一个唯一的物理地址，称为介质访问地址（MAC 地址）

C. 现阶段家庭用户的 PC 只能通过电话线接入网络

D. 单位或个人组建的网络都是局域网，国家或国际组织建设的网络才是广域网

5. 常用的局域网有以太网、FDDI 网等类型。下面的相关叙述中，错误的是________。

A. 总线式以太网采用带冲突检测的载波侦听多路访问（CSMA/CD）方法进行通信

B. 以太网交换机比集线器具有更高的性能，它能提高整个网络的带宽

C. FDDI 网通常采用光纤双环结构，具有高可靠性和数据传输的保密性

D. FDDI 网的 MAC 地址和帧格式与以太网相同，因此这两种局域网可以直接互连

6. 接入因特网的每台计算机的 IP 地址________。

A. 由与该计算机直接连接的交换机及其端口决定

B. 由该计算机中网卡的生产厂家设定

C. 由网络管理员或因特网服务提供商（ISP）分配

D. 由用户自定

7. 因特网的 IP 地址由三个部分构成，从左到右分别代表________。

A. 网络号、主机号和类型号　　B. 类型号、网络号和主机号

C. 网络号、类型号和主机号　　D. 主机号、网络号和类型号

8. 因特网使用 TCP/IP 协议实现全球范围内的计算机网络互连，连接在因特网上的每一台主机都有一个 IP 地址。下面不能作为 IP 地址的是________。

A. 222.95.52.217　　B. 201.256.39.68

C. 120.34.0.19　　D. 21.18.33.48

9. 路由器用于连接多个异构的计算机网络。下列有关网络中路由器与 IP 地址的叙述中正确的是________。

A. 路由器不能有 IP 地址

B. 路由器可不分配 IP 地址

C. 路由器只需分配一个 IP 地址

D. 路由器应分配两个或两个以上 IP 地址

10. 在下列有关 ADSL 技术及利用该技术接入因特网的叙述中，错误的是________。

A. 从理论上来看，其上传和下载速度相同

B. 一条电话线上可同时接听/拨打电话和进行数据传输

C. 利用 ADSL 技术进行数据传输时，有效传输距离可达几千米

D. 目前利用 ADSL 技术上网的计算机一般需要使用以太网网卡

11. 下列有关利用有线电视网和电缆调制解调技术(Cable Modem)接入因特网的优点的叙述中,错误的是________。

A. 每个用户独享带宽且速率稳定　　B. 无需拨号

C. 不占用电话线　　D. 可永久连接

12. Web 浏览器和 Web 服务器都遵循________协议,该协议定义了浏览器和服务器的网页请求格式及应答格式。

A. TCP　　B. HTTP　　C. UDP　　D. FTP

13. 关于电子邮件服务,下列叙述中错误的是________。

A. 网络中必须有邮件服务器用来运行邮件服务器软件

B. 用户发出的邮件会暂时存放在邮件服务器中

C. 用户上网时可以向邮件服务器中发出接收邮件的请求

D. 发邮件者和收邮件者如果同时在线,则可以不通过邮件服务器而直接通信

14. 下列有关网络信息安全的叙述中,正确的是________。

A. 只要加密技术的强度足够高,就能保证数据不被非法窃取

B. 访问控制的任务是对每个文件或信息资源规定各个(类)用户对它的操作权限

C. 硬件加密的效果一定比软件加密好

D. 根据人的生理特征进行身份鉴别的方式在单机环境下无效

15. 网络信息安全主要涉及数据的完整性、可用性、机密性等问题。保证数据的完整性就是________。

A. 保证传送的数据信息不被第三方监视和窃取

B. 保证发送方的真实身份

C. 保证传送的数据信息不被篡改

D. 保证发送方不能抵赖曾经发送过某数据信息

二、简答题

1. 什么是计算机网络?

2. 计算机网络的基本功能是什么?

3. 什么是计算机局域网?

4. 什么是计算机广域网?

5. 计算机局域网有什么特点?组建计算机局域网需要哪些软硬件?

6. 简述 Internet 的体系结构。

7. 简述 Internet 的服务与应用。

8. 什么是计算机病毒?计算机病毒有何特点?

三、论述题

论述无线网络从 1 G 演变到 5 G,对人们生活模式的冲击和改变有哪些?

第 5 章　多媒体技术及应用

多媒体技术是计算机技术和社会需求相结合的产物。随着计算机技术、通信技术和广播电视技术三大技术领域的高速发展、相互渗透与相互融合，多媒体技术将与 Internet 一起成为推动 21 世纪信息化社会发展最重要的动力之一。

5.1　多媒体技术概述

5.1.1　多媒体的基本概念及分类

要了解多媒体，首先必须知道什么是媒体。媒体(Media)是信息表示和传输的载体。媒体在计算机中有两种含义：一是指媒质，即存储信息的实体，如磁盘、光盘、磁带和半导体存储器等；二是指传输信息的载体，如数字、文字、声音、图形和图像等。

按国际电信联盟(ITU)标准的定义，媒体可分为以下 5 种：

① 感觉媒体(Perception Media)：能直接作用于人的感官，使人产生感觉的媒体，如声音、图像、文字、数据和文件等。

② 表示媒体(Presentation Media)：人为研究和构造出来的一种媒体，目的是能够更有效地加工、处理和传输感觉媒体，如语言编码、文本编码和图像编码等。

③ 显示媒体(Display Media)：指感觉媒体和用于通信的电信号之间转换用的一类媒体，又分为输入显示媒体(如话筒、键盘、摄像机和光笔等)和输出显示媒体(如显示器、音箱和打印机等)。

④ 存储媒体(Storage Media)：用于存放数字化表示媒体的存储介质，如磁盘、光盘和半导体存储器等。

⑤ 传输媒体(Transmission Media)：用来将表示媒体从一点传输到另一点的物理传输介质，如同轴电缆、双绞线和光纤等。

多媒体一词来源于英文“Multimedia”，即多种媒体。从一方面来讲，多媒体是指多种媒体信息的表现和传播形式；从另一方面来讲，多媒体是指人们利用计算机及其他设备交互处理多媒体信息的方法、手段和技术。人们在日常生活中进行交流时，可以通过触觉、嗅觉和味觉来感受外界信息，也可以通过声音、文字和图形来传递信息，因此人本身其实就是一个多媒体信息处理系统。

5.1.2 多媒体中的媒体元素

多媒体中的媒体元素是指可以显示给用户的媒体成分，主要包括文本、图形、图像、动画、音频和视频等。

1. 文本(Text)

文本是指包括各种字体、尺寸、格式及色彩的文字及专用符号。它是现实生活中最常用的一种信息存储和传输方式。文本是计算机文字处理程序的基础，通过对文本显示方式的组织，多媒体应用系统可以使显示的信息更容易理解和掌握。文字是组成计算机文本的基本元素。纯文字的文本常为 txt 格式的文件。在 Microsoft Word 中，若文本文件中加入了排版命令，则为 doc 格式的文件，该文件中带有段落格式、字体、编号、分栏和边框等格式信息。计算机获取文字的方法有以下几种：

① 键盘输入：使用普通英文键盘，选用现有的输入法进行文字输入。

② OCR(光学字符识别)汉字识别输入：将待输入的印刷体文字经扫描仪输入到计算机，即可获得文本文件，常用于印刷体文字的输入。

③ 手写输入：通过在手写板上用专用笔或手指写字，向计算机输入文字。

④ 语音输入：在较为安静的环境中对着话筒讲话，通过适当的语音识别软件可以将所讲内容转换成文本文件。目前语音识别技术还不是太成熟，准确度还不是很理想。

2. 图像与图形(Bitmap&Graphic)

(1) 图像(Bitmap)

图像，即位图图像，将所观察到的景物按行列方式进行数字化，对图像的每一点都用一个数值表示，所有这些数值共同构成了位图图像。显示设备可以根据这些数值在不同位置表示不同颜色来显示一幅图像。

位图图像可以通过画位图的软件绘制而成，也可以通过扫描仪获得，还可以通过数码相机或数码摄像机获得。位图图像可以用图像处理软件(如 Photoshop)进行编辑处理。

(2) 图形(Graphic)

图形是指从点、线、面到三维空间的黑白或彩色矢量图形，它是一种抽象化的图像，反映图像上的关键特征。与位图不同的是，图形文件保存的不是像素点的数值，而是一组描述点、线、面等集合图形的大小、形状、位置、维数及其他属性的指令集合，通过读取指令转化为屏幕上显示的影像。由于大多数情况下不需要对图形上的每一个点进行量化保存，所以图形文件比图像文件的数据量小得多。图形可以通过图形编辑器产生，也可以由程序生成。

(3) 图形与图像的主要区别

图形与图像的主要区别在于：图形可以进行变换而不会出现失真，而图像进行变换则会出现失真；图形能以图元为单位单独进行属性修改、编辑等操作，而图像则不能，因为图像中并没有图像内容的独立单位，只能对像素或图像块进行处理。

3. 动画(Animation)

动画技术是利用视觉暂留原理，将不同图像以一定速度播放，从而在人的视觉中产生变化的和运动的连续画面的一种技术。根据应用领域的不同，计算机动画可以分为二维动画和三维动画。二维动画是以二维空间的形体为研究对象，而三维动画是以三维空间的形体为研究对象。二维动画可以单纯依靠手工来完成，而三维动画离开计算机是无法实现的。

在各种媒体的创作系统中，动画创作所要求的软硬件条件都是很高的。它不仅需要高速的CPU和较大的内存容量，而且所需要的软件工具也较复杂、庞大。流行的动画创作工具软件有很多，二维动画制作软件有 Animator、RETAS、PEGS 及 Flash 等；三维动画制作软件有 Softimage 3D、3DS MAX、LightWave 3D 和 MAYA 等。

4. 音频(Audio)

音频包括语音、音乐和自然界中的各种声响。语音也叫话音，是人类为了表达思想而通过发音器官发出的声音，是人类语言的物理形式。音乐是符号化了的声音，比语音更加规范。声响则指自然界中除语音和音乐以外的声音，包括大海的涛声、山林的风声、天空的惊雷等，也包括各种噪声。

自然的声音都是模拟信号。话筒是音频的输入设备，模拟音频信号经过话筒变成相应的电信号输入到计算机的声卡中，由声卡进行数字化处理后进行压缩编码，最后进行播放、存储和传输。扬声器是音频的输出设备，所有的音频信号最终都通过扬声器还原出原始的声音。

与动画、视频等多媒体信息一样，音频的数据量也很大，因此需要进行数据压缩。压缩比越大，还原出的声音质量就越差，反之亦然。例如，数字电话中的话音质量就远低于数字激光唱盘的声音质量。

5. 视频(Video)

将若干有联系的图像画面连续播放便形成了视频。视频的每一帧实际上就是一幅静态图像，多幅图像连续播放，人眼就会产生图像“动”起来的感觉。“视频”一词来源于电视技术，电视视频都是模拟信号，而计算机视频则是数字信号。

计算机获取视频的方法有：通过摄像机、录像机或电视机等模拟视频设备输出模拟视频信号，并将它输入到计算机内的视频采集卡进行数字化转换，然后存储；通过数码摄像机，可以直接将数字视频信号输出到计算机的数字接口(IEEE 1394)进行记录。

帧速率是视频的一项重要的技术参数。动画和视频都是利用人的视觉暂留原理快速变换帧的内容而使人感受到“动”的效果。单位时间内播放的帧数越多，画面看起来越稳定，闪烁感越低。NTSC 制式的帧速率为 30 f/s(帧/秒)，PAL 制式的帧速率为 25 f/s。有时为了减少数据传输量而采取人为降低帧速率，人的视觉也基本能接受，只是视频效果较差。例如，视频会议中为了减小所需带宽，会采用人为降低帧速率的办法。

视频的质量一方面取决于原始图像信号源的质量，另一方还与数据压缩比密切相关。视频由于是由多幅静态图像连续播放形成的，帧速率较高，因此数据量巨大，这给视频的存储和实时传输造成很大困难，数据压缩势在必行。由于视频压缩采用的是有损压缩方式，数据压缩比越大，图像质量下降得越多。

5.1.3 多媒体技术及其特点

1. 多媒体技术

多媒体技术是指能够同时获取、处理、编辑、存储和显示两种以上媒体信息(如文本、图形、图像、音频、视频和动画等)的技术。由于计算机以其强大的数据处理功能和人机交互功能极大地促进了多媒体技术的发展,因此目前的多媒体技术都是基于计算机的一种技术。人们通常认为,多媒体技术是先进的计算机技术与视频技术、音频技术、电子技术和通信技术相互融合的结果。多媒体技术能提供多种文本、音频和视频信息的输入、输出、传输、存储和处理,使显示的信息图文并茂,声情并茂,更加形象、直观、自然,使人赏心、悦耳、悦目。

2. 多媒体技术的特点

多媒体技术的特点主要包括多样性、集成性和交互性。

(1) 多样性

多样性是指综合处理多种媒体信息,包括文本、音频、图形、动画和视频等。多媒体信息的多样性表现在三个方面:一是媒体表现形式多样化,有数值、文字、声音、图像和视频等多种形式;二是处理媒体的硬件设备多样化,如声卡、显卡和网卡等多种设备;三是存储媒体信息的实体多样化,如光盘、磁带和半导体存储器等。

(2) 集成性

集成性首先是指多媒体信息的集成,各种媒体信息的多通道统一获取、多媒体信息的统一存储和组织以及多媒体信息的表现合成等。集成性还包括多媒体处理设备或工具的集成,也就是说,多媒体的各种设备应该整合在一起,构成一个整体。从硬件来看,应具备能够处理多媒体信息的高性能计算机系统以及与之相应的输入、输出设备及外设;从软件方面来看,应该有统一的多媒体操作系统,适合于多媒体信息管理的软件系统、创作工具及各类应用软件等,并且在网络的支持下,集成构造出支持广泛应用的各种信息系统。

(3) 交互性

交互性指用户可以与计算机实现复合信息的双向处理,即用户和计算机之间可以进行数据交换、媒体交换和控制权交换等。交互性可以增加用户对信息的注意力和理解力,延长信息的保留时间,从而为用户提供更加有效的控制和使用信息的手段。

5.1.4 多媒体技术的应用

多媒体所涉及的技术范围很广,技术很新,研究内容很深,是多种学科和多种技术交叉的领域。目前,多媒体技术的研究和应用开发主要在下列几个方面:

① 多媒体数据表示技术,包括文本、音频、图形、图像、动画、视频等媒体在计算机中的表示方法。由于多媒体的数据量大得惊人,尤其是音频和视频,包括高清晰度数字电视在内的连续媒体,为克服数据传输通道带宽和存储器容量的限制,投入了大量的人力和物力来开发数据压缩和解压缩技术。人机接口技术,如语音识别和文本—语音转换,也是多媒体研究中的重要课题。虚拟现实(Virtual Reality,VR)是当今多媒体技术研究中的热点技术之一,我国虚拟现实产业已有广泛发展。

② 多媒体创作和编辑工具,用于对多媒体素材进行综合处理。常用的多媒体创作编辑工具有 Photoshop、Authorware、Cool Edit 及 Flash 等。

③ 多媒体数据存储技术,包括 CD 技术、DVD 技术等。

④ 多媒体应用开发,包括多媒体 CD 节目制作、多媒体数据库、环球超媒体信息系统、多

目标广播、影视点播、远程视频会议、远程教育系统、多媒体信息的检索等。

5.2 超文本和超媒体

多媒体信息以不断地爆炸式膨胀，形成海量数据，使得通常的信息存储与检索机制越来越不能高效实施以全面地满足人们日益增长的需求，尤其是不能像人类的思维方式那样以联想方式来确定信息的内部关联性。近些年来人们不断研究与发展的超文本与超媒体就是为了解决这个难题的一种高级多媒体技术。

5.2.1 超文本和超媒体的概念

超文本(hypertext)和超媒体(hypermedia)的概念与多媒体密切相关，因此很容易把它们和多媒体混淆在一起。

传统的媒体表达以文字为主体，以字符为基本表达信息的单位，并且以线性形式组织数据，而现代的媒体以多种媒体形式来表示信息，并且各种媒体信息之间能提供网状链接结构。一种按信息之间的关系非线性地存储、组织、管理和浏览信息的计算机技术就称为“超文本”。它的概念可以用图 5.1 来表示。文本①中的“超文本”与②中的“超文本”建立了链接关系，①中的“超媒体”与③中的“超媒体”建立了链接关系，③中的“超链接”与④中的“超链接”建立了链接关系，这种文件就称为超文本文件。由图 5.1 可以看出超文本具有包含多种媒体信息、网络结构形式和交互性三大特点。

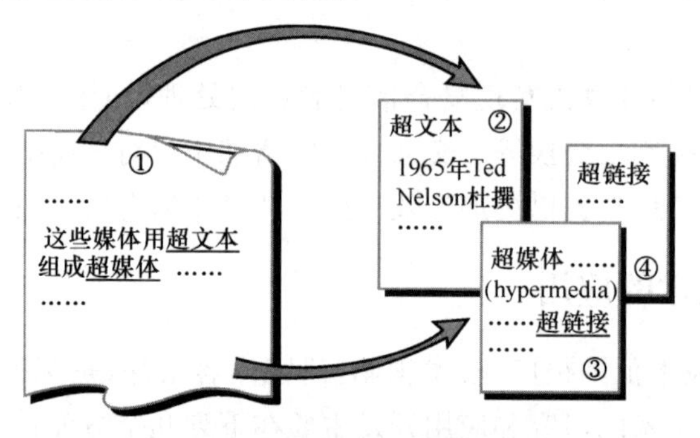

图 5.1 超文本的概念图

超文本不是顺序的，而是一个非线性的网状结构，它把文本按其内部固有的对立性划分成不同的基本信息块，称为“节点”(node)。一个节点可以是一个信息块，也可以是由若干节点组成的信息块。节点之间按它们的自然关联，用链(link)连接成网，链的起始节点称为“锚节点”(anchor node)，终止节点称为“目的节点”。这种链可以超过一个文本，通常称为“超链接”(hyperlink)。

早期的超文本的表现形式仅仅是文字的，这就是它被称为“文本”的原因。随着多媒体技术的发展，各种各样多媒体接口的引入，信息的表现方式扩展到视觉、听觉及触觉媒体。利用超文本形式组织起来的文件不仅仅是文本，也可以是图、文、声、像以及视频等多媒体形式的文件，这种多媒体信息就构成了超媒体。

超媒体技术和超文本技术都以非线性方式组织信息，从本质上说是完全一样的。两者

的主要区别在于超媒体技术组织的信息对象更多，因此从理论上说，超媒体是超集。通常情况下，如果没有特别强调，人们常常将这两者互换使用。

超媒体和多媒体不同，它们之间的关系可以用一个简单的公式来说明，即：

超媒体＝超文本＋多媒体

5.2.2　超文本和超媒体的组成要素

超文本和超媒体主要由节点和链组成。

1. 节点

超文本是由节点和链构成的信息网络。节点是表达信息的单位，是围绕一个特殊主题组织起来的数据集合。节点的内容可以是文本、图形、图像、动画、音频、视频等，也可以是一般计算机程序。

节点分为两种类型：一种称为表现型，用于记录各种媒体信息，按其内容的不同又可分为许多类别，如文本节点和图形节点等；另一种称为组织型，用于组织并记录节点间的联结关系，它实际上起索引目录的作用，是连接超文本网络结构的纽带，即组织节点的节点。

2. 链

链是组成超文本的基本单位，它以某种形式将一个节点与其他节点连接起来。由于超文本没有规定链的规范与形式，因此超文本与超媒体的链也是不同的，信息间的联系可以是多种多样的，从而引起链的种类也是复杂多变的，但最终达到的效果却是一致的，即建立起节点之间的联系。

链的一般结构可分为三个部分：链源、链宿及链的属性。链源是导致节点迁移的原因，链宿是链的目的所在，链的属性决定了链的类型。各类链的特点如下：

① 基本结构链是构成超媒体的主要形式，在建立超媒体系统前需要创建基本结构链。它的特点是层次与分支明确。

② 索引链是超文本所特有的。

③ 推理链用于系统的机器推理与程序化。

④ 隐形链又称关键字链或查询链。

5.2.3　超文本标记语言（HTML）

WWW 系统（或称 Web 系统）是一种超文本系统。它与其他超文本的不同之处是它基于 Internet，能够把世界各地的文本、图形、图像、声音、视频等信息资源有机地结合在一起。将这些信息结合起来，主要依靠三种基本技术：

① 指定网上信息资源地址的统一命名方法——URL。

② 存取资源的协议——HTTP。

③ 在资源之间很容易浏览的超文本链接技术。

为了发布可在全球发行的信息，用户需要一种所有计算机都能够理解的语言，现在 WWW 系统使用的文档是基于超文本标记语言（Hyper Text Markup Language，HTML）的。

HTML 与其他高级语言（如 C 语言等）不同，它不是一种程序设计语言，而是一种页面语言，很大程度上和排版语言相似。制作 HTML 文档时需要加入一些标记，用于说明一些段落、标题、图像、字体等。当用户通过 Web 浏览器阅读 HTML 文档时，浏览器负责解释插入文档中的各种标记，并以此为依据显示文档的内容。

5.2.4 超文本和超媒体的应用

随着多媒体技术的发展，超文本与超媒体技术具有广阔的应用前景。超文本与超媒体组织和管理信息的方式符合人们的联想思维习惯，适合于非线性的数据组织形式，这种独特的表现方式使它们得到了广泛的应用。

(1) 办公自动化

Apple 公司的 Hypercard 软件展示了把 Hypercard 用于办公室的日常工作的一个方面，它以卡片的形式提供了形象的电话簿、备忘录、日历、价格表与文献摘要等，是应用多媒体管理技术的一个实例。

(2) 大型文献资料信息库

超文本与超媒体技术广泛应用于大型文献资料信息库的建设，目前已经研制出来的中英文字典系统就是按照超文本与超媒体的方式组织和构造，它收录了 25 万个条目，计 4 181 万字，186 万个记号。采用这种方式存储的 30 卷百科全书，查询时间只需几秒钟。

(3) 综合数据库应用

在各类工程应用中，要求用图纸、图形、文字、动画或视频表达概念和设计，一般数据库系统是无法表达的，而超文本与超媒体技术为这类工程应用提供了强有力的信息管理工具，不少系统已将其应用于联机文档的设计和软件项目的管理。

(4) 友好的用户界面

超文本与超媒体不仅是一项信息管理技术，也是一项界面技术。图形用户界面(GUI)使用户桌面由字符命令菜单方式转为图形菜单方式，而超文本技术在 GUI 基础上再上了一个新台阶，即多媒体用户口界面(MMGUI)，使数字和图形、图像、动画、音频、视频等信息都能展现在用户的面前。

5.3 图形与图像

图形与图像是人类最容易接收的信息媒体。中国有句古语“百闻不如一见”，这说明图形与图像是信息量极其丰富的媒体，一幅图画可以形象、生动、直观地表现出大量的信息，具有文字和声音所不可比拟的优点。因此在多媒体作品中，图形与图像是不可缺少的，随着 Windows 的 GUI 和彩色显示技术的发展，图形与图像技术的进一步开发应用有了更强有力的支持。

图形是指由点、线、面以及立体几何图形元素所构成的黑白或彩色几何图，一般指用计算机绘制的画面。图像就是一个由量化后的采样点的光强值组成的矩阵。图像上的采样点叫“图像元素”，称为“像素”(Pixel)，像素的光强值叫“灰度级”，用整数表示，其值取决于图像函数在这一点附近区域颜色的平均效果。图像常占用很大的存储空间。

5.3.1 图像的类别

1. 矢量图形与点阵图像

计算机中的图像按照其生成方法可以分为两类：通过计算机合成制作的图像称为"矢量图形"，简称"图形"；通过扫描仪、数码相机等数字设备所获取的图像称为"采样图像""点阵图像"或"位图图像"，简称"图像"。虽然这两种生成图像的方法不同，但在显示器上显示的结果几乎没有什么差别。

(1) 矢量图形

图形文件只记录生成图形元素的算法和特征点信息(几何图形的大小、形状以及位置、维数等)，因此称为"矢量图形"。图形的格式是一组描述点、线、面等几何元素特征的指令集合。绘图程序就是通过读取图形格式指令，并将其转换为屏幕上可显示的形状和颜色(如画点、画线、画曲线、画圆、画矩形等)，从而生成图形的软件。这种方法实际上是用数学方法来描述一幅图，然后变成许多的数学表达式，再进行编程，用计算机语言来表达。在计算机上显示图形时，相邻的特征点之间的曲线用诸多小直线连接形成。若曲线围成封闭图形，可用着色算法填充颜色。

矢量图形的最大优点是可以分别控制处理图中的各个部分，如目标图形元素的移动、缩小、放大、旋转和拷贝以及属性的改变(如线条变宽变细、颜色的改变)；不同的物体可在屏幕上重叠并保持各自的特征，必要时也可以分开独立显示；相同的或类似的图形可以作为矢量图形的构造块，存储到图形构件库中，以便加速图形的生成，而且可以减小矢量图形文件的大小。

矢量图形主要用于表现线框形的图画、工程制图、美术字等。大多数 CAD 和 3D 造型软件采用矢量图形作为基本图形存储格式。计算机中图形的存储格式、大小都不固定，与特定的绘图软件有关。常用的矢量图形绘制软件有 3DS(用于 3D 造型软件)、DXF(用于 CAD)、WMF(用于桌面出版系统)等。

矢量图形文件的特点是数据量相对比较小，图形的绘制和显示需要计算机执行相应的算法，所以需要一定的时间开销。因此，当图形很复杂时，计算机就要花费很长的时间去执行绘图指令。此外，对于一幅复杂的彩色照片(例如一幅真实世界的彩照)，恐怕就很难用数学来描述，因而就不能用矢量图形表示，而是采用点阵图像表示。

(2) 点阵图像

点阵图像是把一幅彩色图像分成许多的像素，如图 5.2 所示。每个像素用若干个二进制位来指定该像素的颜色、亮度和属性。因此一幅点阵图像由许多描述每个像素的数据组成，这些数据通常称为"图像数据"，存储图像数据的文件又称为"图像文件"。点阵图像通常用扫描仪、摄像机、录像机、激光视盘与视频信号数字化卡一类的设备来获取，通过这些设备把模拟的图像数据经过采样和量化等过程转换成数字图像数据。

点阵图像文件占据的存储器空间相对于矢量图形来说大得多。影响点阵图像文件大小的参数主要有两个：图像分辨率和像素深度。图像分辨率越高，就是组成一幅图像的像素越多，图像数据越多，则图像文件越大；像素深度越深，就是表达单个像素的颜色和亮度的位数越多，图像数据越多，图像文件就越大。矢量图形文件的大小则主要取决于图形的复杂程度。

图 5.2　一幅图像由许多像素组成

点阵图像用“位”来定义图中每个像素的颜色和亮度信息，例如黑白线条图常用 1 个二进制位表示，灰度图像常用 4 个二进制位（16 种灰度等级）或 8 个二进制位（256 种灰度等级）表示像素的亮度。彩色图像则有多种描述方法，需要硬件（显示卡）来合成显示。点阵图像适合于表现层次和色彩比较丰富、包含大量细节的图像，具有灵活和富于创造力等特点。点阵图像的关键处理技术包括图像的扫描、编辑、压缩与解压缩、色彩一致性再现等，常用的图像处理软件有 Photoshop、画笔和 CorelDraw 等。

矢量图形与点阵图像相比，显示点阵图像文件比显示矢量图形文件要快；矢量图形侧重于绘制和创造，点阵图像偏重于获取和复制。矢量图形和点阵图像之间可以用软件进行转换，矢量图形转换成点阵图像采用光栅化技术，相对容易；点阵图像转换成矢量图形采用跟踪技术，这种技术在理论上说是容易的，但在实际中很难实现，对复杂的彩色图像尤其如此。

2. 灰度图像与彩色图像

(1) 灰度图像

灰度图像按照灰度级的数目来划分。只有黑白两种颜色的图像称为单色图像，如图 5.3 所示的即为标准单色图像。图中的每个像素的像素值用一个二进制位存储，它的值只有“0”或者“1”，一幅 640×480 的单色图像需要占据 37.5 KB 的存储空间。

图 5.3　标准单色图像

图 5.4　标准灰度图像

图 5.4 是一幅标准灰度图像。如果每个像素的像素值用一个字节表示，灰度级数就等于 256，每个像素可以是 0～255 之间的任何一个值，一幅 640×480 的灰度图像就需要占据

300 KB 的存储空间。

(2) 彩色图像

彩色图像可按照颜色的数目来划分，例如 256 色图像和真彩色(2^{24}=16 777 216 种颜色)图像等。图 5.5 展示了将一幅 256 色标准彩色图像(图 5.5(a))转换成 256 级灰度图像(图 5.5(b))，彩色图像的每个像素的 R、G 和 B 值用一个字节来表示，一幅 640×480 的 8 位彩色图像需要 307.2 KB 的存储空间；图 5.6 展示了将一幅 24 位真彩色图像(图 5.6(a))转换成 256 级灰度图像(图 5.6(b))，真彩色图像的每个像素的 R、G、B 分量分别用一个字节表示，一幅 640×480 的 24 位真彩色图像需要 921.6 KB 的存储空间。

(a) 256色标准彩色图像　　(b) 256级灰度图像

图 5.5　256 色标准彩色图像转换成 256 级灰度图像

(a) 24位真彩色图像　　(b) 256级灰度图像

图 5.6　24 位真彩色图像转换成 256 级灰度图像

许多 24 位真彩色图像是用 32 位存储的，这个附加的 8 位叫做“Alpha 通道”，它所表示的 Alpha 值常用来表示像素产生的特技效果。真彩色表示的图像需要很大的存储空间，网络传输也很费时间。由于人的视角系统具有颜色分辨率相对比较低的特点，因此在没有必要使用真彩色的情况下就尽可能不用。

5.3.2　图像的属性

描述一幅图像需要使用图像的属性。图像的属性包含分辨率、深度、颜色模型。

1. 分辨率

与图像有关的分辨率有三种:显示分辨率、图像分辨率和像素分辨率。

(1) 显示分辨率

显示分辨率是指显示屏上能够显示出的像素数目,又称为“屏幕分辨率”。例如,显示分辨率为 640×480 表示显示屏在水平方向上显示 640 个像素点,在垂直方向上显示 480 个像素点,整个屏幕可以显示 307 200 个像素点。屏幕能够显示的像素点越多,说明显示设备的分辨率越高,显示的图像质量也就越高。

(2) 图像分辨率

图像分辨率是指组成一幅图像的像素密度的度量方法。对同样大小的一幅图像,如果组成该图像的像素数目越多,则说明图像的分辨率越高,看起来就越逼真;相反,图像显得越粗糙。

在用扫描仪扫描彩色图像时,通常要指定图像分辨率,常用的单位是 DPI(Dots Per Inch),表示每英寸长度图像上像素点的数量。位图图像是二维的,图像分辨率对于位图图像在水平和垂直两个方向上保持一致。例如,用 300 DPI 来扫描一幅 8 英寸×10 英寸的彩色图像,就得到一幅 2 400×3 000 个像素点的图像。分辨率越高,像素点就越多。

图像分辨率与显示分辨率是两个不同的概念。图像分辨率是确定组成一幅图像的像素数目,而显示分辨率是确定显示图像的目标区域大小。如果显示屏的分辨率为 640×480,那么一幅 320×240 像素的图像只占显示屏的 1/4,而一幅 2 400×3 000 像素的图像在这个显示屏上就不能显示一个完整的画面。

(3) 像素分辨率

像素分辨率指像素的宽和高之比,一般为 1∶1。当显示一幅图像时,如果显示设备中定义的宽高比与图像的宽高比不一致,将导致图像的宽高比与显示屏上显示出的图像的宽高比不一致的现象。例如有一幅像素分辨率为 1∶1 的 200×200 像素的正方形图像,显示设备的像素分辨率为 1∶1.5,则在显示屏幕上看到的图像是矩形图像,在垂直方向上有拉伸效果。

2. 深度

与图像的存储和显示有关的深度属性主要有两个:像素深度和显示深度。

(1) 像素深度

像素深度是图像的一个重要指标,又称为“图像深度”或“图像灰度”,指图像中每个像素存储所占用的二进制位数。像素深度决定彩色图像的每个像素可能有的颜色数,或者确定灰度图像的每个像素可能有的灰度级数。例如,一幅彩色图像的每个像素用 R、G、B 三个分量表示,若每个分量用 8 位,那么一个像素共用 24 位表示。也就是说该图像的像素深度为 24,每个像素可以是 2^{24}=16 777 216 种颜色中的一种,该图像称为“真彩色图像”。简单的图画和卡通图可用 16 色,而自然风景图则至少用 256 色。像素深度越大,图像能表达的颜色数目就越多,图像数据量也越大。

(2) 显示深度

显示深度是计算机显示器的重要指标,表示显示器上每个点用于显示颜色的二进制位数。现在一般的多媒体 PC 都应该配有能够达到 24 位显示深度的显示适配卡和显示器。具

有这种能力的显示适配卡和显示器称为“真彩色卡”和“真彩色显示器”。

使用显示器显示图像时，应当设置显示器的显示深度大于或等于图像的像素深度，这样显示器可以完全反映图像中使用的全部颜色；否则，显示效果会失真。在 Windows 操作系统中，用户可以使用“控制面板”中的“显示”对话框自行设置显示深度。

3. 颜色模型

颜色模型用来标定和生成各种颜色的规则和定义。某个色彩模型所能表示的所有色彩构成其颜色空间。在不同应用场合，人们使用的色彩模型也不一样。下面介绍几个主要的色彩模型，分别是面向显示设备的 RGB 相加混色模型、面向打印设备的 CMYK 相减混色模型、面向用户的 HSL 颜色模型以及面向电视传输系统的 YUV 颜色模型。

(1) RGB 相加混色模型

一个能发出光波的物体称为有源物体，它的颜色由该物体发出的光波决定，使用 RGB 相加混色模型。例如计算机显示器和电视机都使用的阴极射线管(CRT)就是一个有源物体。CRT 使用 3 个电子枪分别产生红色(Red)、绿色(Green)和蓝色(Blue)三种波长的光，并以各种不同的相对强度综合起来产生颜色，如图 5.7 所示。这三种颜色称为三基色。组合这三种光波以产生特定颜色称为“相加混色”，因为这种相加混色是利用 R、G、B 三种颜色分量来产生颜色，所以也称为“RGB 相加混色模型”。相加混色是计算机应用中定义颜色的基本方法。

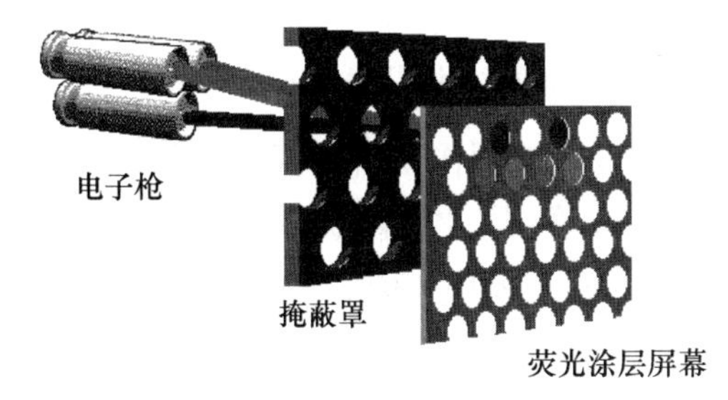

图 5.7　彩色显像管产生颜色的原理

某一种颜色和这三种颜色之间的关系可用下面的式子来描述：

颜色＝R(红色的百分比)＋G(绿色的百分比)＋B(蓝色的百分比)

当三基色等量相加时，得到白色；等量的红色、绿色相加而蓝色为 0 时，得到黄色；等量的红色、蓝色相加而绿色为 0 时，得到品红色；等量的绿色、蓝色相加而红色为 0 时，得到青色。三基色相加的结果如图 5.8 所示。

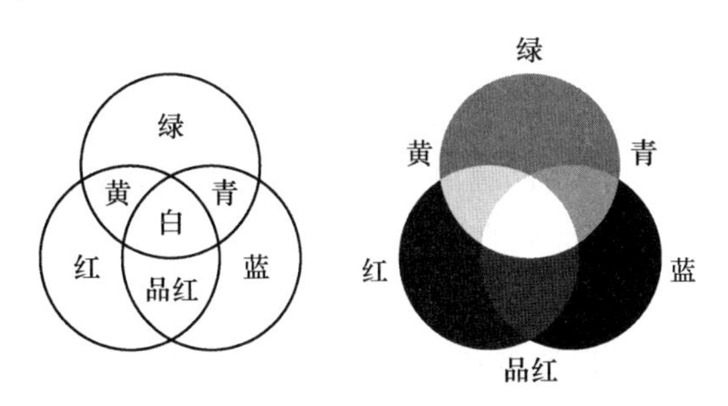

图 5.8　RGB 相加混色模型

(2) CMY 相减混色模型

一个不发出光波的物体称为“无源物体”,它的颜色由该物体吸收或者反射哪些光波决定,使用 CMY 相减混色模型。例如彩色打印机采用的就是这种模型,印刷彩色图片也是采用这种模型。用彩色墨水或颜料进行混合,这样得到的颜色称为“相减色”。从理论上说,任何一种颜色都可以用三种基本颜料按一定比例混合得到。这三种颜色是青色(Cyan)、品红色(Magenta)和黄色(Yellow),称为三原色,通常写成 CMY,故该模型称为“CMY 相减混色模型”。用这种方法产生的颜色之所以称为相减色,乃是因为它减少了为视觉系统识别颜色所需要的反射光。在相减混色中,当三原色等量相减时得到黑色;等量黄色和品红相减而青色为 0 时,得到红色;等量青色和品红色相减而黄色为 0 时,得到蓝色;等量黄色和青色相减而品红色为 0 时,得到绿色。三原色相减的结果如图 5.9 所示。

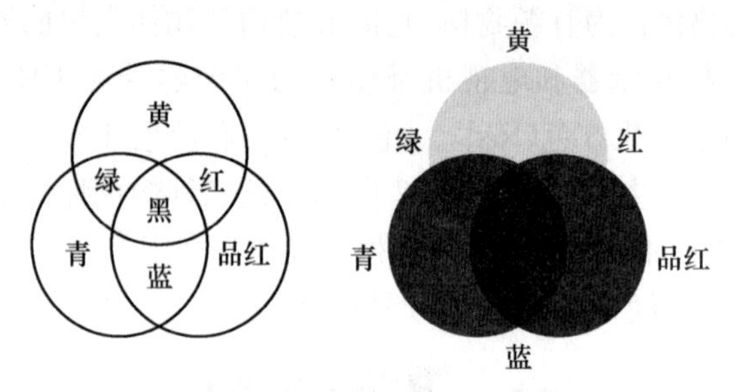

图 5.9 CMY 相减混色模型

虽然理论上利用三原色混合可以制作出所需要的各种色彩,但实际上同量的三原色混合后并不能产生完美的黑色或灰色,因此在印刷时必须加上一个黑色(Black),由于字母 B 已经用来表示蓝色,因此黑色选用单词 Black 的最后一个字母“K”来表示,这样该模型又称为“CMYK 颜色模式”。

(3) HSL 颜色模型

人们在日常生活中选择颜色的时候,是不习惯通过指定红色、绿色、蓝色的比例来指定某个颜色的。画家画画的时候,一般是从颜料盒里选择某种色调的颜料,然后通过加水或者加入其他颜料来调整其色调、亮度、饱和度,从而得到所要的颜色。如果我们需要指定某个颜色,通过指定色调、亮度和饱和度,即便这个颜色还没有显示出来,我们仍然知道它应该是什么样的颜色。而通过指定一定强度的红色、绿色和蓝色,对于其混合的效果将会是什么样,我们一般不容易得知。

HSL 颜色模型就是以人们熟悉的色调、亮度、饱和度作为色彩的三个要素,对颜色进行标定的颜色模型,这是一个面向用户的颜色模型。在 HSL 颜色模型中,H 分量定义颜色的波长,称为“色调”;S 分量定义颜色的强度,表示颜色的深浅程度,称为“饱和度”;L 分量定义掺入的白光量,称为“亮度”。通过 HSL 颜色模型,人们可以用直观的方式来指定某种颜色。

(4) YUV 颜色模型

彩色电视技术是在黑白电视技术基础上发展起来的。彩色电视机推向市场的时候,已经有大量的黑白电视机存在,为了充分利用这些已有的电视接收终端,科研人员在信号传递系统的设计当中,把彩色电视信号和黑白电视信号统一进行编码传输,黑白电视机接收到信

号后，只解码灰度信息，显示黑白图像；而彩色电视机接收到信号后，不仅解码灰度信息（亮度信息），还解码色彩信息，还原彩色图像。一套统一的电视信号发射传输系统就可以兼容黑白和彩色电视接收终端，既充分利用了遗留的黑白电视机，又节省了建设电视信号发射传输系统的费用。

要实现黑白和彩色电视信号的兼容，必须依赖于特殊的编码方式。这种编码方式的基础是YUV颜色模型。在YUV颜色模型中，Y分量表示亮度，而U和V分量表示色差，所谓色差是三基色信号分量和亮度信号之差。任何一个用R、G、B三个分量表达的颜色都可以转换成用Y、U、V三个分量表达的颜色，也可以做相应的逆变换。使用YUV颜色模型，不仅可以合并黑白、彩色电视信号，兼容黑白、彩色电视接收终端，而且具有节约传输带宽的优势。

5.3.3　图像的数字化

数字计算机只能处理数字信息，若要使其能处理图像信息，必须将模拟图像转化为由一系列离散数据所表示的图像，即所谓数字图像。将模拟图像转化为数字图像的过程称为（模拟）图像的数字化。图5.10所示为图像数字化过程。

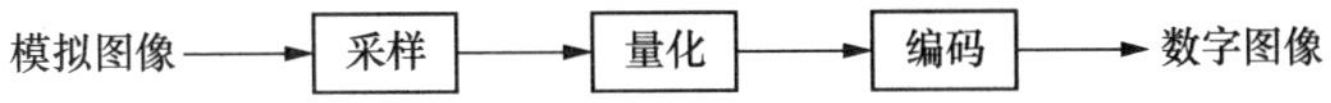

模拟图像 → 采样 → 量化 → 编码 → 数字图像

图5.10　图像数字化过程

1. 采样

计算机要感知图像，就要把图像分割成为离散的小区域，即像素。像素是计算机系统生成和再现图像的基本单位，像素的亮度、色彩等特征是通过特定的数值来表示的。数字化图像的形成是计算机使用相应的软硬件技术把许多像素点的特征数据组织成行和列，整齐地排列在一个矩形区域内，形成计算机可以识别的图像。

图像采样就是将二维空间上模拟的连续亮度（即灰度）或色彩信息转化为一系列有限的离散数值来表示。由于图像是一种二维分布的信息，所以具体的做法就是将图像在水平方向和垂直方向上等间隔地分割成矩形网状结构，所形成的矩形微小区域称为“像素点”。被分割的图像若水平方向有 M 个间隔，垂直方向上有 N 个间隔，则一幅图像画面就被表示成由 $M\times N$ 个像素构成的离散像素点的集合，$M\times N$ 表示图像的分辨率。

为使一幅图像既能得到满意的视觉效果，总数据量又最少，一般需要针对图像的具体内容来确定相应的 M 和 N 值。例如，根据字的大小要求，每个字是16×16到256×256的点阵；显微镜图像是256×256到512×512的点阵；电视图像是(500～700)×480的点阵。

2. 量化

采样后得到的亮度值（或色彩值）在取值空间上仍然是连续值。把采样后所得到的这些连续量表示的像素值离散化为整数值的操作叫“量化”。图像量化实际上就是将图像采样后的样本值的范围分为有限多个区域，把落入某区域中的所有样本值用同一值表示，是用有限的离散数值量来代替无限的连续模拟量的一种映射操作。

为此，通常把图像的颜色（黑白图像为灰度）的取值范围分成 K 个子区间，在第 i 个子区间中选取某一个确定的色彩值q，落在第i个子区间中的任何色彩值都以q代替，这样就有K个不同的色彩值，即颜色值的取值空间被离散化为有限个数值。

在量化时所确定的离散取值个数称为量化级数，表示量化的色彩值(或亮度值)所需的二进制位数称为量化字长。一般可用8位、16位、24位或更大的量化字长来表示图像的颜色。量化字长越大，则越能真实地反映原有图像的颜色，但得到的数字图像的数据量也越大。

例如，量化后若每个像素的亮度值用一个字节(8位)来表示，把亮度的连续变化模拟量化为0～255之间的整数值，共256个灰度级别或256个灰度值。量化后的灰度值即反映了对应像素点的亮度值或明暗程度。

经抽样与量化后，一幅模拟图像就离散化为$M \times N$字节的数字图像，可由计算机进行处理。

3. 编码

数字化后得到的图像数据量十分巨大，必须采用编码技术来压缩信息。在一定意义上讲，压缩编码技术是实现图像传输与存储的关键。

5.3.4 图像压缩编码技术

在平面空间上对客观的场景进行横向和纵向的离散化以后，形成的数字化图像存储为具有一定分辨率和颜色深度的图像文件。对于没有经过任何压缩的图像，我们可以根据其分辨率和颜色深度估算其占用的存储空间大小。计算图像数据量的公式为：

图像数据量(字节数)＝图像水平分辨率×图像垂直分辨率×颜素深度/8

比如分辨率是800×600的真彩色图像，其数据量在没有压缩之前，计算如下：

数据量＝800×600×24/8＝1 440 000(Byte)

表5.1所列为未压缩的不同分辨率的图像数据量。从表中数据可以看出，数字图像的数据量是很大的。为了节省存储空间和提高传输速度，图像压缩编码是非常重要的多媒体技术之一。

表5.1 图像数据量

图像大小	8位(256色)	16位(65 536色)	24位(真彩色)
640×480	300 KB	600 KB	900 KB
1 024×768	768 KB	1.5 MB	2.25 MB
1 280×1 024	1.25 MB	2.5 MB	3.75 MB

数据压缩可分成两种类型：无损压缩和有损压缩。无损压缩是指使用压缩后的数据进行重构(或者叫做还原、解压缩)，重构后的数据与原来的数据完全相同。无损压缩用于要求重构信号与原始信号完全一致的场合，例如行程长度编码(RLE)、哈夫曼编码(Huffman)等。有损压缩是指使用压缩后的数据进行重构，重构后的数据与原来的数据有所不同，但不影响人们对原始资料所表达的信息的理解。有损压缩适用于重构信号不一定非要和原始信号完全相同的场合，例如变换编码、矢量编码等。图像和声音的压缩大多采用有损压缩，因为其中包含的数据往往多于我们的视觉系统和听觉系统所能接收的信息，丢掉一些数据并不至于对声音或者图像所表达的意思产生误解，但可大大提高压缩比。大部分多媒体系统使用混合技术，即将两种技术混合在一起。

随着多媒体技术的发展和实际应用的需要，不同公司开发了许多图像处理软件，也产生了不同的图像文件格式。表5.2列出了常见的图像文件格式所采用的压缩编码方法。

表5.2 常见图像文件格式的压缩编码方法

名称	压缩编码方法	性质	典型应用	开发公司
BMP	RLE(行程长度编码)	无损	Windows应用程序	Microsoft
TIF	RLE,LZW(字典编码)	无损	桌面出版	Aldus,Microsoft
GIF	LZW	无损	Internet	CompuServe
JPEG	DCT(离散余弦编码) Huffman编码	大多为无损	Internet、数码相机等	ISO/IEC
JP2	小波变换,算术编码	无损/有损	Internet、数码相机等	ISO/IEC

5.3.5 图像文件格式

图像文件是指以文件格式保存的图像。保存图像的文件格式很多。大多数早期的图像文件格式是开发者自行定义的，不具有通用性。而目前出现了很多标准化的图像格式，如动画和因特网中使用的GIF格式、Windows系统使用的BMP格式、印刷系统使用的TIFF格式和以高压缩而比流行的JPEG格式等。

对于同一幅数字图像，采用不同的文件格式保存时，所得图像文件的数据量、色彩数量和表现力不同。著名的图像处理软件能够识别大多数图像文件并对其进行处理，但也有少数格式的图像文件必须经过转换才能被处理。以下说明部分常见的图像文件格式及其相关特点。

(1) BMP格式

BMP是使用最为普遍的位图格式之一，同时也是Windows系统下的标准格式。BMP采用位映射存储方式，颜色深度可变，备选颜色深度为1～24位。BMP文件未压缩，导致此格式文件占用存储空间较大。

(2) GIF格式

GIF是CompuServe公司在1987年开发的图像文件格式。GIF采用的调色板颜色有限，最多支持256种颜色，为了减少文件大小还会采用更少的颜色数。GIF图像的颜色深度范围为1～8位。

GIF格式的特点是压缩比高，存储空间占用较少，所以这种图像格式迅速得到了广泛的应用。最初的GIF格式只是简单地用来存储单幅静止图像，后来经过改进，GIF格式可以同时存储若干幅静止图像进而形成连续的动画，成为当时为数不多的支持2D动画的格式之一。在GIF图像中允许指定透明区域。

考虑到网络传输中的实际情况，GIF图像格式增加了渐进显示方式。也就是在图像传输过程中，用户先看到图像的大致轮廓，然后随着传输过程的继续而逐步看清图像中的细节部分。

GIF格式的缺点是不能存储超过256色的图像。尽管如此，这种格式仍在Internet上广为流行，这和GIF图像文件短小、下载速度快、可用许多具有同样大小的图像文件组成动画等优势是分不开的。

(3) JPEG格式

JPEG是由联合图像专家组(Joint Photographic Experts Group,JPEG)开发的一种图像编码标准,JPEG图像的扩展名为jpg或jpeg。它以有损压缩方式去除图像冗余和彩色数据,在获取极高压缩率的同时能展现丰富生动的图像,实现了用较少的存储空间获得较好的图像质量。

JPEG格式灵活,具有调节图像质量的能力,允许用1∶5～1∶50之间的不同压缩比例。比如,可以把1.37 MB的BMP位图文件压缩成20.3 KB的JPEG文件。JPEG格式也支持渐进传输,这与GIF的"渐进显示"类似。因此,JPEG得到了广泛应用,特别是在网络上和光盘读物中。

(4) JPEG2000格式

JPEG2000同样是由JPEG组织制定的,与JPEG相比,它具备更高压缩率以及更多新功能,是新一代静态影像压缩技术。JPEG2000的压缩率比JPEG高约30%左右。与JPEG不同,JPEG2000同时支持有损和无损压缩,而JPEG只能支持有损压缩。无损压缩对保存一些重要图像信息是十分有用的。此外,JPEG2000支持"感兴趣区域"特性,允许用户指定图像上感兴趣区域的压缩质量,并可以选择指定的部分先解压缩。

JPEG2000格式可应用于传统的JPEG市场,如扫描仪、数码相机等,亦可应用于网络传输、无线通信等领域。

(5) TIFF格式

TIFF称作标签图像文件格式,是一种主要用来存储包括照片和艺术图在内的图像文件格式。它最初是由Aldus公司与微软公司一起为跨平台打印而开发的。目前,TIFF格式得到了广泛的支持,很多图像处理软件、印刷排版软件、扫描软件和光学字符识别软件都支持这种格式。

TIFF文件格式灵活、适应性强,可以在一个文件中处理多幅图像和数据。它还支持各种各样的图像压缩选项以及基于矢量的裁剪区域。TIFF与JPEG和PNG一起成为流行的高位彩色图像格式。

(6) PNG格式

PNG是一种新兴的可移植网络图像格式。它汲取了GIF和JPEG的优点,兼有GIF和JPEG的颜色模式。PNG使用无损压缩,保留所有与图像品质有关的信息。PNG图像的显示速度很快,只需下载1/64的图像信息就可以显示出低分辨率的预览图像。

PNG格式支持透明图像,在制作网页图像的时候非常有用。例如可以把图像背景设为透明的,用网页本身的颜色信息代替设为透明的颜色,让图像和网页背景和谐地融合在一起。

(7) PSD格式

PSD是Adobe公司的图像处理软件Photoshop的专用格式。PSD格式图像是Photoshop进行平面设计的"草稿图",其中包含有各种图层、通道、蒙版等多种设计的样稿,以便于下次打开文件时能继续上一次保存的工作。

在 Photoshop 所支持的各种图像格式中，PSD 的存取速度比其他格式快很多，功能也很强大。由于 Photoshop 越来越广泛地被应用，所以这种格式日渐流行。

(8) DXF 格式

DXF 格式的文件是 Autodesk 公司 AutoCAD 的矢量文件，它以文本方式存储文件，在表现图形的大小方面十分精确。DXF 格式的文件一般用于存储工程图纸。目前，许多软件都支持 DXF 格式的文件输入与输出。

(9) WMF 格式

WMF 格式是 Windows 中一种常见的图形文件格式，属于矢量图形格式，在 Office 剪辑库中的图像使用的就是该格式。它具有文件尺寸小的特点，整个图形常由各个独立的组成部分拼接而成，因此视觉效果往往较为粗糙。

5.3.6　数字图像处理与应用

1. 数字图像处理

数字图像处理是指利用计算机技术对图像进行降噪、增强、复原、分割、提取特征、压缩、存储、检索等操作，主要应用包括以下几个方面：

① 改善图像视觉质量。例如，调整图像的亮度和色调，图像几何变换，特技或效果处理等。

② 图像复原与重建。例如对遥感图像进行几何校正，对老照片消除退化，对图像进行二维重建或三维重建等。

③ 图像分析。提取图像中的特征信息，如频度、灰度、边界、区域、纹理、形状、拓扑以及关系结构特征等，为图像分类、识别、理解提供依据。

④ 图像数据压缩编码。这有利于图像存储和传输。

⑤ 图像存储、检索、传输。

2. 图像处理软件

图像处理软件与应用密切相关，具有较强的专业性，例如遥感应用和医学应用等。普通用户常使用办公自动化、桌面出版类型的图像处理软件，也称为图像修饰或图像编辑软件。其中 Adobe 公司的 Photoshop 是应用最广泛的图像编辑软件之一，它的主要功能包括：

① 图像的显示控制。

② 图像区域选择。

③ 图像编辑操作。

④ 图像滤镜操作。

⑤ 绘图功能。

⑥ 文字编辑功能。

⑦ 图层操作。

其他常用的图像编辑软件包括：Windows 中的画图软件(Paint)和映像软件(Imaging for Windows)，Office 中的 Microsoft Photo Editor，Ulead System 公司的 Photo Impact，ACD System 公司的 ACDSee32 等。

3. 数字图像应用

数字图像处理在通信、遥感、电视、出版、广告、工业生产、医疗诊断、电子商务等领域都有广泛的应用,例如:

① 图像通信。如传真、可视电话、视频会议等。

② 遥感。对航空遥感或卫星遥感图像进行处理加工,用于矿藏勘探、地理资源调查、自然灾害预测、环境污染检测、气象预报和地面目标识别等。

③ 医疗诊断。如利用X射线、超声、计算机断层扫描(CT)、核磁共振等技术所成图像进行病理分析和疾病诊断。

④ 工业生产应用。如产品质量检测、生产过程监控等。

⑤ 机器人视觉。

⑥ 军事、安全、档案管理应用。

5.3.7 计算机图形学

计算机图形学研究的是用计算机模型来生成真实的或想象中物体的图像。图形通常由点、线、面、体等几何元素和灰度、色彩、线型、线宽等非几何属性组成。从处理技术上看,图形分为两类:基于线条信息表示的,用于刻画物体形状的几何要素图形,如工程图、等高线地图、曲面的线框图等;反映物体表面属性或材质特征的非几何要素图形,如基于物体描述模型和光照模型的真实感三维图形。

计算机图形处理是指利用由概念或数学描述所表示的物体的几何数据或几何模型,用计算机进行显示、存储、修改、完善以及有关操作的过程。图形处理包括:

① 几何变换,如平移、旋转、缩放、透视和投影等。

② 曲线和曲面拟合。

③ 建模或造型。

④ 隐线、隐面消除。

⑤ 阴暗处理。

⑥ 纹理产生。

⑦ 着色。

计算机图形处理技术的主要应用领域有:

① 计算机辅助设计与制造(CAD/CAM)。

② 图形化的用户界面。

③ 地形地貌和自然资源图。

④ 科学计算可视化。

⑤ 计算机动画和艺术。

常用的计算机绘图软件有AutoCAD、MAPInfo、ARCIfor等专用领域的绘图软件,也有通用的办公事务处理、平面设计、桌面出版所涉及的二维绘图软件,如Corel公司的CoreDRAW,Adobe公司的Illustrator,Macromedia公司的FreeHand,微软的Microsoft Visio等。

图形和图像在用户看来是一样的,而对多媒体制作者来说是完全不同的。同一幅图,例如一条线段,矢量图形记录的信息是线段的开始点和结束点坐标数据以及线段的颜色编码信息,而图像需要记录在整个图的范围内每个坐标点上的像素颜色信息。

随着计算机技术的飞速发展,图形和图像之间的界限已越来越小,它们互相融会贯通。例如,文字或线条表示的图形在扫描到计算机时,从图像的角度来看,均是一种由最简单的二维数组表示的点阵图。在经过计算机自动识别出文字或自动跟踪出线条时,点阵图就可形成矢量图了。目前汉字手写体的自动识别、图文混排的印刷体的自动识别等都体现了图像处理技术借用了图形生成技术,而地理信息和自然现象的真实感图形表示、计算机动画和三维数据可视化等领域在三维图形构造时又采用了图像信息的描述方法。因此,图形和图像的结合应用和研究越来越成为计算机多媒体技术的发展趋势之一。

5.4 音频

音频信息包括人的声音、音乐以及风雨声、机器声等自然界中的各种声响。声音携带了大量的信息,是人类表达、传递信息的主要媒体之一。在多媒体应用中,适当地运用语音和音乐能起到其他媒体无法替代的效果,使得多媒体应用更加生动、形象。

在多媒体技术中,声音媒体可按声音自身用途和音频特点进行分类,按声音的用途分类,声音可分为语音(如人的说话声)、音乐(如各种配乐)和声效(如自然界中的各种声音)等。按声音的音频特点分类,声音可分为波形声音、语音和音乐三类。

5.4.1 音频的基本概念

声音是多媒体技术研究中的一个重要内容,是计算机处理的重要数据信息。声音是通过空气传播的一种连续的振动波,叫"声波"。声音的强弱体现在声波压力的大小上,音调的高低体现在声音的频率上。声音用电信号表示时,声音信号在时间和幅度上都是连续的模拟信号。

1. 声音的描述参数

① 振幅:波形最高点(或最低点)与基线间的距离为振幅,表示声音的强弱。

② 周期:两个连续波峰间的时间长度称为周期。

③ 频率:一秒钟内出现的周期数(振动次数),以 Hz 为单位。通常,频率小于 20 Hz 的信号称为"亚音信号"或"次音信号"(subsonic);频率范围为 20 Hz～20 kHz 的信号称为"音频"(audio)信号;虽然人的发音器官发出的声音频率大约是 80～3 400 Hz,但人说话的信号频率通常为 300～3 000 Hz,人们把在这种频率范围的信号称为"语音(speech)信号";高于 20 kHz 的信号称为"超音频信号"或"超声波(ultrasonic)信号"。超音频信号具有很强的方向性,而且可以形成波束,在工业上得到了广泛的应用,如超声波探测仪、超声波焊接设备等就是利用这种信号。在计算机领域的多媒体技术中,处理的信号主要是音频信号,它包括音乐、话音、风声、雨声、鸟叫声、机器声等。

2. 声音的三要素

① 音调:声音高低,与频率有关。

② 音色:声音特点。声音分纯音(振幅、周期均为常数)和复音(不同频率、不同振幅的

混合声音)两类,复音中频率最低的基音和各种频率的谐音是构成音色的重要因素。

③ 音强:声音强度(响度或音量),与振幅成正比。

声音的特点是从声源发出,靠介质传播,因此声音具有方向性、可传播性及可衰减性。不同的声源的频域(频率范围)差异很大,声音在不同的介质中传播、衰减的速度不同。

5.4.2 音频输入与输出

代表声音的模拟信息是连续模拟正弦波,不能由计算机直接处理,必须将其数字化,而计算机输出的声音也需要还原成模拟信号。

1. 音频信号的数字化

声音进入计算机的第一步就是数字化,数字化实际上就是采样、量化和编码的过程(称为"数模转换")。图 5.11 描述了音频信号数字化的过程。声音的质量与频域和音色有关,影响数字音频的因素有:采样频率、量化精度(数据位数)。频率越低,数据位越少,音质越差。录制声音时,音频信号幅度与噪声幅度比值(信噪比)越大越好。

模拟音频信号 → 采样 → 量化 → 编码 → 数字音频信号

图 5.11 音频信号的数字化过程

(1) 采样

采样过程就是按规定的时间间隔采集一段时间内的声音模拟信号,即获得采样时刻模拟信号幅度值。相邻两次采样的时间间隔称为"采样周期"。采样频率是采样周期的倒数。采样频率的高低是根据 Nyquist 理论而定:采样频率不应低于声音信号最高频率的两倍,这样就能把以数字表达的声音还原成原来的声音,这叫做"无损数字化"。因此,电话话音的信号频率约为 3.4 kHz,采样频率就选为 8 kHz。通常采样频率越高,对于原声音曲线的模拟就越精确。采样的结果就是声音的数字化信息,又称"声音样本"。

声音通道数指一次采样的声音波形数。单声道一次采样一个波形,双声道(立体声)一次采样两个声音波形。采用立体声道的声音更丰富,但存储空间要多占用一倍,多声道声音的数据量更大。

(2) 量化

量化精度是用每个声音样本的存储位数 bit/s(即 bit per sample,bps)表示的,它反映度量声音波形幅度的精度。例如,每个声音样本用 16 位(2 字节)表示,测得的声音样本值是在 0~65 536 范围里,那么它的精度就是输入信号的 1/65 536。样本位数的大小会影响声音的质量,位数越多,声音的质量越高,而需要的存储空间也越多;位数越少,声音的质量越低,需要的存储空间越少。

声音经过采样和量化得到的声音数据所需要的存储容量按照下列公式计算:

存储容量(字节)=采样频率×量化精度/8×声道数×时间

例如,一段持续 1 min 的双声道声音,若采样频率为 44.1 kHz,量化精度为 16 位,不考虑数据压缩,数字化后所需要的存储容量为:

44.1×1 000×16/8×2×60=10.584(MB)

(3) 编码

为了方便数据的传输和存储，数字音频的编码必须具有压缩声音数据的能力。最常采用的音频压缩方法是自适应脉冲编码调制法(ADPCM)。ADPCM压缩编码具有信噪比高，数据压缩倍率可达2～5倍，却不会明显失真的特点。

(4) 声音输入设备

声音的输入主要通过麦克风和声卡。麦克风的作用是将声波转换为电信号，声卡的作用是将电信号数字化。

2. 音频信号的输出

计算机输出声音的过程称为声音的播放，通常分两步。首先把声音从数字形式转换成模拟信号(声音的重建)，再将重建的模拟声音经过处理和放大送到扬声器或音箱输出。

声音的重建是音频信号数字化的逆过程，也分为三步，如图5.12所示。

(1) 解码

将压缩的数字音频信号恢复为压缩编码前的状态。

(2) 数/模转换

将数字声音样本转换为模拟信号样本(称为数/模转换)。

(3) 插值

把时间离散的一组样本转换成在连续时间内的模拟信号。

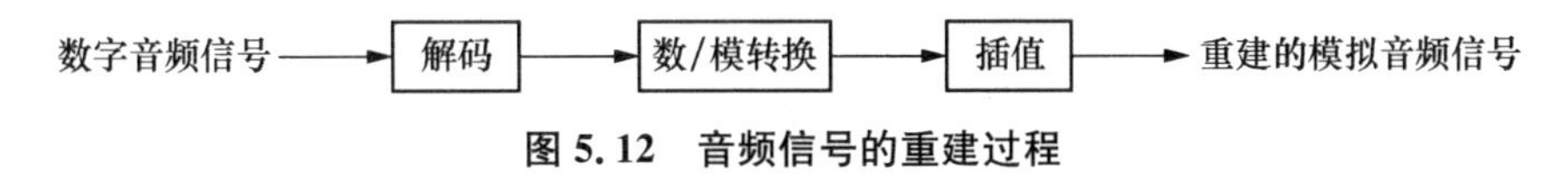

图5.12 音频信号的重建过程

3. 声卡的功能

声卡是多媒体计算机必备的部件之一，用来处理各种类型的数字化声音信息。声卡一般由Wave合成器、MIDI合成器、混音器、MIDI电路接口、CD-ROM接口和DSP数字信号处理器等组成。声卡硬件结构如图5.13所示。

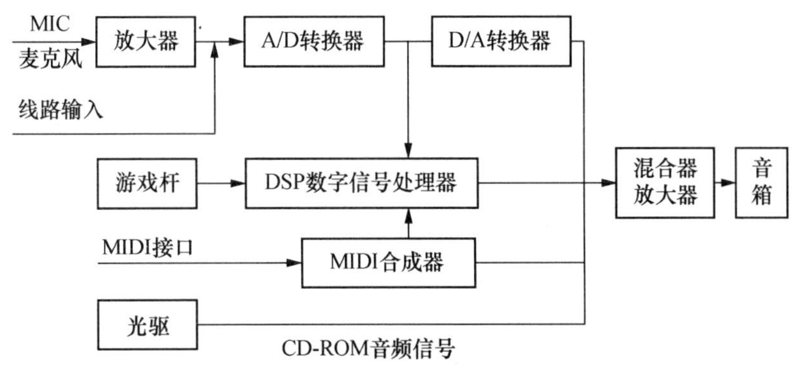

图5.13 声卡的硬件结构

麦克风和喇叭使用的都是模拟信号，而计算机所能处理的都是数字信号，声卡的作用就是实现信号的转换。从结构上分，声卡可分为模/数转换电路和数/模转换电路两部分，模/数转换电路负责将麦克风等声音输入设备采集到的模拟信号转换为计算机可以处理的数字信号，而数/模转换电路负责将计算机使用的数字声音信号转换为喇叭等设备能使用的模拟信号。在播放 MIDI 时，根据所使用的乐器到滤波查询表中查询该乐器的资料，经过数/模转换成模拟信号后可以达到令人满意的音乐效果。

声卡的主要功能有以下几点：

① 录制与播放音频文件。

② 编辑合成波形音频文件。

③ 文语转换和语音识别。

④ MIDI 音乐录制和合成。

5.4.3 音频压缩编码技术

1. 音频的数据量

数字音频信号采用一种二进制的串行位流的形式，按照时间顺序编码。音频文件的主要参数有采样频率、量化精度、声道数目，压缩算法以及比特率(bit rate)。比特率也称为“码率”，它是最重要的参数，表示每秒钟的数据量，一般采用的单位是 kbps，即千位每秒。

未压缩的音频文件的数据传输率为：

数据传输率(bps)＝采样频率(Hz)×采样位数(bit)×声道数

未压缩的音频文件的数据量为：

数据量(KB)＝(采样频率 kHz×采样位数(bit)×声道数×时间(s))/8

一般来说，音频数据量非常庞大。例如，对于 3.4 kHz 的模拟话音信号，若采样频率取 8 kHz，每个采样值利用 8 位二进制数来编码，则每秒钟的数据量为 8 KB，若用网络传输则需要占用 64 Kb/s 的数字信道；对于模拟带宽为 22 kHz 的高保真立体声音乐信号，若采样频率选为 44.1 kHz，每个采样值用 6 位二进制数来编码，则每秒钟的数据量为 1.345 Mb。

2. 音频压缩标准

在计算机系统的音频数据的存储和传输过程中，数据压缩是必需的。通常压缩数据会造成音频质量的下降，计算量的增加。因此人们在实施数据压缩时，在语音质量、数据率、计算量三方面要进行综合考虑。

为了减少数据率，专家们致力于压缩编码的研究。国际电报电话咨询委员会(CCITT)先后提出了一系列语音压缩编码的建议。压缩方法可分为波形编码、参数编码和混合编码。基于波形的压缩编码方法可获得高质量语音，但数据率不易降低。参数编码方法的数据率低，但质量不易提高。近几年出现的混合编码方法把波形编码方法的高质量和参数编码方法的低数据率结合在一起，取得了较好的效果。

(1) ITU-TG 系列音频压缩标准

国际上主要有国际电信联盟(ITU)和国际电工委员会(IEC)两个国际标准组织研究制定电信方面的标准。IEC 着重制定与产品有关的标准，而 ITU 则着重于制定与应用有关的标准。国际电信联盟电信标准化部门(ITU-T)主要制定全球电信领域中有关技术和应用方面的标准。国际上，对于语音信号压缩编码的审议在 CCITT 下设的第十五研究组进行，相应的建议为 G 系列。ITU-T 在 G 系列建议中对语音编码技术进行了标准化，已经公布了一系列语音编码协议，采用波形编码方式的主要有 G. 711、G. 721、G. 722、G. 723、G. 726、G. 727，采用参数编码方式的主要有 G. 728、G. 729、G. 729A、G. 723. 1。

(2) MPEG 音频编码标准

MPEG 代表的是 MPEG 活动影音压缩标准，MPEG 音频文件指的是 MPEG 标准中的声音部分，即 MPEG 音频层。MPEG 音频文件根据压缩质量和编码复杂程度的不同可分为三层(MPEG Audio Layer 1/2/3)，分别与 MPl、MP2 和 MP3 这三种声音文件相对应。

MPEG 音频编码具有很高的压缩率，如表 5. 3 所示，MPl 和 MP2 的压缩率分别为 4∶1 和 6∶1～8∶1，而 MP3 的压缩率则高达 10∶1～12∶1，也就是说 1 分钟 CD 音质的音乐未经压缩需要 10 MB 存储空间，而经过 MP3 压缩编码后只有 1 MB 左右，同时其音质基本保持不失真。因此，目前 Internet 上的音乐格式以 MP3 最为常见。

表 5. 3 MPEG-1 Audio 的三个压缩层次

Layer	压缩比	输出数据率	用途
Layer1	4∶1	384 Kb/s	小型数字盒式磁带
Layer2	6∶1～8∶1	256～192 Kb/s	数字广播声音、数字音乐、CD、VCD
Layer3	10∶1～12∶1	64 Kb/s	Internet 上的声音传播

(3) MP4

MP3 问世不久，就凭借较高的压缩比和较好的音质创造了一个全新的音乐领域，但 MP3 的开放性不可避免地导致了版权之争，在这样的背景下，文件更小、音质更好并能有效保护版权的 MP4 应运而生了。MP3 是一个音频压缩的国际标准，而 MP4 却是一个商标的名称，它采用美国电话电报公司(AT&T)开发的以“知觉编码”为关键技术的 A2B 音频压缩技术，能将压缩比成功地提高到 15∶1 而不影响音乐的实际听感。

(4) AC-3 编码和解码

AC-3 音频编码标准的起源是 Dolby AC-1。AC-1 应用的编码技术是自适应增量调制(ADM)，它把 20kHz 的宽带立体声音频信号编码成 512Kb/s 的数据流。AC-1 曾在卫星电视和调频广播上得到广泛应用。1990 年 Dolby 实验室推出了立体声编码标准 AC-2，其数据率在 256 Kb/s 以下，被应用在 PC 声卡和综合业务数字网等领域。AC-3 是在 AC-1 和 AC-2 的基础上发展出来的多通道编码技术，因此保留了 AC-2 的许多特点。另外，AC-3 还利用了多通道立体声信号间的大量冗余，对它们进行“联合编码”，从而获得了很高的编码效率。AC-3 的开发起源于 HDTV。在美国，AC-3 已用于数字有线电视，已与 HDTV 相容，还可应用于高密度多功能光盘 DVD 的音频标准。

5.4.4 音频文件格式

在多媒体技术中，存储音频信息的常见文件格式主要有：WAV、MPEG、RealAudio 和 MIDI 等。目前音频存储格式见表 5. 4。

表 5.4　常见音频文件格式

文件的扩展名	说明
au	Sun 和 NeXT 公司的声音文件存储格式
aiff(Audio Interchange)	苹果计算机上的声音文件存储格式
cmf(Creative Music Format)	声霸(SB)卡的 MIDI 文件存储格式
mct	MIDI 文件存储格式
mff(MIDI Files Format)	MIDI 文件存储格式
mid(MIDI)	Windows 的 MIDI 文件存储格式
mp2	MPEG Layer 1,2
mp3	MPEG Layer 3
mod(Module)	MIDI 文件存储格式
rm(RealMedia)	RealNetworks 公司的流式声音文件格式
ra(RealAudio)	RealNetworks 公司的流式声音文件格式
rol	Adlib 声音文件存储格式
snd(sound)	苹果计算机上的声音文件存储格式
seq	MIDI 文件存储格式
sng	MIDI 文件存储格式
voc(Creative Voice)	声霸卡的声音文件存储格式
wav(Waveform)	Windows 采用的波形声音文件存储格式
wrk	Cakewalk Pro 软件采用的 MIDI 文件存储格式

(1) WAV 格式

WAV 格式又称波形文件，是微软公司开发的一种音频文件格式。WAV 格式支持 MS-ADPCM、CCITT G.711 等多种压缩算法。尽管 WAV 格式支持音频数据的压缩存储，但大多数情况下，WAV 文件是未经压缩的，文件尺寸较大。作为最主要的 Windows 音频格式，WAV 格式得到广泛支持。WAV 格式常用于多媒体系统、音乐光盘制作，用来记录物理波形，数据量大。

(2) MP3 格式

MPEG(Moving Picture Expert Group，运动图像专家组)是 ISO、IEC、JTC、SC2、WG11 联合成立的专家组，其目标是开发满足各种应用的运动图像及其伴音的压缩、解压缩和编码描述的国际标准。MPEG 标准包括 MPEG 视频、MPEG 音频和 MPEG 系统(视频、音频同步)三个部分。已发布的标准有 MPEG-1、MPEG-2、MPEG-4、MPEG-7 和 MPEG-21 等。通常 VCD 遵循的就是 MPEG-1 编码格式。MP3 压缩音频文件的数据量小，必须经过解压缩才能播放，例如早些年专门播放 MP3 文件的 MP3 播放器。

(3) WMA格式

WMA格式来自于微软公司,其音质优于MP3,压缩比一般可以达到18∶1左右。WMA格式的一个优点是内容提供商可以通过DRM(数字版权管理)实现版权保护。这种版权保护技术可以限制多媒体内容的播放时间和播放次数,甚至可应用于播放的机器中。WMA格式还支持音频流(Streaming)技术,适合在线收听。Windows Media Player具有把CD光盘文件直接转换为WMA格式的功能。

(4) ASF格式

ASF格式也源于微软公司,是一种支持在各类网络和协议上传输数据的标准。ASF格式支持音频、视频及其他多媒体数据。WMA文件相当于是只包含音频的ASF文件。

(5) RM格式

RM是RealNetworks公司所制定的音频/视频压缩规范,它是一种在Internet上流行的跨平台多媒体应用标准。该标准不仅能在宽带网络上提供优质的多媒体服务,还能够以28.8 kb/s的传输速率提供连续立体声和视频应用。RM音频格式主要有RA(Real Audio)、RM(Real Media)和RMVB(可变比特率的RM)。

(6) VQF格式

VQF格式是NTT公司与Yamaha公司共同开发的一种音频压缩格式。它的压缩率能够达到18∶1,因此在相同情况下,VQF文件比MP3文件小30%～50%,同时还能保持极佳的音质。

(7) CD-DA格式

CD-DA格式是激光音频文件格式,能准确记录声波,数据量大,经过采样可生成WAV和MP3格式的音频文件。标准CD-DA格式的采样频率为44.1 kHz,量化位数为16位,双声道,是近似无失真的。CD-DA光盘可以在CD播放器中播放,也能用计算机上的各种播放软件来播放。CD音频曲目文件CDA只是索引,并不包含音频数据,所以不论CD音频的长短,从计算机上看到的CDA文件的大小都是44字节。

(8) VOC格式

VOC格式主要用于DOS操作系统。它由文件首部和音频波形数据块组成,在文件首部又包括标志符、版本号和一个指向数据块开始位置的指针等。

(9) MIDI格式

乐器数字接口(MIDI)是由世界上主要电子乐器制造厂商建立起来的一个国际通信标准。MIDI文件记录的是一系列指令,而不是波形数据,所以它占用的存储空间要比WAV文件小很多。MIDI格式用于合成和游戏,使用数字记录音符时值、频率和音色特征,数据量小。

(10) AIFF文件

AIFF是音频交换文件格式的英文缩写,是苹果计算机公司开发的一种音频文件格式,被Macintosh平台及其应用程序所支持,其他专业音频软件包也同样支持这种格式。

5.4.5 常用音频编辑软件

音频编辑工具用来录放、编辑和分析声音文件。音频编辑工具使用得相当普遍,但它们的功能相差很大。下面列出了比较常见的几种工具。

1. Windows 自带的录音机

Windows 操作系统自带的录音机程序是一个功能实用而且操作简单的音频文件编辑和处理软件,如图 5.14 所示。使用录音机程序可以录制、播放以及编辑处理音频。需要注意的是使用录音机程序录音时,计算机要安装麦克风,录下的声音被保存为波形(.wav)文件。

图 5.14　Windows 的录音机程序

2. 声卡附带的软件工具

声卡一般都附带了音频编辑工具,例如 WaveStudio,能够轻松地管理和执行各种音频编辑任务,具体功能包括:播放、编辑和录制 8 位、16 位和 24 位波形数据;通过所提供的多样化的特殊效果和各种编辑操作,加强波形数据或创作独特的音频效果;同时打开并编辑多个音频文件;支持打开 RAW、WMA 和 WAV 数据文件。WaveStudio 的用户界面如图 5.15 所示。

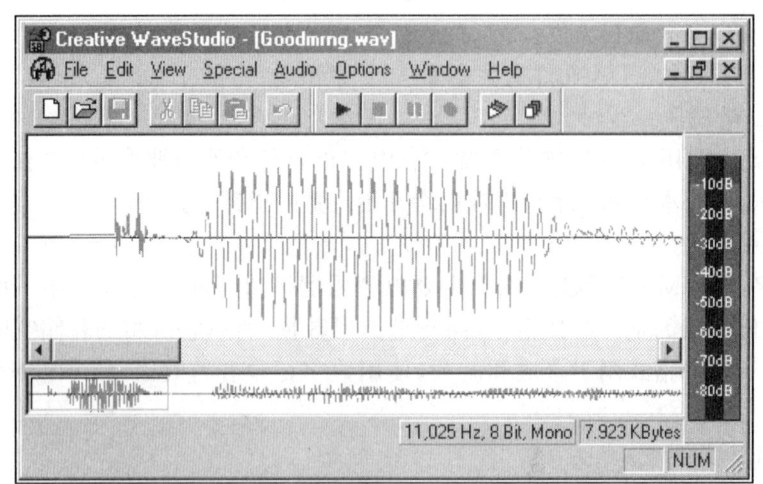

图 5.15　Creative WaveStudio Version 4.00 的用户界面

3. 网络上下载的工具

Internet 上有许多站点提供试用的或者免费的音频编辑工具。图 5.16 所示的就是从 Internet 上下载的供试用的 CoolEdit 工具。CoolEdit 是 Syntrillium 公司出品的一款集录

音、编辑、合成等多种功能于一体的数字音频编辑软件。借助 CoolEdit，相当于拥有了一座专业的计算机模拟录音棚，即同时拥有了多轨数码录音机、音乐编辑机和音乐合成器，能够制作出各种美妙的音乐作品。CoolEdit 可以对音频文件进行降噪、扩音、剪接等处理，同时提供添加立体环绕、淡入淡出、3D 回响等多种特效，还可以实现将多个音频文件进行合并、混合等操作，也可以实现多种音频文件格式间的转换。类似的工具还有 GoldWave 公司的音频编辑工具等。

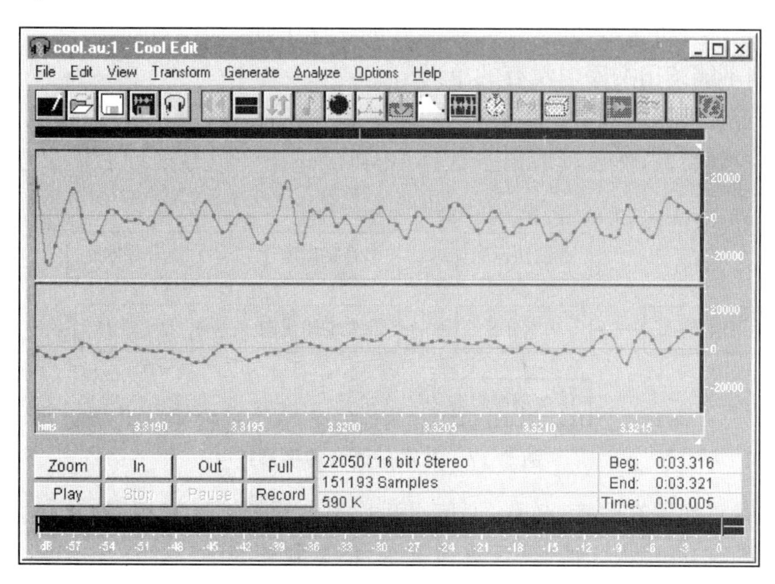

图 5.16　CoolEdit 的用户界面

5.4.6　音频合成技术与语音识别技术

音频合成技术通过计算机合成声音，主要有两类：一类是合成音乐或音效，另一类是合成语音。语音识别技术以语音为研究对象，是通过计算机分析语音信号的特征参数，理解语音的语义，最终实现人与机器进行自然语言交互的一种技术。目前语音识别的主要应用是通过文本—语音转换器和语音识别器来实现。

1. MIDI 音乐

计算机合成音乐常用的是 MIDI(Musical Instrument Digital Interface，电子乐器数字接口)音乐。计算机的媒体播放器在播放 MIDI 音乐时，读取 MIDI 文件，解释内容并翻译成合成命令，由声卡按照合成命令发出 MIDI 消息(命令)，由音乐合成器合成出各种音符并播放出音乐。

计算机合成 MIDI 音乐的三要素是：乐器、乐谱和演奏人员。计算机的声卡一般都带有音源，音源也称“音乐合成器”，相当于乐器集合，可以模仿几十种乐器的声音。MIDI 乐谱是用 MIDI 音乐描述命令所编辑的 MIDI 文件，一份乐谱对应一个 MIDI 文件，文件扩展名是 mid。计算机中支持 MIDI 音乐播放的软件就相当于演奏人员，例如 Microsoft Media Player、Real Player 等。

MIDI 音乐与波形音频相比音质稍差，但是有数据量小的优点，适合手机铃声、游戏音效等应用。

2. 文本—语音转换

文本—语音转换是将文本形式的信息转换成为自然语言的一种技术。文本—语音转换器分为综合和连贯两种类型。

综合语音系统是通过分析单词,由计算机确认单词的发音,然后将这些音素输入到一个复杂的模仿人声并发声的算法中,这样计算机就可以阅读文本了。综合的文本—语音转换器能读任何单词,甚至自造的词,但没有感情,有明显的机器语音的味道。

连贯语音系统分析文本,并从预先录制好的文库中抽取单词和词组的录音。这样的效果比较自然,但不能读出文库中没有的单词。

文本—语音转换器的基本工作过程是:首先输入的汉字文本经过语言学和语音学处理后得到语流的控制参数,然后读取语音数据库,再经过语音信号处理后输出连续的语音,如图 5.17 所示。

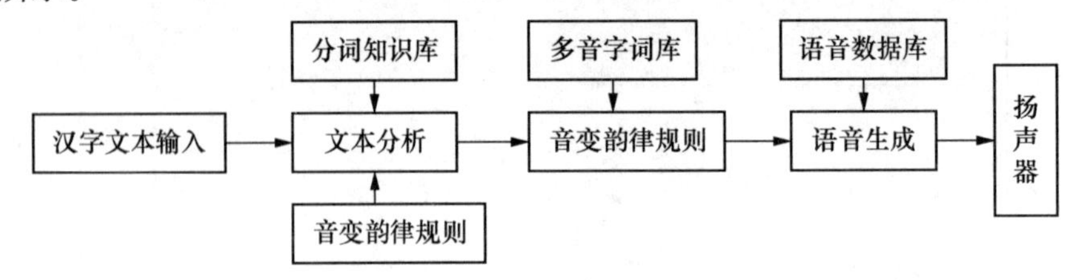

图 5.17　文本—语音转换系统

文本—语音转换器在医疗、教育、通信、信息、家电等领域具有相当广泛的应用。目前已经逐步实用化的有:残障人士康复、计算机训练、信息服务等。

3. 语音识别

语音识别技术就是让机器通过识别和理解过程把语音信号转变为相应的文本或命令的技术。让机器识别语音的困难在某种程度上就像一个外语不好的人听外国人讲话一样,与不同的说话人、不同的说话速度、不同的说话内容以及不同的环境条件有关。语音信号本身的特点造成了语音识别的困难。这些特点包括多变性、动态性、瞬时性和连续性等。计算机的语音识别过程与人对语音的识别处理过程基本上是一致的。目前主流的语音识别技术是基于统计模式识别的基本理论,分为训练和识别两个阶段。在训练阶段,语音识别系统对人类的语言进行学习,学习结束后把学习内容组成语音库存储起来;在识别阶段,就可以把当前输入的语音在语音库中查找相应的词义或语义。

不同的语音识别系统虽然在具体实现细节上有所不同,但所采用的基本技术相似,一个典型语音识别系统的实现过程如图 5.18 所示。语音识别技术主要包括特征提取技术、模式匹配准则及模型训练技术三个方面。此外,还涉及语音识别单元的选取。

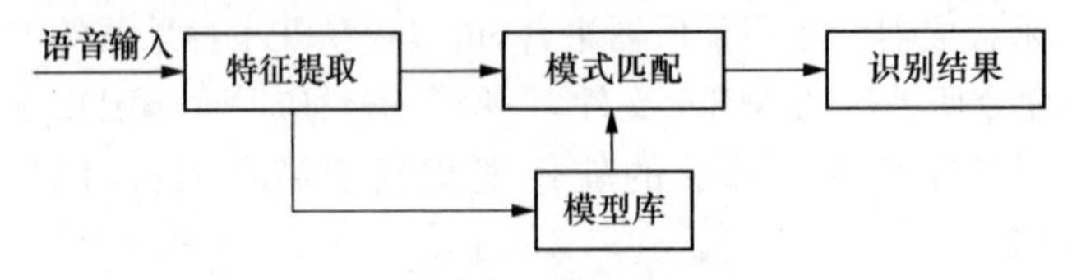

图 5.18　语音识别系统的实现过程

在语音识别领域，早期有 IBM 推出的 ViaVoice 中文连续语音识别系统已经实现了高度智能化的语音识别。ViaVoice 具有自动识别非特定人、无限量词汇、连续语音识别、高识别率、专业文章智能分析、智能理解、网上语音聊天等功能。目前有着强大生命力的 5 款主流语音识别工具有：CMU Sphinx、Kaldi、HTK、Julius 和 ISIP。

5.5　视频

视频（Video）是指内容随时间连续变化的图像序列，也称为“活动图像”或“运动图像”。常见的视频有电视、计算机数字视频、计算机动画、数字电视等。模拟电视是典型的模拟视频，处理的对象是模拟信号。电视视频要转换成计算机数字视频，需要经过捕获模拟视频信号、将模拟信号转换成数字信号、压缩与解压缩等过程。计算机动画是计算机制作的图像序列，是计算机合成的视频。数字电视是将数字化技术应用在电视领域的产物。

5.5.1　视频基础知识

人类接受的信息 70％来自视觉，其中活动图像是信息量最丰富、直观、生动、具体的一种承载信息的媒体。视频就其本质而言，就是其内容随时间变化的一组动态图像。从数学角度描述，视频指随时间变化的图像，或称为“时变图像”。

与其他媒体信息相比，视频信息具有以下特点：

① 具有高分辨率，色彩逼真（真彩色）。

② 伴随有与画面动作同步的声音（伴音）。

③ 信息容量大，通过视觉获得的视频信息往往比通过听觉获取的音频信息有更大的信息量。

图像与视频是两个既有联系又有区别的概念：静止的图片称为图像（Image），运动的图像称为视频（Video）。此外，两者的信源方式不同，图像的输入要靠扫描仪、数码相机等设备，而视频的输入只能靠电视接收机、摄像机、录像机、影碟机以及可以输出连续图像信号的设备。

按照处理方式的不同，视频分为模拟视频和数字视频。

1. 模拟视频

模拟视频是一种用于传输图像和声音的并且随时间连续变化的电信号。早期视频的记录、存储和传输都是采用模拟方式。例如，人们在电视机上所见到的视频图像是以一种模拟电信号的形式来记录的，它依靠模拟调幅的手段在空间传播，再用盒式磁带录像机将其作为模拟信号存放在磁带上。

模拟视频具有以下特点：

① 以模拟电信号的形式来记录。

② 依靠模拟调幅的手段在空间传播。

③ 使用盒式磁带录像机将视频作为模拟信号存放在磁带上。

传统的视频信号都是以模拟方式进行存储和传送的，然而模拟视频不适合网络传输，在传输效率方面先天不足，而且图像随时间和频道的衰减较大，不便于分类、检索和编辑。

视频中的单幅静止图像称为“帧(frame)”，每秒钟连续播放的帧数称为“帧率”，单位是“帧/秒(f/s)”。人类的视觉系统具有视觉暂留的特点，在连续播放图像的速度达到 20 f/s 时，几乎很难有画面断续的感觉。视频技术通常采用的帧率有 24 f/s、25 f/s 和 30 f/s。我国采用的 PAL 电视制式的帧率为 25 f/s，电影采用的帧率是 24 f/s。美国采用 NTSC 电视制式，帧率为 30 f/s。视频图像同时伴随一个或多个音轨以提供音效。

电视信号是视频处理的重要信息源。电视信号的标准也称为电视的制式。目前各国的电视制式不尽相同，不同制式之间的主要区别在于不同的刷新速度、颜色编码系统、传送频率等。目前世界上常用的电视制式有中国和欧洲部分国家使用的 PAL 制式、美国和日本使用的 NTSC 制式及法国等国所使用的 SECAM 制式等。

NTSC、PAL、SECAM 和 HDTV 是常见的几种彩色电视制式。

NTSC 制式是 1952 年由美国国家电视标准委员会制定的彩色电视广播标准。美国、加拿大等大部分西半球国家以及日本、韩国、菲律宾等国和中国的台湾地区采用该制式。NTSC 制式规定：帧率为 30 f/s，每帧 525 行，宽高比是 4 ∶ 3，隔行扫描，场扫描频率是 60Hz，颜色模型为 YIQ。

PAL 制式是 1962 年由德国制定的彩色电视广播标准，PAL 意指“相位逐行交变”。德国、英国等一些西欧国家以及中国、朝鲜等亚洲国家采用这种制式。PAL 制式规定：帧率为 25 f/s，每帧 625 行，宽高比是 4 ∶ 3，隔行扫描，场扫描频率是 50 Hz，颜色模型为 YUV。

SECAM 制式是 1965 年由法国制定的彩色电视广播标准，意为“顺序传送色彩与存储”。这种制式与 PAL 制式相类似，差别在于 SECAM 制式中的色度信号是频率调制(FM)。法国、俄罗斯和一些东欧国家采用这种制式。

HDTV 制式称为“高清晰度电视制式”，是目前发展迅猛的一种彩色电视广播标准。一般认为，HDTV 制式要求：每帧扫描在 1 000 行以上，宽高比是 16 ∶ 9，逐行扫描，有较高的扫描频率，传送的信号全部数字化。

不同制式的电视机只能接收和处理其对应制式的电视信号。也有多制式或全制式的电视机，这为处理和转换不同制式的电视信号提供了极大的方便。全制式电视机可在各国各地区使用，而多制式电视机一般为指定范围的国家生产。

2. 数字视频

要使计算机能够对视频进行处理，必须把视频源，即来自于电视机、模拟摄像机、录像机、影碟机等设备的模拟视频信号转换成计算机要求的数字视频形式存放在磁盘上，这个过程称为视频的数字化过程(包括采样、量化和编码)。

数字视频克服了模拟视频的局限性，这是因为数字视频可以大大降低视频的传输和存储费用，增加交互性(数字视频可通过光纤等介质高速随机读取)，带来精确再现真实情景的稳定图像。

目前，数字视频的应用已经非常广泛，并带来一个全新的应用局面。首先，包括直播卫星(DBS)、有线电视、数字电视在内的各种通信应用均需要采用数字视频；其次，VCD、DVD、数字式便携摄像机都是以 MPEG 视频压缩为基础的。

与模拟视频相比，数字视频具有很多优点。例如，适合于网络应用，复制和传输不会造成信号质量下降，易于编辑修改，抗干扰能力强，易于加密，可节省频率资源等。

要让计算机处理视频信息，首先要解决的是视频数字化的问题。视频数字化是将模拟视频信号进行模/数转换和颜色空间转换，转变为计算机可处理的数字信号，与音频信号数字化类似，计算机也要对输入的模拟视频信息进行采样与量化，并进行编码，使其变成数字化图像。

(1) 视频信号的采样

根据电视信号的特征，亮度信号带宽是色度信号带宽的两倍。因此视频数字化时对信号的色差分量的采样率低于对亮度分量的采样率。如果用 Y∶U∶V 来表示 Y、U、V 三分量的采样比例，则数字视频的采样格式分别有 4∶1∶1、4∶2∶2 和 4∶4∶4 三种。

电视图像既是空间的函数，也是时间的函数，而且又是采用隔行扫描方式，所以其采样方式比扫描仪扫描图像的方式要复杂得多。分量采样时采集到的是隔行样本点，要把隔行样本组合成逐行样本，然后进行样本点的量化，再将 YUV 颜色空间转换到 RGB 色彩空间，最后才能得到数字视频数据。

(2) 视频信号的量化

采样过程是把模拟信号变成了时间上离散的脉冲信号，量化过程则是进行幅度上的离散化处理。在时间轴的任意一点上量化后的信号电平与原模拟信号电平之间在大多数情况下总是有一定的误差，误差是不可避免的，同时也是不可逆的。由于信号的随机性，这种误差大小也是随机的。这种表现类似于随机噪声效果，具有相当宽度的频谱，因此通常又把量化误差称为量化噪声。

如果视频信号量化比特率为 8 位，信号就有 $2^8=256$ 个量化值。若最大信号正好用足 8 位，那么小于 1/256 的信号就只能当作 0 处理了。而且每两个相邻数字的差距也必须大于 1/256 才能分得开，当两个原来不同的数值用同一个二进制值来表示时，实际数值与记录数值之差就成为量化噪声。所以，比特率已决定了整个系统的理想状态下的最小噪声、动态范围和信噪比，模拟信号在理想状态是没有这种限制的。亮度信号用 8 位量化，灰度等级最多只有 256 个，如果 R、G、B 三个色度信号都用 8 位量化，就可以获得 256×256×256＝16 777 216 即近 1 700 万种颜色。不同的量化位数所获得的灰度等级不同。

量化位数越多，层次就分得越细，但数据量也成倍上升。每增加一位，数据量就翻一番。例如 DVD 播放机的视频量化位数多为 10 位，灰度等级达到 1 024 级，然而数据量是 8 位量化的 4 倍。

量化的过程是不可逆的，这是因为量化本身给信号带来的损伤是不可弥补的。量化时位数选取过小不足以反映出图像的细节，位数选取过大则会产生庞大的数据率，从而占用大量的频带，给传输带来困难。降低量化误差最直接的方法就是增加量化级数、减小最小量化间隔，但由此带来数据率的增加会要求更大的处理带宽。现在一般的视频信号均采用 8 位、10 位量化，在信号质量要求较高的情况下可采用 12 位量化。

(3) 视频信号的压缩与编码

经采样、量化后的信号要转换成数字符号才能进行传输，这一过程称为“编码”。视频压缩编码的理论基础是信息论。信息压缩就是从时间域、空间域两方面去除冗余信息，将可推知的确定冗余信息去掉。

在通信理论中，编码分为信源编码和信道编码两大类。所谓信源编码是指将信号源中多余的信息除去，形成一个适合用来传输的信号。为了抑制信道噪声对信号的干扰，往往还需要对信号进行再编码，使接收端能够检测或纠正数据在信道传输过程中引起的错误，这称为“信道编码”。

视频编码标准主要有 MPEG 与 H. 261 标准。视频编码技术主要分成帧内编码和帧间编码。前者用于去掉图像的空间冗余信息，后者用于去除图像的时间冗余信息。

视频信号的数字化过程比音频信号的数字化过程要复杂，计算机中用于视频信号数字化的硬件称为“视频采集卡”，简称“视频卡”，它能将输入的模拟视频信号(以及伴音信号)进行数字化，然后存储在硬盘中。在数字化的同时，视频图像经过颜色空间转换(由 YUV 转换为 RGB)后与计算机图形显示卡产生的图像叠加，用户即可以在显示器上观看到视频内容。

通常，获取数字视频的同时需要数字信号处理器(DSP)进行音频和视频数据的压缩编码。当使用专用的视频播放软件打开视频文件，播放之前需要进行音频和视频数据的解压缩。图 5. 19 是视频卡的组成及其与图形卡、主机之间的关系。

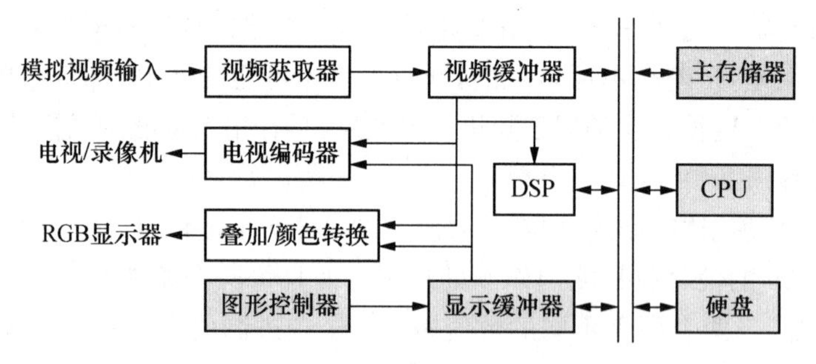

图 5. 19 视频卡、图形卡与主机的关系

数字摄像头也是一种在线获取数字视频的设备。数字摄像头通过光学镜头和 CCD 传感器采集图像，不需要视频采集卡，直接将图像转换成数字信号并输入到计算机。数字摄像头具有分辨率、帧率和视角等主要技术参数。大多数的数字摄像头采用 CCD 感光传感器，也有些产品采用成本较低，技术参数也低的 CMOS 类型的光传感器，获得功耗小、速度快的优点。数字摄像头的接口一般采用 USB 接口，有些采用高速的 IEEE 1394 接口。

数字摄像机是一种离线的数字视频获取设备。其原理与数码相机类似，但功能更多。数字摄像机所拍摄的视频图像及记录的伴音使用 MPEG 标准进行压缩编码，记录在磁带或硬盘上，需要时通过 USB 和 IEEE 1394 接口输入计算机处理。

3. 视频文件格式

目前，常见的视频素材格式包括 AVI、MPEG、RM、ASF、WMV、QuickTime 等，下面详细介绍这些格式的特点。

（1）AVI格式

AVI是微软公司定义的音频视频交互的格式，是一种不需要专门的硬件支持就能实现音频与视频的压缩处理、播放和存储的格式。AVI格式的文件可以把视频信号与音频信号同时保存在文件中，在播放时，音频和视频可同步播放。多数多媒体产品均采用AVI视频文件格式来表现影视作品、动态模拟效果、特技效果和纪实性新闻。

利用视频编辑软件可以对AVI文件进行剪辑、合成、配解说词等加工编辑处理。Office系列软件中的演示文稿制作软件PowerPoint可以播放AVI视频文件。利用高级程序设计语言，可定义、调用和播放AVI视频文件。

现在，可下载的由MP4播放器进行播放的文件都是AVI文件，但采用的编码技术有互不兼容的DivX和XviD两种。AVI文件的不足是不能很好地适应网络播放的视频流。

（2）MPEG格式

MPEG采用了有损压缩方法减少运动图像中的冗余信息，该方法的依据是相邻两幅画面绝大多数是相同的，把后续图像中和前面图像有冗余的部分去除，从而达到压缩的目的。这种格式具有压缩率高（其最大压缩比可达到200∶1）、画面质量好的优点。一般家庭中常看的VCD、SVCD、DVD就是采用这种格式制作的。目前MPEG有5个压缩标准，分别是MPEG-1、MPEG-2、MPEG-4、MPEG-7与MPEG-21。

MPEG-1制定于1992年，它是针对1.5 Mbps以下数据传输率的数字存储媒体运动图像及其伴音编码而设计的国际标准，也就是我们通常所见到的VCD制作格式。使用MPEG-1的压缩算法，可以把一部120分钟长的电影压缩到1.2 GB左右的大小。这种视频格式的文件扩展名包括mpg、mlv、mpe、mpeg及用于VCD光盘上文件的dat等。

MPEG-2制定于1994年，设计目标为高级工业标准的图像质量以及更高的传输率。这种格式主要应用在DVD/SVCD的制作（压缩）方面，同时在一些HDTV（高清晰电视广播）和高要求视频编辑、处理方面也有很多应用。使用MPEG-2的压缩算法，可以把一部120分钟长的电影压缩到4～8 GB的大小。这种视频格式的文件扩展名包括mpg、mpe、mpeg、m2v及用于DVD光盘上文件的vob等。

MPEG-4制定于1998年，是为了播放流式媒体的高质量视频而专门设计的。它可利用很窄的带度，通过帧重建技术压缩和传输数据，以求使用最少的数据获得最佳的图像质量。目前MPEG-4最有吸引力的地方在于，它能够保存接近于DVD画质的小体积视频文件。使用这种算法的ASF格式可以把一部120分钟长的电影压缩成300 M左右的视频流。运用DivX格式也可以压缩到600 M左右，但其图像质量比ASF要好很多。另外，这种文件格式还包含了以前MPEG压缩标准所不具备的比特率的可伸缩性、交互性甚至版权保护等一些特殊功能。这种视频格式的文件扩展名包括asf、mov和divx、avi等。

MPEG-7（它的由来是1＋2＋4＝7，因为没有MPEG-3、MPEG-5、MPEG-6）于1996年10月开始研究。确切来讲，MPEG-7并不是一种压缩编码方法，其正规的名称叫做“多媒体内容描述接口”，其目的是生成一种用来描述多媒体内容的标准，这个标准将对信息含义的解释提供一定的自由度，可以被传送给设备和计算机程序，或者被设备或计算机程序查取。MPEG-7并不针对某个具体的应用，而是针对被MPEG-7标准化了的图像元素，这些元素将支持尽可能多的各种应用。建立 MPEG-7 标准的出发点是依靠众多的参数对图像与声音实现分类，并对它们的数据库实现查询，就像我们今天查询文本数据库那样。MPEG-7 可应用于数字图书馆，例如图像编目、音乐词典等；多媒体查询服务，如电话号码簿等；广播媒体选择，如广播与电视频道选取；多媒体编辑，如个性化的电子新闻服务、媒体创作等。

在 1999 年 10 月的 MPEG 会议上提出了“多媒体框架”的概念，同年的 12 月，MPEG 会议确定了 MPEG-21 的正式名称是“多媒体框架”或“数字视听框架”，它以将标准集成起来支持协调的技术以管理多媒体商务为目标，目的就是理解如何将不同的技术和标准结合在一起需要什么新的标准以及完成不同标准的结合工作。

(3) RM 格式

RealNetworks 公司所制定的音频视频压缩规范称为 RealMedia(RM)，它一开始就定位在视频流应用方面，也可以说是视频流技术的始创者。用户可以使用 RealPlayer 或 RealOne Player 播放器在不下载音频/视频内容的情况下实现在线播放。RealMedia 可以根据不同的网络传输速率制定出不同的压缩比率，从而实现在低速率的网络上进行影像数据实时传送和播放。另外，RM 作为目前主流网络视频格式，还可以通过其 RealServer 服务器将其他格式的视频转换成 RM 视频并由 RealServer 服务器负责对外发布和播放。

RealVideo 是 Networks 公司开发的一种新型流式视频文件格式，文件名后缀为“. ra”、“. rm”、“. ram”或“. rmvb”。2002 年 RealNetworks 公司又推出了它的 RealVideo 9 编码方式，该技术同上一版相比，画质提高了 30%。使用 RealVideo 9 编码格式的文件名后缀一般为“. rmvb”。RMVB 文件中的“VB”是 VBR(Variable Bit Rate，可变比特率)的缩写，它比普通的 RM 文件有更高的压缩比(同样画质)和更好的画质(同样压缩比)。RMVB 文件一般用 RealOne Player 播放器播放，当然也可以用安装了相应插件的 RealPlayer 播放器播放。相对于 DVDrip 格式，RMVB 视频有着较明显的优势，一部大小为 700 MB 左右的 DVD 影片，如果将其转录成同样视听品质的 RMVB 格式，大小最多也就 400 MB 左右。不仅如此，这种视频格式还具有内置字幕和无需外挂插件支持等独特优点。

(4) ASF 格式

这是微软为了和 RealPlayer 竞争而推出的一种视频格式，用户可以直接使用 Windows 自带的 windows Media Player 对 ASF 格式的文件进行播放。由于它使用了 MPEG-4 的压缩算法，所以压缩率和图像的质量都很不错。高压缩率有利于视频流的传输，但图像质量肯定会有一定的损失，所以有时候 ASF 格式文件的画面质量不如 VCD。作为微软的产品，一个特有的优势就是支持它的软件非常多。

(5) WMV 格式

WMV 的英文全称为“Windows Media Video”，也是微软推出的一种采用独立编码方式并且可以直接在网上实时观看视频节目的文件压缩格式。WMV 格式的主要优点包括：支持本地或网络回放、可扩充的媒体类型、部件下载、可伸缩的媒体类型、流的优先级化、多语言支持、环境独立性、丰富的流间关系以及扩展性等。

（6）DivX 格式

这是由 MPEG-4 衍生出的另一种视频压缩编码标准，也即我们通常所说的 DVDrip 格式，对应的文件扩展名为 avi 或者 divx。它采用了 MPEG-4 的压缩算法，同时又综合了 MPEG-4 与 MP3 各方面的技术，其实就是使用 DivX 压缩技术对 DVD 光盘的视频图像进行了高质量压缩，同时用 MP3 或 AC3 技术对音频进行压缩，然后再将视频与音频合成并加上相应的外挂字幕文件而形成的视频格式。DivX 格式文件的画质直逼 DVD，而体积只有 DVD 的数分之一。这种编码对机器的要求也不高，所以 DivX 格式可以说是一种对 DVD 威胁最大的新生视频压缩格式。

（7）MOV 格式

QuickTime（MOV）是苹果公司专有的一种视频格式。在刚开始的一段时间里，它都是以 qt 或 mov 为扩展名的，使用它们自己的编码格式。但是自从 MPEG-4 组织选择了 Quick Time 作为 MPEG-4 的推荐文件格式以后，它们的 MOV 文件就以 mpg 或 mp4 为扩展名，并且采用了 MPEG-4 的压缩算法。

QuickTime 6 将 MP4 文件作为它的第一选择，利用 QuickTime 6 可以制作出专业级质量的、ISO 兼容的 MPEG-4 音频和视频文件，而且这些文件也可以被任何兼容 MPEG-4 的播放器播放。MOV 文件默认的播放器是苹果的 QuickTime Player，具有较高的压缩比率和较完美的视频清晰度等特点，但是其最大的特点还是跨平台性。以前只能在苹果公司的 MacOS 操作系统中使用，现在同样也能支持 Windows 系列操作系统。

（8）nAVI 格式

nAVI 是“newAVI”的缩写，是一个名为“ShadowRealm”的组织发展起来的一种新视频格式（与我们上面所说的 AVI 格式没有太大联系）。它是由 Microsoft ASF 压缩算法修改而来的，但是又与前文介绍的 ASF 视频格式有所区别，它以牺牲原有 ASF 视频文件的“流”特性为代价，通过增加帧率来大幅提高 ASF 视频文件的清晰度。

（9）DV-AVI 格式

DV 的英文全称是“Digital Video Format”，是由索尼、松下、JVC 等多家厂商联合提出的一种家用数字视频格式。目前非常流行的数码摄像机就是使用这种格式记录视频数据的。它可以通过计算机的 IEEE 1394 接口传输视频数据到计算机，也可以将计算机中编辑好的视频数据回录到数码摄像机中。这种视频格式的文件扩展名一般是 avi，所以也叫 DV-AVI 格式。

5.5.2 视频压缩标准

数字视频的数据量很大，无论对其进行存储、传输还是其他综合处理都是计算机很大的负担，所以数字视频的压缩是多媒体技术中的一个重要课题。

由于视频信息中画面内部有很强的信息相关性，相邻画面的内容又有高度的连贯性，再加上人眼的视觉特性，通常数字视频的数据量可以压缩几十倍甚至几百倍。视频压缩方案常常综合了多种不同的压缩算法，以达到更好的压缩效果。多年来，国际标准化组织制定了相关的数字视频（及其伴音）压缩编码的几种标准及其应用范围见表 5.4。

表 5.4 视频压缩编码的标准及其应用

标准名称	源图像格式	压缩后的码率	应用
MPEG-1	360×288	1.2 Mb/s～1.5 Mb/s	VCD、数码相机、数字摄像机等
H.261	360×288 180×144	p×64 kb/s(p=1～30)	视频通信，如可视电话、会议电视等
MPEG-2 (MP&ML)	720×576	5 Mb/s～15 Mb/s	用途最广，如 DVD、150 路卫星电视直播、540 路数字有线电视等
MPEG-2 (High Profile)	1 400×1 152 1 920×1 152	80 Mb/s～100 Mb/s	高清电视(HDTV)领域
MPEG-4 (H.26L)	多种不同的视频格式	与 MPEG-1、MPEG-2 相当，最低可达 64 kb/s	适合交互和移动多媒体应用，包括虚拟现实、远程教学，手机、MP4 播放器

5.5.3 视频编辑软件

视频编辑软件很多，常见的视频处理手段主要包括：视频剪辑，根据需要剪除不需要的视频片段，连接多段视频信息；视频叠加，根据需要把多个视频影像叠加在一起；视频和音频同步，在单纯的视频信息上添加音频并精确定位；添加特殊效果，使用滤镜加工视频影像，使影像具有各种特殊效果。

比如，对于电视节目素材可以根据不同长短、不同顺序进行剪辑，同时配上字幕、特技和各种动画，再进行配音、配乐，最终制作成所需要的视频节目。有些软件还具有将制作好的视频节目刻录成 VCD 或 DVD 的功能。Adobe 公司的 Premiere、微软的 Windows Movie Maker 都是比较简单方便的视频编辑软件。另外，电视台、电影剪辑工作室具有各种专业视频编辑制作硬件和软件。

下面我们对一些常见的视频编辑软件的功能及特点进行介绍。

(1) 视频编辑软件 Premiere

Premiere 是由 Adobe 公司开发的一种专业化数字视频处理软件，有"电影制作大师"的称号，可以轻松地对视频进行多种编辑和处理。它首创的时间线编辑、素材项目管理等概念已成为事实上的行业标准。Premiere 融音频视频处理于一身，功能强大。其核心技术是将视频文件逐帧展开，以帧为精度进行编辑，并与音频文件精确同步。它可以配合多种硬件进行视频捕捉和输出，能产生广播级质量的视频文件。

(2) Ulead Media Studio Pro

Ulead Media Studio Pro 是最完整的数字视频剪辑处理软件。从影片撷取、影片剪辑、影音合成到添加字幕与拟真绘图特效等，一次帮用户解决所有制作上的问题。值得称道的是，它拥有自己的杀手锏——Video Paint(视频画板)，可以对视频片段中任一帧或者连续帧进行画面处理，并且它内置了 MPEG 编码器，不需要任何插件就可以制作 VCD 电影。它集成了五大功能模块：视频捕捉器、视频编辑器、视频画板、标题生成器、音频编辑器，可以轻松对视频和音频进行捕获、编辑以及输出。视频捕捉器担负视频采集的任务；视频编辑器对视频作最主要的处理和编辑；视频画板可以对每一帧画面"乱涂乱画"；标题生成器可以在图像任一地方制作动态标题；音频编辑器对音频进行各种处理和编辑。

(3) Windows Media Encoder

Windows Media Encoder 是一套容易使用、功能强大的软件，给使用者提供自行录制影像的功能，可以从影像捕捉设备或桌面画面录制，亦提供文件格式转换的功能。其主要特色在于容易使用、高品质编码、增强的可程序化与管理。最新的 Windows Media Encoder 9 的特点为：新的用户界面和向导，更容易设定与制作影片，提供网络现场播放或后期播放；支持多重来源，可以立即切换来源，并可监视编码程序进行时的数据，如影像大小、数据流量等；新的编码能力支持屏幕捕捉，有更好的输出品质，捕捉文件最大可到 30 GB，支持的捕捉设备包括 Winnov、ATI、Hauppauge 以及 USB 摄像机等。

(4) WisMencoder

WisMencoder 是最快的视频转换压缩工具。WisMencoder 能够把计算机上的所有视频格式，包括 AVI、MPG、RMVB、WMV、MP4、MOV、DAT 等格式，以最快的速度和最高的质量转换为 AVI 格式，其速度和质量都高于同类软件。

(5) PowerTiTle 特效字幕软件

PowerTiTle 特效字幕软件是一款纯粹的字幕工具软件，它需要视频编辑软件和视频压缩软件的支持，能为视频文件添加特效文字片头、3D 片头文字、人物对话字幕、动态变换字幕、卡拉 OK 字幕、标志、图文混排动态字幕等。字幕制作完毕可以实时浏览字幕效果。该字幕软件操作简便，功能强大，每一个特效字幕功能都是单独的插件，可以很方便地添加和修改。

(6) 视频合并专家

视频合并专家是一款易于使用、功能强大的视频文件合并工具。它可以将多个 AVI、MPEG、MPG、DAT、RM、RMVB、WMV、ASF、MOV、QT 等格式的视频合并成为 1 个大的视频文件，可以输出为 AVI(DivX/XviD)、MPEG-1、MPEG-2、VCD、SVCD、DVD、WMV 等多种视频格式的文件，还可以任意组合或者排列这些视频片段，同时支持合并完成后自动关机功能。

(7) VirtualDub

VirtualDub 是一款免费的多媒体剪辑软件，可以针对现有的电影短片文件如 AVI 以及 MPG 文件等进行编辑工作，还可以搭配影像捕捉卡完成实时的动态影像捕捉。安装 MPEG-4 驱动程序后可以把 VCD 文件压缩成 MPEG-4 文件，文件大小就减小至 300 M 左右。虽然 VirtualDub 是一款免费的多媒体剪辑软件，但它的功能却不比 Premiere、Ulead MediaStudio Pro 等专业级产品的功能逊色。

5.5.4 动画技术

动画可以说是一种老少皆宜的艺术形式。例如米老鼠、唐老鸭这些动画形象已深深印在我们每个人的脑海中。动画有着悠久的历史，像我国民间的走马灯和皮影戏，就可以说是一种古老形式的动画。当然，真正意义上的动画是在电影摄影机出现以后才发展起来的。而现代科学技术的发展，又不断为它注入了新的活力。

在过去几十年里，计算机动画一直是人们研究的热点。在全球的图形学盛会 SIGGRAPH

上，几乎每年都有计算机动画的论文和专题。随着计算机图形学和硬件技术的高速发展，人们已经可以用计算机生成高质量的图像，促使计算机动画技术飞速地发展起来。计算机动画的应用领域十分广泛，包括影视作品制作、科学研究、视觉模拟、电子游戏、工业设计、教学训练、军事仿真、过程控制、平面绘画、建筑设计等各个方面，使人们充分地体验到计算机动画高超的魅力。

1. 动画的原理

人们看到一幅图像时，这幅图像在人的视觉系统中至少停留 1/24 s 以上，这就是“视觉暂留”现象，动画正是利用了视觉暂留原理。当人的视觉中前面一幅图像还没有消失时，如果马上给他呈现另一幅内容比较接近的图像，人的视觉就会感到一种连续的效果。因此，电影采用了每秒 24 幅画面的速度拍摄播放，电视采用了每秒 25 幅画面(PAL 制式，如中央电视台制作的动画就是 PAL 制式)或 30 幅画面(NSTC 制式)的速度拍摄播放时，人们会看到非常流畅的画面，觉得电影里面的人和运动的物体好像真的在运动一样。当然，这只是一种视觉欺骗，但是这种欺骗也给人们带来了许多美好的感受，电影、电视的制作都是利用了视觉暂留原理。

2. 动画的分类

可以用不同的方法对计算机动画进行分类。

(1) 帧动画和矢量动画

根据动画的性质不同，可以将计算机动画分为帧动画和矢量动画。

帧动画是指动画的基本单位是帧，由许多帧组成了动画。帧动画借鉴传统动画的概念，每帧的内容不同，连续播放时形成动画视觉效果。帧动画又分成关键帧动画和逐帧动画。制作帧动画的工作量非常大，计算机特有的自动动画功能只能解决移动、旋转等基本动作过程，不能解决关键帧问题。帧动画主要用在传统动画片、广告片以及电影特技的制作方面。

矢量动画是指经过计算机计算而生成的动画，其画面只有一帧，需要通过编写程序制作动画，并对每一个运动的物体分别进行设计及赋予一些特征，比如大小、形状、颜色等，然后用这些物体构成完整的矢量动画。矢量动画主要表现为变换的图形、线条和文字。矢量动画通常采用编程方式和某些矢量动画制作软件完成。矢量动画又称为“造型动画”。

(2) 二维动画和三维动画

根据视觉空间的不同，可以将计算机动画分为二维动画和三维动画。

二维动画又叫“平面动画”，是帧动画的一种，具有非常灵活的表现手段、强烈的表现力和良好的视觉效果。二维动画运用传统动画的基本概念，在平面上构成动画的基本动作，并且在保持传统动画的表现力和视觉效果的基础上尽量发挥计算机处理的高效率、低成本等特点。

三维动画又叫“空间动画”，可以是帧动画，也可以制作成矢量动画，主要表现三维的动画主体和背景。三维动画的特点是:动画主体的三维造型是经过计算得到的，无需画出物体在旋转和翻滚时的各个面。三维动画的加工和后期制作往往采用二维动画制作软件完成。三维动画不能产生真正的三维视觉效果。

3. 动画制作软件

一般制作动画软件都具备大量用于绘制动画的编辑工具和一些对动画效果进行处理的工具，还有用于自动生成动画、产生运动模式的自动动画功能。制作动画的软件有很多，下面介绍一些常见的制作动画的软件。

(1) Animator Studio

这是基于 Windows 系统的一种集动画制作、图像处理、音乐编辑及音乐合成等多种功能于一体的二维动画制作软件。

(2) Flash

这是 Macromedia 公司出品的一款交互动画制作软件，用于绘制和加工帧动画、矢量动画，可为动画添加声音效果，是比较流行的网页动画制作工具，在网页制作及多媒体制作中广泛应用。

(3) GIF Construction

这是一款网页动画生成软件，把动画和图片序列转换成网页动画形式，可以单独控制每一帧显示的时间。

(4) COOL 3D

这是一款三维文字动画制作软件，用于制作具有三维效果的文字，文字可以三维运动，其动画作品可以是帧动画文件或视频文件。

(5) 3D Studio Max

这是一款应用于 PC 平台的元老级三维动画软件，由 Autodesk 公司出品。它具有优良的多线程运算能力，支持多处理器的并行运算，具有丰富的建模和动画能力以及出色的材质编辑系统，用于制作三维造型和动画，适用范围较广。

(6) MAYA

这是一款三维动画制作软件，用于制作动画片、广告、电影特技、游戏等。该软件的动画制作功能很强，被认为是比较专业的动画制作软件。

(7) LightWave 3D

Lightwave 目前在好莱坞的影响力一点也不比 Softimage 和 MAYA 等差。它具有出色的品质，价格也非常低廉，电影《泰坦尼克号》中的“泰坦尼克号”模型就是用它制作的。

4. 动画文件格式

动画文件的格式有很多，主要有以下几种：

(1) GIF 格式

GIF 即“图形交换格式”，这种格式在 20 世纪 80 年代由美国一家著名的在线信息服务机构 CompuServe 开发而成。GIF 采用的是无损数据压缩方法中压缩率比较高的 LZW 算法，文件尺寸较小。GIF 格式有渐显功能，可以先看到图像的大致轮廓，然后逐步传输显示图像中的细节部分。

(2) FLI/FLC 格式

FLI/FLC 格式由 Autodesk 公司研制而成，在 Autodesk 公司出品的 Autodesk Animator、Animator Pro 和 3D Studio 等动画制作软件中均采用了这种彩色动画文件格式。它具有电影般的动画效果，主要用于存储一组位图图像，即动画数据。因此，FLI 格式和 FLC 格式的文件又被称为“动画文件”。

(3) SWF 格式

SWF 格式的动画是用 Micromedia 公司的 Flash 动画编辑软件制作的。这种格式的动画文件能用比较小的文件体积来表现丰富的多媒体形式，并且还可以与 HTML 文件达到一种“水乳交融”的境界。Flash 动画文件其实是一种“准”流形式的文件，即观众在观看的时候，可以不必等到动画文件全部下载到本地再观看，即使后面的内容还没有完全下载到硬盘，观众也可以开始欣赏动画。而且 Flash 动画是利用矢量技术制作的，不管将画面放大多少倍，画面仍然清晰流畅，画面质量不会降低。

5.5.5 数字视频的应用

1. VCD 与 DVD

1994 年，JVC 和 Philips 等公司联合定义了存储数字视频和音频信息的规范，称为“Video CD”，简称“VCD”。该规范规定了将 MPEG-1 音频/视频数据记录在光盘上。一张普通 VCD 光盘可以存储约 60 分钟的音频和视频数据，图像质量达到家用录放像机的水平，可以播放立体声。VCD 播放机的体积小，价格便宜，音频/视频质量较好。

DVD，即数字多用途光盘，具有规格多、用途广泛的优点。其中，DVD-Video 就是类似 Video CD 的家用影碟片。VCD 的存储容量为 650 MB，而同样规格的 DVD 的存储容量为 4.7 GB。DVD 采用 MPEG-2 标准压缩视频图像，画面质量比 VCD 明显提高。

DVD-Video 可以提供 32 种文字或卡拉 OK 字幕，最多可以录放 8 种语言的声音。DVD-Video 具有多结局、多角度、变焦和家长锁定控制等功能。DVD-Video 的画面宽高比有三种选择：全景扫描、4∶3 普通屏幕和 16∶9 宽屏幕。DVD-Video 的伴音有 5.1 声道(左、右、中、左环绕、右环绕和超重低音，简称“5.1 声道”)，可以实现三维环绕立体音响效果。

2. 可视电话与视频会议

可视电话是指电话的语音和视频同步通信技术，又称为“视频电话”。可视电话分为静态图像可视电话和动态图像可视电话。前者显示的图像是静止的，图像信号和语音信号交替传输，传送图像时不能通话；后者同时传输图像和语音，图像显示动态变化。

可视电话的终端设备集摄像、显示、声音与图像的编码/解码等功能于一体，内置高质量的数字变焦 CCD 镜头及 Modem，用普通电话线实现连接通信。可视电话的视频编码标准采用 H.263。

视频会议，又称为“电视会议”，指的是通过数字音频和视频数据实时传送声音和图像，使分布在不同地点的用户可以同时参加会议的一种多媒体通信技术。视频会议通常使用 Internet 实现音频和视频的传输。例如，微软免费提供的 MSN Messager 就可以实现视频会议的功能。视频会议除了需要计算机网络的配置，还特别需要摄像机/摄像头、话筒、音箱等多媒体外设。

3. 数字电视与点播电视

数字电视是将电视信号进行数字化，再以数字形式进行编辑、制作、传输、接收和播放的新型电视技术。数字电视具有频道利用率高、图像清晰的特点，还可以开展交互式数据业务，包括电视购物、电视银行、电视商务、电视通信、电视游戏、点播电视、电视旅游和电视交互竞赛等。

数字电视系统由信源编码、业务复用和信道传输与发送三个部分组成。美国采用的 ASTC(Advanced Television System Committee，先进电视制式委员会)、欧洲采用的 DVB(Digital Video Broadcasting，数字视频广播)和日本采用的 ISDB(Integrated Service Digital Broadcasting，综合业务数字广播)的数字电视标准中，信源编码的视频部分采用 MPEG-2 标准，音频部分采用 MPEG-2 或 Dolby AC-3；业务复用采用的都是 MPEG-2 系统层规范及其扩展形式。

数字电视的传输途径有有线电视网络、Internet、宽带网络。数字电视接收机一般分三类：传统模拟电视＋数字机顶盒、数字电视接收机和支持数字电视的计算机。

点播电视，又称为“视频点播(VOD)”，指的是用户可以根据自己的需要选择电视节目，即交互式电视。

视频点播系统可以分为 TVOD 和 NVOD 两种。TVOD(真视频点播)系统支持用户提出请求即可得到服务的实时功能，它为每个用户提供单独的连接，需要庞大的网络带宽资源。NVOD(准视频点播)系统采用每隔一段时间在不同的频道上开始播放同一个节目供用户选择收看的技术。NVOD 系统对服务器的性能要求相对低。

VOD 系统对网络资源的要求比较高，现在 VOD 还在发展阶段，大范围地实现 VOD 系统在技术上还有一定难度。相对小范围的校园 VOD 系统应用在网络教学方面的效果比较好。

习题 5

一、选择题

1. 下列有关文本与文本处理的叙述中，错误的是________。

A. 文本信息在计算机中存储时，汉字字符均为双字节编码，非汉字字符均为单字节编码

B. 文本输入可以是键盘输入，也可以是联机手写输入、语音输入等

C. DOC 文档、HTML 网页、PDF 文档均为丰富格式文本，但它们的格式标记方式不同

D. 文本中的字符可以使用不同的字体，不同字体的同一个汉字，其机内码相同

2. 下列关于文本的叙述中，错误的是________。

A. 不同文字处理软件制作的丰富格式文本通常不兼容

B. 纯文本的文件扩展名为 txt

C. DOC 文件中不仅包含西文字符和汉字，并且含有许多字符属性和格式标记

D. 超文本可以是丰富格式文本，也可以是纯文本

3. 美国 Adobe 公司的 Acrobat 软件使用________文件格式将文字、字形、排版格式、声音和图像等信息封装在一个文件中，既适合网络传输，也适合电子出版，得到了广泛的应用。

A. TXT　　B. DOC　　C. HTML　　D. PDF

4. 微软公司的 Office 办公套件中，Word 和 PowerPoint 等文档中都可以包含两种不同类型的图片：图像(image)和图形(graphic)。下面相关的叙述中，错误的是________。

A. 从扫描仪输入的图片以“图像”类型插入到 Word 或 PowerPoint 文档中

B. 使用 Word 或 PowerPoint 中的绘图工具绘制而成的是图形

C. 在 Word 和 PowerPoint 中，不能对图像的大小进行修改

D. 在 Word 和 PowerPoint 中，图形可以编辑修改

5. 下列与图像和图形相关的叙述中，错误的是________。

A. 彩色图像在数字化过程中需进行分色处理，然后对不同的基色进行取样和量化

B. 如果某 RGB 图像的像素深度为 12，则可表示的颜色数目为 2 048 种

C. 数码相机常用 JPEG 格式保存图像文件，该格式的图像大多采用有损压缩编码

D. 图形是计算机合成的图像，也称为矢量图形

6. 以下软件中________是常用的图像处理软件。

① Adobe 公司的 Photoshop　② Adobe 公司的 Illustrator　③ Corel 公司的 CorelDraw
④ Windows 附件中的画图软件　⑤ ACD system 公司的 ACDSee32

A. ①②③　　B. ①②③④　　C. ①④⑤　　D. ①②③④⑤

7. 下面关于图像的叙述中错误的是________。

A. 图像的压缩方法很多，但是一台计算机只能选用一种

B. 图像的扫描过程指将画面分成 $M \times N$ 个网格，形成 $M \times N$ 个取样点

C. 一般来说，图形比图像的数据量要少一些

D. 图形比图像更容易编辑、修改

8. 下列关于图像的叙述中正确的是________。

A. 一幅彩色图像的数据量计算公式：图像数据量＝图像水平分辨率×图像垂直分辨率/8

B. 黑白图像或灰度图像的每个取样点只有一个亮度值

C. 对模拟图像进行量化的过程也就是对取样点的每个分量进行 D/A(数字信号/模拟信号)转换

D. 取样图像在计算机中用矩阵来表示，矩阵的行数称为图像的水平分辨率，矩阵的列数称为图像的垂直分辨率

9. 彩色图像的像素颜色是采用若干基色的组合进行描述的，选用哪些基色可以有多种不同的方案(称为“颜色空间”)，下面不属于颜色空间的是________。

A. CMYK　　B. RGB　　C. TIF　　D. YUV

10. 显示存储器 VRAM 的容量与显示器的分辨率及每个像素的位数有关。假定 VRAM 的容量为 4 MB，每个像素的位数为 24 位，则显示器的分辨率理论上最高能达到________。

A. 800×600　　B. 1 024×768

C. 1 280×1 024　　D. 1 600×1 200

11. 计算机合成的声音有两类：一类是合成的语音，另一类是合成的音乐。在下列声音文件类型中，属于计算机合成音乐的是________。

A. WAV　　B. MIDI　　C. MP3　　D. WMA

12. 下列采集的波形声音中________的质量最好。

A. 单声道、8 位量化、22.05 kHz 采样频率

B. 双声道、8 位量化、44.1 kHz 采样频率

C. 单声道、16 位量化、22.05 kHz 采样频率

D. 双声道、16 位量化、44.1 kHz 采样频率

13. 关于 MIDI，下列叙述中不正确的是________。

A. 使用 MIDI，不需要许多的乐理知识

B. MIDI 声音的数据量比数字波形声音少得多

C. MIDI 是合成声音

D. MIDI 文件是一系列指令的集合

14. 获取声音时，影响数字声音码率的因素有三个，下面________不是影响声音码率的因素。

A. 取样频率　　B. 声音的类型　　C. 量化位数　　D. 声道数

15. 声卡是获取数字音频的重要设备，下列有关声卡的叙述中，错误的是________。

A. 声卡既负责音频的数字化，也负责音频的重建与播放

B. 因为声卡非常复杂，所以只能将其做成独立的 PCI 插卡形式

C. 声卡既处理波形音频，也负责 MIDI 音乐的合成

D. 声卡可以将波形音频和 MIDI 音频混合在一起输出

16. 在下列 Windows XP 内置的多媒体工具软件中，叙述错误的是________。

A. 画图程序可以处理多种类型的图片文件，包括 BMP、JPEG、GIF 和 PNG 等类型

B. 录音机程序可以记录、编辑、播放音频，音频文件可以为 WAV 文件和 MIDI 文件

C. Windows Media Player 可以播放 CD 音乐和 DVD 视频

D. Windows Movie Maker 可以导入多种类型的图片文件、音频文件和视频文件

17. 在 PC 上播放数字视频时，需要使用所谓的“媒体播放器”软件。下面的软件中，不能播放数字视频的是________。

A. Windows Media Player　　B. QuickTime

C. Adobe Reader　　D. RealPlayer

18. 下列有关视频信息在计算机中的表示与处理的叙述中，错误的是________。

A. 多媒体计算机中所说的视频信息特指运动图像

B. MPEG 系列标准均是关于数字视频(及其伴音)压缩编码的国际标准

C. MPEG-1 标准主要用于数字电视

D. DVD-Video 采用 MPEG-2 标准对图像进行压缩

19. 以下________不是数字视频可以进行大幅度数据压缩的原因。

A. 数字视频的数据量大得惊人

B. 视频信息中各画面内部有很强的信息相关性

C. 人眼的视觉特性

D. 视频信息中相邻画面的内容有高度的连贯性

20. 目前有线电视(CATV)系统已经广泛采用数字技术传输电视节目。下列是有关数字有线电视的相关叙述,其中错误的是________。

A. 数字有线电视采用光纤同轴电缆混合网,其主干线部分采用光纤连接到小区

B. 数字有线电视网络依赖于时分多路复用技术

C. 借助数字有线电视网络接入因特网,需要专用的Cable Modem或互动式机顶盒

D. 借助数字有线电视网络接入因特网的多个用户共享连接段线路的带宽

二、填空题

1. 一幅图像若其像素深度是8位,则它能表示的不同颜色的数目为________。

2. 数字图像的获取步骤大体分为三步:采样、量化、编码,其中________就是将二维空间上模拟的连续亮度(即灰度)或色彩信息转化为一系列有限的离散数值来表示。

3. 颜色位数(色彩深度)反映了扫描仪对图像色彩的辨析能力。颜色位数为10位的彩色扫描仪可以分辨出________种不同的颜色。

4. 黑白图像或灰度图像只有________个位平面,彩色图像有3个或更多的位平面。

5. 不同的图像文件格式往往具有不同的特性,有一种格式具有图像颜色数目不多、数据量不大、能实现累进显示、支持透明背景和动画效果、适合在网页上使用等特性,这种图像文件格式是________。

6. 所谓"MP3音乐"是一种采用国际标准________压缩编码的高质量数字音乐,它能以10倍左右的压缩比大幅减少其数据量。

7. 在因特网环境下能做到数字音频(或视频)边下载边播放的媒体分发技术称为"________媒体"。

8. CD唱片上的音乐是一种全频带高保真立体声数字音乐,它的声道数目一般是________个。

9. 在计算机应用中,视频点播的英文缩写是________。

10. 我国彩色电视采用PAL制式,每一帧图像由奇数场和偶数场组成,其帧率为________f/s。

三、计算题

1. 假定某用户在上网的半小时内共下载了分辨率为800×600的65 536色的彩色相片20张,则下载时的平均数据传输率大约是多少kbps?

2. 一幅没有经过数据压缩的能表示65 536种不同颜色的彩色图像,其数据量是2.5 MB,假设它的垂直分辨率是1 024,那么它的水平分辨率是多少?

3. 人们说话时所产生的语音信号必须数字化之后才能由计算机存储和处理。假设语音信号数字化时的取样频率为8 kHz,量化精度为8位,数据压缩倍数为4倍,那么1分钟数

字语音的数据量大约是多少 KB？

4. 歌手唱歌时所发出的声音信号必须经过数字化之后才能制作成 CD 唱片。假设声音信号数字化时的取样频率为 44.1 kHz，量化精度为 16 位，双声道，那么 1 分钟数字声音的数据量大约是多少 MB？

5. 容量为 4.7 GB 的 DVD 光盘在播放时，若读出数据的速率为 10.4 Mbps，则连续播放的时间大约为多少小时？

四、简答题

1. 超文本的核心思想是什么？超文本系统和超媒体系统有什么差别？
2. 超媒体是什么？多媒体与超媒体之间有什么关系？
3. HTML 是什么语言？
4. 什么是矢量图形和数字图像？两者的区别是什么？
5. 描述数字图像的重要参数有哪些？影响图像数据量大小的参数有哪些？影响图像显示效果的参数有哪些？为什么？
6. 简述数字图像处理技术的应用领域。
7. 简述计算机图形处理技术的应用领域。
8. 音频数据如何获得？分几个步骤？
9. 声卡的硬件构成有哪些？声卡有哪些功能？
10. 常用的音频编辑软件有哪些？简述其功能？
11. MIDI 音乐的特点以及其与波形音频的区别有哪些？
12. 简述模拟视频和数字视频的区别。它们分别应用在哪些方面？
13. 常用数字视频的文件格式有哪些？
14. 流行的动画制作软件和文件格式有哪些？
15. 简述现实生活中的数字视频的应用。

第6章 数据库技术与信息系统

数据库技术是专门用来管理数据和信息资源的重要技术，是建立信息系统的核心和基础。随着信息系统向各行各业日益渗透和推广，数据库技术已成为应用最广泛的技术之一。不论是在生产管理、销售管理、库存管理、财务管理、客户管理、人力资源管理、金融证券管理，还是在政务管理、教学管理、图书馆管理等领域，数据库都已成为信息管理的重要工具。对于一个国家来说，数据库的建设规模、数据库信息量的大小和使用频率也成为衡量这个国家信息化程度的一个重要标志。

6.1 数据库技术概述

"数据库"一词源于20世纪50年代，当时美国为了战争的需要，把各种情报收集在一起并存储在计算机里，称为"Information Base"或"DataBase"（记作"DB"）。随着计算机在数据处理领域中的应用不断扩大，为了有效地组织与存储数据、高效地获取和处理数据，20世纪70年代初出现了数据库技术。由于数据库具有数据结构化、数据冗余度小、共享性好、数据独立性高等优点，其产品刚进入市场就受到广大用户的欢迎。当今最流行的是关系数据库，其产生于20世纪70年代末，从20世纪80年代起流传至今，已经盛行30多年，在数据库领域中占据主导地位。

目前比较常用的关系数据库管理系统软件有微软公司的Access、Visual Foxpro、SQL Server，Oracle公司的Oracle，IBM公司的DB2，瑞典AB公司的MySQL等。

6.1.1 数据库技术的基本概念

数据、数据库、数据库管理系统和数据库系统是与数据库技术密切相关的基本概念。

1. 数据(Data)

数据是数据库中存储的基本对象。数据是描述事物的符号记录，有数字、文字、图形、图像、声音、视频等多种形式，这些形式的数据都可以经过数字化后存入计算机。

2. 数据库(DataBase，简称DB)

数据库是存储在计算机内的有组织、可共享的数据集合。

数据库中的数据具有集成性和共享性两大特点。集成性是指数据库中集中了各种应用的数据,进行统一构造和存储,数据冗余度小,独立性强,数据操作容易;共享性是指数据库中的数据可以为多个不同的用户所使用,即多个不同的用户可使用多种不同的语言,为了不同的应用目的而同时访问数据库,甚至同时访问同一数据。

3. 数据库管理系统(DataBase Management System,简称 DBMS)

数据库管理系统是一种管理数据库的系统软件,是位于用户与操作系统之间的一种数据管理软件,它负责对数据库进行统一管理和控制。

4. 数据库应用

数据库应用是指以数据库为基础的各种应用程序。数据库应用必须通过 DBMS 才能访问数据库。

5. 数据库管理员(DataBase Administrator,简称 DBA)

数据库管理员是指负责数据库的规划、设计、协调、维护和管理等工作的人员。

6. 数据库系统(DataBase System,简称 DBS)

数据库系统是以海量的、结构复杂的、持久的、共享的数据的统一管理为目标的计算机应用整体。

数据库系统包括数据库、数据库管理系统、数据库应用、数据库管理员等组成部分,如图 6.1 所示。

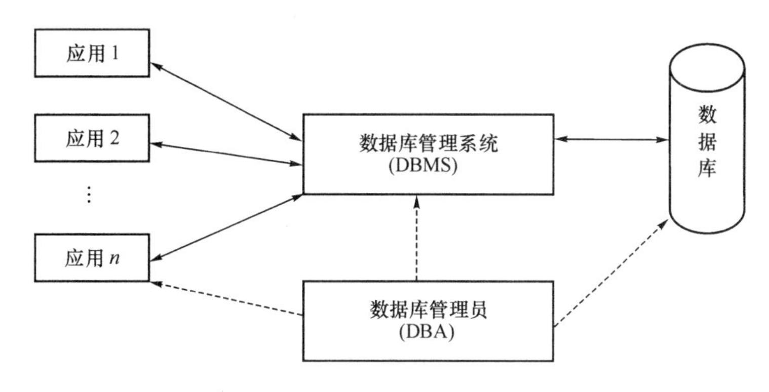

图 6.1 数据库系统的组成

6.1.2 数据库技术的产生和发展

数据库技术是应数据管理的需求而产生的。数据管理是指对数据进行分类、组织、编码、存储、检索和维护。自 20 世纪 50 年代末以来,数据管理一直是计算机科学技术领域中的一门重要的技术和研究课题。商业管理领域、信息管理领域中的数据具有以下特点:

① 涉及的数据量大,需要存放在大容量的辅助存储器中。

② 数据不随程序的结束而消失,需长期保留在计算机系统中,这种数据称为“持久数据(Persistent Data)”。

③ 数据为多个应用程序所共享,甚至在一个单位或更大的范围内共享。

我们把管理这种大量的、持久的、共享的数据的应用称为“数据密集型应用”。这是最大的计算机应用领域,管理信息系统、办公信息系统、银行信息系统、交通信息系统、情报检索系统等都属于这一类。如何管理数据是数据密集型应用面临的共同问题。

自20世纪40年代末以来,随着计算机硬件和软件的发展,数据管理在经历了人工管理和文件系统管理两个阶段后,于20世纪60年代末开始进入了数据库系统管理阶段,并逐步在数据管理领域中占据主导地位。

6.1.3 数据库系统的特点

数据库系统之所以可以在数据管理领域中占主导地位,主要是因为其具有以下几个特点:

(1) 数据结构化

在数据库系统中,数据是按照一定的模型来组织与存放的,能够较自然地反映数据间的内在联系。数据库系统中的数据面向整个系统的全部应用,数据库系统是从全局的角度来考虑并集成其数据结构的,为数据的集中管理和控制、减少数据冗余提供了前提和保证。

(2) 数据共享性好,冗余度低

数据库系统管理阶段的数据是面向整个系统被集中统一地管理和控制的,当前所有用户可以同时存取数据库中的数据,从而减少了数据冗余,较大程度上避免了数据之间的不一致性,即同一数据在数据库中重复出现且具有不同的值。而采用人工管理或文件系统管理时,由于数据被重复存储,当不同的应用程序使用和修改不同的拷贝时就易造成数据的不一致。

(3) 数据独立性高

数据独立性是指数据库中的数据与应用程序之间互不依赖,应用程序独立于数据,数据的逻辑结构、存储结构与存取方式的改变不影响应用程序。

数据独立性分为物理独立性和逻辑独立性两种。物理独立性是指当数据的存储结构发生改变时,如存储设备、存取方式等发生改变时,数据的逻辑结构可以保持不变,从而应用程序也不必改变。逻辑独立性是指当数据间的总体逻辑结构发生改变时,数据的局部逻辑结构可以保持不变,由于应用程序是依据数据的局部逻辑结构来编写的,因而可以不必修改应用程序。

(4) 数据由DBMS统一管理和控制

DBMS是数据库系统的统一管理者,主要负责对数据作全面集中的管理,包括提供统一的数据模式、数据操纵方式,还提供集中的数据安全性、数据完整性、并发控制、数据库恢复等控制功能。

① 数据安全性(Security)是指防止数据的非法使用造成数据的泄露和破坏。

② 数据完整性(Integrity)是指数据库中的数据在逻辑上的正确性、有效性和相容性,即将数据控制在有效的范围内或要求数据之间满足一定的关系。其中,正确性是指数据的合法性,如年龄是数值型数据,只能包含0,1,…,9,不能包含字母等其他字符;有效性是指数据必须在其定义的有效范围内,如月份只能用1~12之间的数表示;相容性是指同一事实的

两个数据应相同，如一个人不能有两个性别。

③ 并发控制是指当多个用户对同一数据进行并发的存取或修改时可能会发生冲突，为了避免发生冲突，数据库管理系统必须对多用户的并发操作加以控制和协调。

④ 数据库恢复是指当计算机系统出现硬件或软件故障时，DBMS能将数据库从错误状态恢复到一致状态(也称完整状态)。

6.2 数据模型

6.2.1 数据模型的概念

数据库是用来管理某一个现实领域中所涉及的相关事物的工具。然而计算机并不能直接处理现实世界中的具体事物，那么现实世界中的事物在数据库系统中是如何表示的呢？

首先，我们必须将现实世界中的具体事物转换成计算机能够处理的数据，然后在数据库中用数据模型来抽象、表示和处理这些数据。数据模型是一种对现实世界中的数据特征进行抽象的工具，它可以描述数据的静态特性(包括数据的基本结构、数据间的联系和数据中的约束条件)和动态特性(即定义在数据上的操作)。

数据模型的组成包括三个要素：数据结构、数据操作与数据完整性约束条件。

1. 数据结构

数据结构用于描述数据的静态特性，包括数据类型、内容、性质以及数据间联系的有关情况，是所研究对象类型的集合。

数据结构是数据模型的基础，数据操作和数据完整性约束条件均建立在数据结构上，因此一般数据模型的分类均以数据结构的不同来划分。

2. 数据操作

数据操作用于描述数据的动态特性，主要描述在相应数据结构上的操作类型和操作方式，是对数据库中各种对象(型)的实例(值)所允许的操作的集合。

数据库的主要操作包括检索和更新(包括插入、删除和修改)两大类。

3. 数据完整性约束条件

数据完整性约束条件主要描述数据结构内数据间的语法、语义联系，是一组完整性规则的集合。

完整性规则是给定的数据模型中数据及其联系所具有的制约和存储规则，用于限定符合数据模型的数据库状态以及状态的变化，以保证数据的正确、有效和相容。

数据模型应该反映和规定本数据模型必须遵守的基本的通用完整性约束条件，如实体完整性和参照完整性，还要提供定义完整性约束条件的机制，以反映具体应用所涉及的数据必须遵守的特定语义约束条件。

6.2.2 数据模型的分类

数据模型按不同的应用层次分为三种类型：概念数据模型(Conceptual Data Model)、逻辑数据模型(Logic Data Model)和物理数据模型(Physical Data Model)。

概念数据模型是面向用户、面向现实世界的数据模型,是与 DBMS 无关的数据模型。概念数据模型着重于对客观世界中复杂事物结构的描述及其内在联系的刻画。目前,较为有名的概念数据模型有 E-R 模型、扩充的 E-R 模型、面向对象模型及谓词模型等。

逻辑数据模型又称数据模型,是一种面向数据库系统的模型,是客观世界到计算机间的中间模型,与 DBMS 有关。概念数据模型只有转换成逻辑数据模型后才能在数据库中表示。目前,较为广泛使用的逻辑数据模型有层次模型、网状模型及关系模型,其中占主导地位的是关系模型。

物理数据模型是一种面向计算机物理表示的模型,它给出了数据模型在计算机中真正的物理结构的表示,如物理块、指针、索引等,而逻辑数据模型只反映数据的逻辑结构,如文件、记录、字段等。物理数据模型不但与 DBMS 有关,而且与操作系统、硬件也有关。

6.2.3 概念数据模型

概念数据模型是现实世界到计算机世界的第一层抽象,是进行数据库设计的有力工具,也是数据库设计人员和用户之间进行交流的语言。概念数据模型最常用的建模方法是实体-联系法,该方法用 E-R(Entity-Relation)图来描述某一组织的概念数据模型。

下面主要介绍一下有关的术语和 E-R 图的画法。

1. 概念数据模型中的基本术语

1) 实体(Entity)

实体是指客观存在并可以相互区别的事物。实体可以是具体的人、事、物,也可以是抽象的概念或联系,如一个学生、一门课、学生的一次选课等。

2) 属性 (Attribute)

实体所具有的某一特性称为“属性”。一个实体可以由若干个属性来描述,如学生具有学号、姓名、性别、出生年月、所在系、入学年份等属性。

3) 键(Key)

键是用来唯一标识一个实体的属性或属性组合,又称为“候选码”、“关键字”或“码”。例如,对于学生实体,因为每个学号都不重复,一个学号只能与一个学生相对应,因此学号可以作为学生的键,也就是说如果要查找某个学生,只要提供该学生的学号就可以了。

4) 实体集(Entity Set)

实体集是指同一类型实体所构成的集合,如全体学生就是一个实体集,全体教师是另一个实体集。

5) 实体类型(Entity Type)

实体类型是指同一个实体集所具有的相同属性和特征,即用实体名和相关的属性名来描述同类实体,如课程(课程号、课程名、学分、学时)就是一个实体类型。

6）联系（Relationship）

现实世界中万物间的联系是错综复杂的，这种联系反映到计算机世界中又可分为两种：一种是实体内部各个属性之间的联系，一种是不同的实体集之间的联系。在实际应用中我们着重关注不同的实体集之间的联系。归纳现实世界中实体集之间的联系情况，可以分为三种：一对一联系、一对多联系和多对多联系。

（1）一对一联系（记作 1∶1）

如果对于实体集 A 中的每一个实体，实体集 B 中至多有一个实体与之联系；反之，对于实体集 B 中的每一个实体，实体集 A 中至多有一个实体与之联系，则称实体集 A 与实体集 B 具有一对一联系，记作 1∶1。

如一个班级只有一个班主任，一个班主任只负责管理一个班级，则班级与班主任之间具有一对一联系。又如，假设一个部门只有一个经理，一个经理负责管理一个部门，则部门与经理之间也是一对一联系。

（2）一对多联系（记作 1∶n）

如果对于实体集 A 中的每一个实体，实体集 B 中有多个实体与之联系；反之，对于实体集 B 中的每一个实体，实体集 A 中至多只有一个实体与之联系，则称实体集 A 与实体集 B 具有一对多联系，记作 1∶n。

如一个班级由很多个学生组成，每个学生只能属于一个班级，即一个班级可以与学生实体集中的多个学生相联系，而学生实体集中的每个学生最多只能与一个班级相对应，因此班级与学生之间是一对多联系。

又如，一个部门由很多个职工组成，每个职工只能属于一个部门，因此部门与职工之间也是一对多联系。

由上可见，一对多联系在多数情况下是用来表示组成关系的，如班级由学生组成，系由教师组成，部门由职工组成等。

（3）多对多联系（记作 m∶n）

如果对于实体集 A 中的每一个实体，实体集 B 中有多个实体与之联系；反之，对于实体集 B 中的每一个实体，实体集 A 中也有多个实体与之联系，则称实体集 A 与实体集 B 具有多对多联系，记作 m∶n。

如一个学生可以选修多门课程，一门课程也可以同时被多个学生选修，因此学生与课程之间是多对多联系。

又如，一个商店可以销售多种商品，每一种商品又可以在多个商店同时销售，因此商店与商品之间也是多对多联系。

2. E-R 图的画法

为了直观地表示实体集的属性和实体集之间的联系方式，实体-联系模型（E-R 模型）提供了一些简明的符号工具来表示实体集、属性和联系。

（1）实体集的表示方法

实体集用长方形框表示，框内写上实体集名。

（2）属性的表示方法

属性用椭圆形表示，在椭圆形里面写上属性名，并用线段将属性与相应的实体集联系起来。

（3）联系的表示方法

联系用菱形表示，在菱形内写上联系名，并用线段将菱形与相关实体集联系起来，然后在线段旁注明联系的类型，如果一个联系本身也有属性，则将表示其属性的椭圆形与该菱形相连。

下面举些例子说明 E-R 图的画法。

【例 6.1】 班级与班主任两个实体集之间的一对一联系可以用图 6.2 表示。

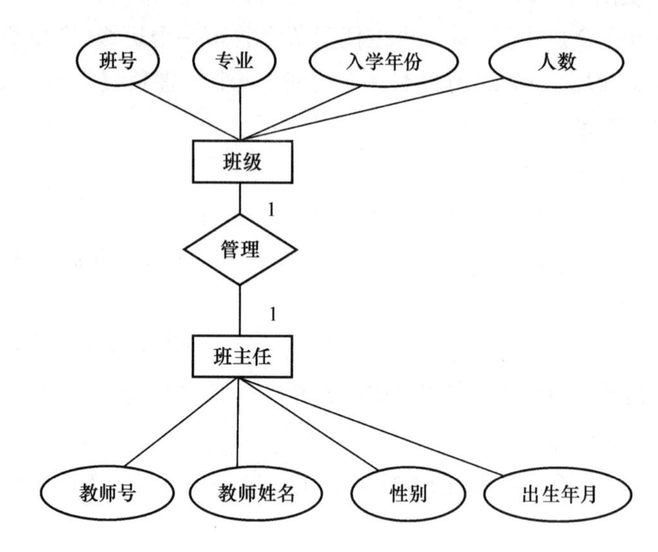

图 6.2　班级与班主任的 E-R 图

【例 6.2】 班级与学生两个实体集之间的一对多联系可以用图 6.3 表示。

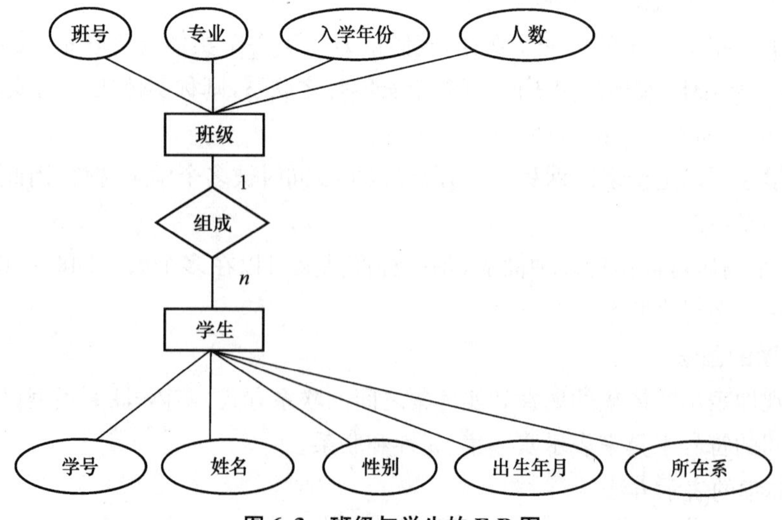

图 6.3　班级与学生的 E-R 图

【例 6.3】 学生与课程两个实体集之间的多对多联系可以用图 6.4 表示。

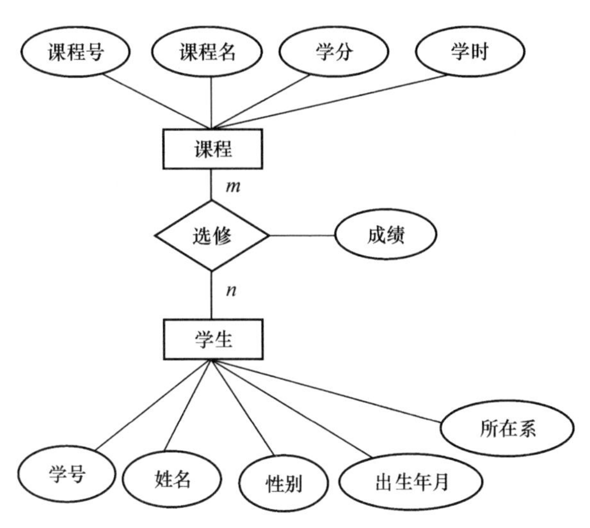

图 6.4 学生与课程的 E-R 图

在例 6.3 中,由于学生选修一门课程后,在课程结束时会得到一个考试成绩,所以为“选修”这一联系增加了一个“成绩”属性。

需要说明的一点是,E-R 图是对现实世界进行抽象的工具,在画 E-R 图时应从现实世界出发,根据具体的信息管理要求来设计系统需要包含的实体集、每个实体集的属性以及实体之间的联系方式。有时同一个实体在不同的应用中所要描述的属性可能不同,如在学籍管理系统中,学生的属性可能只要包括学号、姓名、性别、出生年月、所在系、专业即可,但是如果是学校医院管理系统中所存放的学生信息,则可能除了上述属性外还得包含学生的身高、体重、血型等与健康有关的信息。另外,有时同样的两个实体集在不同的语义条件下其联系方式可能也不一样,如假设规定每位教师只能教授一门课,同一门课可以由多位教师教授,则教师与课程之间是多对一的联系,但是如果规定每位教师能教授多门课,同一门课也可以由多位教师教授,则教师与课程之间是多对多的联系,所以在设计 E-R 图时要注意语义约束。

总之,概念数据模型是对现实世界需求的第一层描述,是计算机专业人员与用户之间进行交流的工具,与具体的 DBMS 无关。数据库设计人员应该在这一阶段利用 E-R 模型确定用户的信息管理内容,如包含哪些实体集,每个实体集具有哪些属性,实体集之间的联系方式等,只有把这些内容确定下来之后,数据库设计人员才可以建立数据库的逻辑数据模型,进而建立数据库的物理数据模型,从而完成数据库的框架结构的建立。

6.2.4 关系数据模型

1. 关系数据模型的数据结构

(1) 关系数据模型的基本数据结构

关系数据模型的基本数据结构是二维表,由行和列组成。二维表又称“关系”,因此以二维表为基本结构所建立的模型称为“关系数据模型”。

(2) 关系数据模型的基本术语

① 关系(Relation):即二维表。

② 元组(Tuple):二维表中的一行,即一个元组,表示一个记录。

③ 属性(Attribute):二维表中的一列,即一个属性,表示实体集的一个特征。在同一关系中不同属性不能同名。

④ 键(Key):二维表中可以唯一确定一个元组的最小属性集。一个表可能有多个键,称为候选键,一般选定其中一个作为主键。

⑤ 域(Domain):属性的取值范围,如性别的域是{男,女}。

⑥ 分量:元组中的一个属性值。

⑦ 关系模式:对关系的描述,一般表示为

关系名(属性 1,属性 2,…,属性 n)

即关系名和关系的属性集,其中 n 是关系的属性的个数,称为关系的"目(Degree)"。

例如,描述大学生的关系模式为:

Student(姓名,学号,性别,出生年月,籍贯,系别,入学年份)

<李明,0098135,女,1984,江苏,计算机系,2001>是其中的一个元组。

(3) 对关系模型中的二维表的限制条件

① 同一个表中的属性名必须各不相同,但次序可以任意改变。

② 同一个表中的元组必须均不相同,但元组的次序可以任意改变。

③ 表中每一分量必须是不可分割的基本数据项,这是关系模式必须满足的最基本条件。

2. 关系数据模型的数据操作

关系数据模型的数据操作主要包括查询和更新两大类,其中更新操作又分为插入、删除和修改三种。关系数据模型中的数据操作是集合操作,具有严格的数学理论基础,其操作对象和操作结果都是集合,即若干元组的集合。

3. 关系数据模型的完整性约束条件

关系数据模型的完整性约束条件是对关系的某种约束条件。关系数据模型中有三类完整性约束条件,分别是实体完整性、参照完整性和用户定义的完整性。其中,实体完整性和参照完整性是关系数据模型必须满足的完整性约束条件,称作关系的两个不变性,必须由关系系统自动支持。

(1) 实体完整性

实体完整性是指应该使关系中的每个实体都能被识别和区分,因为现实世界中的实体都是可区分的,具有唯一性标识。相应地,在关系模型中以主键来唯一地标识每个实体,而且作为唯一性标识的主键不能取空值,因为空值是指"不知道"或"无意义"的值,取空值则说明存在某个不可识别的实体,这与现实世界是互相矛盾的,所以这个实体一定不是一个完整的实体。因此,关系模型必须保证每个实体都是完整的,都要遵守实体完整性约束条件,即关系中主键的所有属性都不能取空值。

(2) 参照完整性

参照完整性又称"引用完整性"。由于现实世界中的实体之间一般都存在某种联系,而在关系模式中实体及实体间的联系都是用关系来描述的，因此就存在关系和关系间的引用。例如，以下“学生”和“专业”两个关系就存在互相引用的情况：

学生(学号，姓名，性别，专业号，年龄)

专业(专业号，专业名)

在这两个关系中，“学生”关系引用了“专业”关系的主键“专业号”。因而“学生”关系中的“专业号”值必须是“专业”关系中有记录的专业号，即“学生”关系中的“专业号”这个属性的值必须引用“专业”关系中的“专业号”属性值。

设 F 是基本关系 R 的一个或一组属性，但不是关系 R 的主键，如果 F 与基本关系 S 的主键 K_s 相对应，则称 F 是基本关系 R 的外键(Foreign Key)。即若 F 不是 R 的主键，但是 S 的主键，则称 F 是关系 R 的外键。基本关系 R 为参照关系(Referencing Relation)，基本关系 S 为被参照关系(Referenced Relation)或目标关系(Target Relation)。

参照完整性约束条件：若属性(或属性组) F 是基本关系 R 的外键，它与基本关系 S 的主键 K_s 相对应，则 R 中每个元组在 F 上的值必须为空值(F 的每个属性值均为空值)，或者等于 S 中某个元组的主键值。

例如，对于本例，“学生”关系中的每个元组的“专业号”属性只能取以下两类值：

①空值，表示尚未给该学生分配专业；

②非空值，这时“学生”关系中的专业号值必须是“专业”关系中存在的某个专业号值，即被参照关系“专业”中一定存在一个元组，其主键值等于该参照关系“学生”中的外键值。

(3) 用户定义的完整性

用户定义的完整性是用户针对某一具体关系数据库定义的约束条件，它反映某一具体应用所涉及的数据必须满足的语义要求。例如，可以规定某个属性必须取唯一值，某个非主键属性也不能取空值，某个属性的取值范围必须在 0～100 之间等。

6.3 关系代数操作

关系代数主要用于描述关系数据库的检索操作，主要用到的运算包括 4 类：传统的集合运算、专门的关系运算、算术比较运算和逻辑运算。关系代数分为两大类：传统的集合运算和专门的关系运算两类。其中，传统的集合运算将关系看成元组的集合，每个元组相当于集合中的一个元素，其运算类型主要是代数中的并、交、差和广义笛卡儿积运算 4 种。而专门的关系运算是关系数据库所特有的运算，主要包括选择、投影、连接和除运算。其中，并、差、笛卡儿积、选择和投影五 5 种运算被称为基本的关系运算，交、连接和除运算都可以由这 5 种运算推导出来。

6.3.1 传统的集合运算

传统的集合运算是二目运算，包括并、交、差、广义笛卡儿积 4 种运算。

1. 并(union)

设关系 R 和 S 具有相同的目，且相应的属性取自同一个域，则关系 R 与关系 S 的并集

由属于 R 或属于 S 的元组组成，即：

$$R \cup S = \{t \mid t \in R \lor t \in S\}$$

如：

R

A	B	C
a1	b2	c3
a2	b3	c4

S

A	B	C
a1	b2	c3
a3	b5	c7

R∪S

A	B	C
a1	b2	c3
a2	b3	c4
a3	b5	c7

2. 差(difference)

设关系 R 和 S 具有相同的目，且相应的属性取自同一个域，则关系 R 与关系 S 的差集由属于 R 但不属于 S 的元组组成，即：

$$R - S = \{t \mid t \in R \land \neg t \in S\}$$

如：

R

A	B	C
a1	b2	c3
a2	b3	c4

S

A	B	C
a1	b2	c3
a3	b5	c7

R−S

A	B	C
a2	b3	c4

3. 交(intersection)

设关系 R 和 S 具有相同的目，且相应的属性取自同一个域，则关系 R 与关系 S 的交集由既属于 R 又属于 S 的元组组成，即：

$$R \cap S = \{t \mid t \in R \land t \in S\}$$

如：

R

A	B	C
a1	b2	c3
a2	b3	c4

S

A	B	C
a1	b2	c3
a3	b5	c7

R∩S

A	B	C
a1	b2	c3

4. 广义笛卡儿积(extended cartesian product)

两个分别为 n 目和 m 目的关系 R 和 S 的广义笛卡儿积是一个 $(m+n)$ 列的元组的集合。元组的前 n 列是关系 R 的一个元组，后 m 列是关系 S 的一个元组。若 R 有 k_1 个元组，S 有 K_2 个元组，则关系 R 和关系 S 的广义笛卡儿积有 $K_1 \times K_2$ 个元组。如：

R

A	B	C
a1	b2	c3
a2	b3	c4

S

A	B	C
a1	b2	c3.
a3	b5	c7

$R \times S$ 的结果如下所示：

$R \times S$

R.A	R.B	R.C	S.A	S.B	S.C
a1	b2	c3	a1	b2	c3
a1	b2	c3	a3	b5	c7
a2	b3	c4	a1	b2	c3
a2	b3	c4	a3	b5	c7

6.3.2 专门的关系运算

1. 选择(selection)

选择运算是指从关系 R 中选择满足给定条件的所有元组，记作：

$$\sigma_F(R)=\{t \mid t \in R \wedge F(t)='真'\}$$

F 表示选择条件，选择运算就是从 R 中提取能够使 F 条件成立的元组。选择运算是从行的角度进行的运算，投影结果取消重复的元组。

如 Student 关系的关系模式为 Student(Sno，Sname，Ssex，Sage，Sdept)，相关数据如下所示：

Student

Sno	Sname	Ssex	Sage	Sdept
070601101	李明	男	18	建筑工程
070801201	王婷	女	19	计算机
070801101	张军	男	18	计算机

【例 6.4】 查询性别为男的全体学生。

$\sigma_{Ssex='男'}$(Student)

结果为：

Sno	Sname	Ssex	Sage	Sdept
070601101	李明	男	18	建筑工程
070801101	张军	男	18	计算机

【例 6.5】 查询年龄小于 19 岁的全体学生。

$\sigma_{Sage<19}$(Student)

Sno	Sname	Ssex	Sage	Sdept
070601101	李明	男	18	建筑工程
070801101	张军	男	18	计算机

2. 投影(projection)

关系 R 上的投影是从 R 中选择出若干属性列组成新的关系,是从列的角度进行的运算,投影的结果会取消重复的元组。记作:

$$\Pi A(R)=\{t[A]\mid t\in R\}$$

其中,A 为 R 中的属性列。

【例 6.6】 查询 Student 关系中所有学生的学号和姓名。

$\Pi_{Sno,Sname}(Student)$

结果为:

Sno	Sname
070601101	李明
070801201	王婷
070801101	张军

【例 6.7】 查询 Student 关系中所有的学生都分布在哪些系。

$\Pi_{Sdept}(Student)$

结果为:

Sdept
建筑工程
计算机

3. 连接(join)

连接是从两个关系的笛卡儿积中选取属性间满足一定条件的元组。记作:

$$R\underset{A\theta B}{\bowtie}S=\{\widehat{t_r\ t_s}\mid t_r\in R\wedge t_s\in S\wedge\ t_r[A]\theta t_s[B]\}$$

其中,θ 为比较运算符,A 和 B 分别为 R 和 S 上目数相等且可比的属性组。连接运算是从 R 和 S 的笛卡儿积中选取 R 中的 A 属性组和 S 中的 B 属性组满足 θ 条件的元组。

连接运算中有两种最为重要的连接,一种是等值连接,一种是自然连接。

等值连接是指从关系 R 和 S 的笛卡儿积中选取 A、B 属性值相等的那些元组,即 θ 为"="的连接运算。用公式表示如下:

$$R\underset{A=B}{\bowtie}S=\{\widehat{t_r\ t_s}\mid t_r\in R\wedge t_s\in S\wedge\ t_r[A]=t_s[B]\}$$

自然连接是一种特殊的等值连接,它要求两个关系中进行比较的分量必须是相同的属性组,并且要在结果中把重复的属性去掉。用公式表示如下:

$$R\bowtie S=\{\widehat{t_r\ t_s}\mid t_r\in R\wedge t_s\in S\wedge\ t_r[A]=t_s[B]\}$$

如对于以下两个关系 R 和 S:

R

A 组	B 组
7	5
5	4
9	8

S

B 组	D 组
9	6
5	8
4	5

则$R \bowtie S$,$R \bowtie S$,$R \bowtie S$的结果分别如下：

$R \bowtie S$

$A<D$

A	R. B	S. B	D
7	5	5	8
5	4	9	6
5	4	5	8

$R \bowtie S$

$A=D$

A	R. B	S. B	D
5	4	4	5

$A<D$　$A=D$

$R \bowtie S$

A	B	D
7	5	8
5	4	5

4. 除(division)

设有关系 R 和 S,R 能被 S 除的条件是 R 中要包含有 S 中的属性。

R 除以 S 的商 T 的属性由 R 中那些不出现在 S 中的属性组成,其元组则由 S 中出现的所有元组在 R 中所对应的相同值所组成。记作：

$$R \div S = \{t_r[X] \mid t_r \in R \land \Pi_y(S) \subseteq Y_x\}$$

如已知关系 R 和 S 如下：

R

A	B
a1	b1
a1	b2
a2	b1

S

B
b1
b2

则 $R \div S$ 的结果为{a1},因为在 R 中,当属性列 A 的值为 $a1$ 时,其属性列 B 的值包含了 S 中属性列 B 中的所有值。

6.4　关系数据库标准语言

关系数据库的标准语言是 SQL。SQL 的英文全称为“Structured Query Language”，即结构化查询语言，自 1974 年被提出后，经过不断修改完善，已成为关系数据库的标准语言。第一个 SQL 标准是 1986 年 10 月由美国国家标准局(ANSI)公布的，称为 SQL—86。1989 年 ANSI 第二次公布 SQL 标准(SQL—89)，1992 年又公布了 SQL—92。目前 ANSI 正在酝酿新的 SQL 标准。

6.4.1　SQL 的特点

SQL 语言集数据查询、数据操纵、数据定义和数据控制功能于一体，充分体现了关系数据语言的特点和优点。

(1) 综合统一

SQL 集数据定义语言、数据操纵语言、数据控制语言于一体，语言风格统一，可以独立完成数据库生命周期中的全部活动，包括关系模式定义、数据录入、查询、更新与维护、数据库重构、数据库安全性控制等一系列操作。

(2) 高度非过程化

用 SQL 操作数据库时用户无需了解存取路径，存取路径的选择以及 SQL 语句的操作过程由系统自动完成。

(3) 面向集合的操作方式

SQL 采用集合操作方式，查询结果和插入、删除、更新操作的对象都可以是元组的集合。

(4) 以同一种语法结构提供两种使用方式

SQL 作为自含式语言和嵌入式语言两种方式使用时，其语法结构基本上一致。

(5) 语言简洁，易学易用

SQL 完成数据定义、数据操纵、数据控制的核心功能只用了 9 个动词：CREATE、DROP、ALTER、SELECT、INSERT、UPDATE、DELETE、GRANT、REVOKE。

6.4.2　数据定义语句

SQL 提供数据定义语言(Data Definition Language，DDL)，用于创建或删除数据表、视图和索引等。

1. 创建、删除与修改基本表

1) 创建基本表

(1) 语句格式

CREATE TABLE　＜表名＞　(＜列名＞＜数据类型＞[列级完整性约束条件][，＜列名＞＜数据类型＞[列级完整性约束条件]…])[，＜表级完整性约束条件＞])；

(2) 功能

在数据库中建立一张数据表。

(3) 说明

< >表示不可缺少的命令项；[ ]表示可选项，可有可无，根据具体情况而定；每个SQL语句都必须以“;”结尾。

【例6.8】 建立一个数据表Student，由学号Sno、姓名Sname、性别Ssex、年龄Sage、所在系Sdept 5个属性列组成，其中学号属性不能为空且值是唯一的。

```
CREATE  TABLE  Student
(Sno CHAR(5) NOT NULL UNIQUE,     /定义学号为5个字节的字符串,不为空且不重复
Sname CHAR(10),                   //定义姓名为10个字节的字符串
Ssex CHAR(2) ,                    //定义性别为2个字节的字符串
Sage INT,                         //定义年龄为整型数据
Sdept CHAR(15),                   //定义系名为15个字节的字符串
Primary key(Sno));                //定义学号为主键
```

2) 修改基本表

(1) 语句格式

```
ALTER TABLE<表名>
[ADD<新列名><数据类型>[完整性约束条件]]
[DROP<列名>|<完整性约束名>]
[MODIFY<列名><数据类型>];
```

(2) 功能

对已经存在的表结构进行修改，包括添加新的列、删除某一列、修改某个列的定义。

(3) 说明

① ADD子句用于增加新列和新的完整性约束条件，新增加的列一律为空值。

② DROP子句用于删除指定的列或完整性约束条件。

③ MODIFY子句用于修改原有的列定义。

【例6.9】 向Student表增加入学时间列Scome，其数据类型为日期型。

```
ALTER  TABLE  Student  ADD  Scome DATE;
```

【例6.10】 删除关于学号必须取唯一值的约束。

```
ALTER  TABLE  Student  DROP  UNIQUE(Sno);
```

3) 删除基本表

(1) 语句格式

```
DROP TABLE<表名>;
```

(2) 功能

将指定的基本表从外存中删除，包括表结构和表中的所有数据一起删除。

【例6.11】 将Student表中的表头和数据一起删除。

```
DROP TABLE Student;
```

2. 建立与删除索引

1）建立索引

建立索引的目的是加快查询速度。语句格式如下：

CREATE［UNIQUE］INDEX＜索引名＞ON＜表名＞(＜列名＞［＜次序＞］［,＜列名＞［＜次序＞］…］)［其他参数］；

其中，＜表名＞指定要建索引的基本表的名字；索引可以建在该表的一列或多列上，各列名之间用逗号分隔，每个＜列名＞后面可以用＜次序＞指定索引值的排列次序，包括 ASC（升序）和 DESC（降序）两种，默认为 ASC；UNIQUE 表示此索引的每一个索引值只对应唯一的数据记录。

【例 6.12】 为 Student 表创建一个按学号 Sno 升序排列的唯一索引。

CREATE　UNIQUE INDEX　Stusno ON Student(Sno)；

(2) 删除索引

语句格式如下：

DROP INDEX＜索引名＞；

【例 6.13】 删除索引 Stusno。

DROP INDEX　Stusno；

6.4.3　数据查询语句

数据查询是数据库的核心操作。

SQL 查询语句的一般格式为：

SELECT［ALL|DISTINCT］＜目标列表达式＞［,＜目标列表达式＞］…

FROM＜表名或视图名＞［,＜表名或视图名＞］…

［WHERE＜条件表达式＞］

［GROUP BY＜列名 1＞［HAVING＜条件表达式＞］］

［ORDER BY＜列名 2＞［ASC|DESC］］；

说明：根据 WHERE 子句的条件表达式，从 FROM 子句指定的基本表或视图中找出满足条件的元组，再按 SELECT 子句中的目标列表达式，选出元组中的属性值形成结果表。如果有 GROUP 子句，则将结果按＜列名 1＞的值进行分组，该属性列中值相等的元组为一个组，每个组产生结果表中的一条记录。如果 GROUP 子句带 HAVING 短语，则只对满足指定条件的组才予以输出。如果有 ORDER 子句，则结果表还要按＜列名 2＞的值的升序或降序排列。

1. 单表查询

1）选择表中的若干列

选择表中全部列或部分列的运算又称为“投影”，其变化方式主要表现在 SELECT 子句的＜目标列表达式＞。

(1) 查询指定列

【例 6.14】 查询全体学生的学号、姓名和系名。

```
SELECT Sno,Sname,Sdept
FROM Student;
```

(2) 查询全部列

有两种方法,一种是在 SELECT 关键字后面列出所有列名,另一种是将＜目标表达式＞指定为 *,此时查询结果的目标列的显示顺序与其在基本表中的顺序相同。

【例 6.15】 显示全体学生的详细信息。

可以用以下两种方法表示:

①
```
SELECT  Sno,Sname,Ssex,Sage,Sdept
FROM Student;
```

②
```
SELECT *
FROM Student;
```

(3) 查询经过计算的值

SELECT 子句的＜目标列表达式＞也可以不是属性列,而是一些计算表达式,即将查询出来的属性列经过一定的计算后列出结果。

【例 6.16】 查询全体学生的学号、姓名和出生年份。

```
SELECT Sno,Sname,2008-Sage
FROM Student;
```

2) 选择表中的若干元组

(1) 消除取值重复的行

投影结果可能会包含许多重复的行,如果要去掉结果表中重复的行,则必须指定 DISTINCT 短语。

【例 6.17】 查询全体学生所在系。

```
SELECT  DISTINCT  Sdept
FROM Student;
```

(2) 查询满足条件的元组

可通过 WHERE 子句实现。WHERE 子句常用的查询条件有:比较大小、确定范围、确定集合、字符匹配、空值、多重条件。

① 比较大小。用于比较大小的运算符包括:=(等于)、＞(大于)、＜(小于)、＜=(小于等于)、＞=(大于等于)、! =或＜＞(不等于)、! ＞(不大于)、! ＜(不小于)。

【例 6.18】 查询年龄大于 20 岁的学生的详细信息。

```
SELECT  *
FROM Student
WHERE  Sage>20;
```

② 确定范围。要查找属性值在确定范围内的元组,可以用 BETWEEN…AND…表示;要查找属性值不在确定范围内的元组,可以用 NOT BETWEEN…AND…表示。

【例 6.19】 查找年龄在 18 到 20 岁之间(即年龄大于等于 18、小于等于 20)的学生的学号、姓名和年龄。

```
SELECT   Sno,Sname,Sage
FROM   Student
WHERE Sage BETWEEN 18 AND 20;
```

③ 确定集合。用谓词 IN 来查找属性值属于指定集合的元组。

【例 6.20】 查询信息系、数学系和计算机科学系的学生的姓名和性别。

```
SELECT   Sname,Ssex
FROM     Student
WHERE   Sdept IN('IS','MA','CS');
```

④ 字符匹配。字符匹配可以用来实现模糊查询。在 SQL 语句中用 LIKE 来进行字符串的匹配。其语句格式为：

[NOT] LIKE '<匹配串>'

其中，<匹配串>可以含有通配符“%”和“_”，“%”代表任意长度的字符串，“_”代表任意单个字符。

注意：一个汉字占 2 个字符的位置。

【例 6.21】 查询姓“刘”的学生的姓名、学号和性别。

```
SELECT   Sname,Sno,Ssex
FROM Student
WHERE Sname LIKE '刘%';
```

⑤ 涉及空值的查询。可用谓词 IS NULL 和 IS NOT NULL 来查询空值和非空值。

注意：这里的“IS”不能用“=”代替。

【例 6.22】 查找没有系名的学生的学号和姓名。

```
SELECT   Sno,Sname
FROM Student
WHERE Sdept IS NULL;
```

⑥ 多重条件查询。用逻辑运算符 AND(逻辑与)、OR(逻辑或)可以联结多个查询条件，AND 的优先级高于 OR。

【例 6.23】 查询年龄在 20 岁以下的男生的学号和姓名。

```
SELECT   Sno,Sname
FROM Student
WHERE Ssex='男' AND Sage<20;
```

说明：因为性别的数据类型是字符串类型，所以在“男”的两边要加单引号。类似地，如果查询条件表达式中有学号、姓名时，两边也要加单引号。

3) 对查询结果排序

用 ORDER 子句指定查询结果的排列顺序。ASC 为升序，DESC 为降序。

【例 6.24】 查询全校女生的学号、姓名和年龄，并将查询结果按年龄降序排列。

```
SELECT   Sno,Sname,Sage
FROM Student
```

```
WHERE Ssex='女'
ORDER BY Sage DESC;
```

4) 使用集函数

包括以下集函数：

```
COUNT([DISTINCT|ALL] * )          //统计元组个数
COUNT([DISTINCT|ALL]<列名>)       //统计一列中值的个数
SUM([DISTINCT|ALL]<列名>)         //计算一列值的总和
AVG([DISTINCT|ALL]<列名>)         //计算一列值的平均值
MAX([DISTINCT|ALL]<列名>)         //求一列值中的最大值
MIN([DISTINCT|ALL]<列名>)         //求一列值中的最小值
```

【例 6.25】 查询学生总人数。

```
SELECT  COUNT( * )
FROM Student;
```

【例 6.26】 查询学校中系的数量。

```
SELECT  COUNT(DISTINCT Sdept)
FROM Student;
```

5) 对查询结果分组

使用 GROUP BY 子句可以将查询结果表的各行按一列或多列取值相等的原则进行分组。对查询结果分组的目的是细化集函数的作用对象。如果未对查询结果分组，集函数将作用于整个查询结果，即整个查询结果只有一个函数值。如果对查询结果分组，则每一组都将有一个函数值。

【例 6.27】 查询各个系的学生人数。

```
SELECT  Sdept,COUNT(Sno)
FROM Student
GROUP BY Sdept;
```

如果要求按一定的条件对这些进行筛选，最终只输出满足指定条件的组，则可以使用 HAVING 短语指定筛选条件。

【例 6.28】 查询学生人数超过 300 的系。

```
SELECT  Sdept
FROM Student
GROUP BY Sdept
HAVING COUNT(Sno)>300;
```

WHERE 子句与 HAVING 短语的根本区别在于：WHERE 子句作用于基本表或视图，从中选择满足条件的元组；HAVING 短语作用于组，从中选择满足条件的组。

2. 连接查询

如果一个查询操作要用到多个数据表中的数据，则需要对多个数据表进行连接操作，这种查询称为连接查询。

连接查询实际上是通过各个数据表之间指定列之间的关系来查询数据的，数据表之间的联系是通过数据表的字段值来体现的,这种字段称为连接字段。连接操作的目的就是通过设置连接条件将多个数据表连接起来,以便从多个数据表中查询数据。

为了举例说明连接查询的使用方法,下面再引入一张数据表 SC(Sno,Cno,Grade),即学生的选课表,由学号(Sno)、课程号(Cno)、成绩(Grade)三个属性列构成。

SC

Sno	Cno	Grade
070601101	1	90
070801201	1	85
070601101	2	80
070801201	2	78

【例 6.29】 查询每个学生及其选修课程的情况。

```
SELECT  Student. * , SC. *
FROM Student,SC
WHERE Student.Sno=SC.Sno;
```

查询结果如下所示:

Sno	Sname	Ssex	Sage	Sdept	Cno	Grade
070601101	李明	男	18	建筑工程	1	90
070801201	王婷	女	19	计算机	1	85
070601101	李明	男	18	建筑工程	2	80
070801201	王婷	女	19	计算机	2	78

3. 嵌套查询

① 查询块:一个 SELECT—FROM—WHERE 语句称为一个查询块。

② 嵌套查询:将一个查询块嵌套在另一个查询块的 WHERE 子句或 HAVING 短语条件中的查询称为嵌套查询或子查询。

嵌套查询的求解方法是由里向外处理,即每个子查询在其上一级查询处理之前求解,子查询的结果用于建立其父查询的查找条件。

(1) 带有 IN 谓词的子查询

带有 IN 谓词的子查询是指父查询与子查询之间用谓词 IN 进行连接,判断某个属性列值是否在子查询的结果中。谓词 IN 是嵌套查询中最常使用的谓词。

【例 6.30】 查询与王婷在同一个系的学生的学号、姓名和系名。

```
SELECT  Sno,Sname,Sdept
FROM Student
WHERE Sdept IN
    (SELECT Sdept
```

```
        FROM Student
        WHERE Sname='王婷');
```

(2) 带有比较运算符的子查询

带有比较运算符的子查询是指父查询与子查询之间用比较运算符进行连接。

注意:子查询一定要跟在比较运算符之后。

【例 6.31】 查询与 070801101 号学生年龄相同的学生的学号、姓名和所在系。

```
SELECT  Sno,Sname,Sdept
FROM Student
WHERE Sage=
    (SELECT Sage
     FROM Student
     WHERE Sno='070801101');
```

6.4.4 数据更新语句

1. 插入数据

INSERT 语句有两种形式:一种是插入单个元组,另一种是插入子查询结果。

(1) 插入单个元组

插入单个元组的 INSERT 语句的格式为:

```
INSERT
INTO <表名>[(<属性列 1>[,<属性列 2>…)]
VALUES (<常量 1>[,<常量 2>]…);
```

如果某些列在 INTO 子句中没有出现,则新记录在这些列上将取空值,但声明了 NOT NULL 的属性列不能取空值。

如果 INTO 子句中没有指定任何列名,则新插入的记录必须在每个属性列上均有值。

【例 6.32】 将一个新学生记录(学号:070601112;姓名:张亮;性别:男;所在系:建筑工程;年龄:18)插入 Student 表中。

```
INSERT
INTO Student
VALUES('070601112','张亮','男','建筑工程',18);
```

【例 6.33】 插入一条选课记录(学号:070601112;课程号:2)。

```
INSERT
INTO SC(Sno,Cno)
VALUES('070601112','2');
```

(2) 插入子查询结果

插入子查询结果的 INSERT 语句的格式为:

```
INSERT
INTO <表名> [(<属性列 1>[,<属性列 2>]…)]
```

子查询；

该语句的功能是将子查询的结果以批量形式插入指定表中。

【例 6.34】 对每个系求学生的平均年龄并把结果存入数据库。

先建一个新表 Deptage，包含系名（Sdept）和平均年龄（Avgage）两个属性列，然后从 Student 表中查询每个系学生的平均年龄并将其插入新建的表中。具体语句如下：

```
CREATE TABLE Deptage
(Sdept CHAR(15)
  Avgage SMALLINT);


INSERT
INTO   Deptage
SELECT   Sdept，AVG(Sage)
FROM Student
GROUP BY Sdept;
```

2. 修改数据

修改数据又称为更新操作，其一般语句格式为：

UPDATE　＜表名＞

SET＜列名＞=＜表达式＞[，＜列名＞=＜表达式＞]…[WHERE＜条件＞]；

该语句的功能是修改指定表中满足 WHERE 子句条件的元组。

其中，SET 子句用于指定修改方法，即用＜表达式＞的值取代相应的属性列的值；如果省略 WHERE 子句，则表示要修改表中的所有元组；UPDATE 语句一次只能操作一个表，如果修改一个表后会影响另外一个表中的数据，则另一个表也要修改。

(1) 修改某一个元组的值

【例 6.35】 将 070601112 号学生所在的系改为计算机系。

```
UPDATE   Student
SET Sdept='计算机'
WHERE Sno='070601112';
```

(2) 修改多个元组的值

【例 6.36】 将所有学生的年龄增加 1 岁。

```
UPDATE   Student
SET Sage=Sage+1;
```

(3) 带子查询的修改语句

【例 6.37】 将计算机系全体学生的成绩置 0。

```
UPDATE   SC
SET Grade=0
WHERE '计算机'=
      (SELECT Sdept
```

```
        FROM Student
        WHERE Student.Sno=SC.Sno);
```

3. 删除数据

删除数据的一般语句格式为：

```
DELETE
FROM ＜表名＞
[WHERE ＜条件＞];
```

该语句的功能是从指定表中删除满足 WHERE 子句条件的所有元组。如果省略 WHERE 子句，表示删除表中全部元组，但表的定义仍保留。

(1) 删除某一个元组的值

【例 6.38】 删除学号为 070601112 的学生的记录。

```
DELETE
FROM Student
WHERE Sno='070601112';
```

(2) 删除多个元组的值

【例 6.39】 删除所有学生的选课记录。

```
DELETE
FROM SC;
```

执行这条语句后，SC 成为一张空表，但其定义仍然保存在数据字典中，也就是以后还可以对该表进行插入数据操作。

(3) 带子查询的删除语句

即用子查询来构造执行删除操作的条件。

【例 6.40】 删除计算机系所有学生的选课记录。

```
DELETE
FROM SC
WHERE '计算机'=
    (SELECT Sdept
    FROM Student
    WHERE Student.Sno=SC.Sno);
```

6.5 信息系统

信息系统的概念是随着计算机技术的发展而形成的。如今随着以计算机技术、通信技术和网络技术为代表的现代信息技术的飞速发展，人类已进入信息时代。信息对经济发展、社会进步起着巨大的作用。信息已被视为与物质、能源同等重要的人类赖以生存和发展的重要资源。信息的占有水平与利用程度，已成为衡量一个国家现代化水平和综合国力的重要标志。

6.5.1 信息的概念和特性

1. 信息的概念

关于信息的概念,从不同的角度出发有不同的理解和解释。我国信息论专家钟义信教授将信息定义为"事物运动的状态和方式",还有人认为信息是"客观事物可传递的差异性",更有人认为信息是"事物的运动状态和关于事物动态过程的各种陈述,或是对客观事物属性和相互联系特征的表达"。在我国,日常用语中的信息泛指音讯、消息。曾有人统计,信息的定义在我国报刊上竟有30多种。不过信息的概念并不神秘,就信息系统而言,可以把信息看成经过加工以后的对接收者有用的数据,它可以影响接收者的决策行为。

2. 信息的特性

(1) 真实性

信息是对现实世界的客观反映,应具有真实性,这是信息的最基本特性。不符合事实的信息不仅没有价值,而且可能具有负价值。但是现实生活中并非所有的信息都是真实可靠的,这就要求人们在收集信息时要注意鉴别真伪,在信息系统中要注意维护信息的真实性、准确性和客观性。

(2) 时效性

信息的时效是指从信息源发送信息到接收者接收、处理、传递和利用信息所经历的时间间隔。时间间隔越短,使用信息越及时,则信息时效性越强。因此为了保证信息的有效性,人们需要连续不断地去收集最新信息,并且尽快对信息进行加工处理和利用,以抢占先机。正如比尔·盖茨所言,21世纪是信息爆炸时代,你收集和利用信息的方法将决定你的输赢。

(3) 共享性

信息与一般的物质不同,一本书如果给了你,我就没有了,但是如果我告诉你一条信息,我并没有失去这条信息,因此信息是可以共享的。一条信息可以为多个接收者所接收和使用,而且接收者还可以将它向更大的范围继续传输,这就是俗话所说的"一传十,十传百"。但是信息的共享具有两面性,一方面是有利的,如知识传播、技术推广等,它可以让更多的人掌握信息,使信息得以增值;另一方面是有害的,如擅自传播商业秘密或军事秘密会给企业或国家造成严重危害,而传播者也可能因此触犯法律。因此在和他人分享信息时一定要分清哪些信息可以共享,哪些信息需要保密,并且在传播信息时要注意保持信息的真实性,不能随意歪曲。

(4) 滞后性

信息是经过加工以后的对人们有用的数据,从获取数据开始到将数据加工成有用的信息、对其加以利用并产生决策,其中每个转换都需要时间,因此不可避免地会造成时间的延迟。延迟的时间越长,则信息的时效性越差,因此应尽可能地减少信息传递、加工和使用过程中的时间间隔,以提高信息的使用效率。

(5) 不完全性

根据人们的认识规律,关于客观事实的信息不可能一次全部得到,往往也没有必要收集全部信息。只能根据需要收集那些主要的信息,对于那些次要的、无用的信息应该舍掉。只有正确地舍弃信息,才能正确地使用信息。

(6) 增值性

信息利用者通过对信息的有效利用创造出大量的物质财富，开发和节约更多的能量，节省更多的时间，或者创造出更多的高质量信息产品，从而实现信息的增值。信息的增值性是有条件的，不同的信息接收者对信息有着不同的接受能力、理解能力与利用能力，对获取同一信息所产生的效果也不一样。

6.5.2 信息系统的概念

信息系统是一个能够对信息进行收集、存储、加工、传输和维护并向有关人员提供有用信息的人机交互系统。信息系统可以帮助实测企事业单位的各种运行情况，利用过去的数据预测未来，辅助决策，利用信息控制行为，帮助实现规划目标等。

信息系统的种类繁多，几乎各行各业都有专门为之服务的具有不同功能的信息系统，如业务数据处理系统、管理信息系统、决策支持系统、办公自动化系统、信息检索系统、信息分析系统、专家系统等。信息系统的分类方法很多，从信息处理的角度来分，有事务型处理系统和分析型处理系统。从层次上看，由于企事业单位一般都分为高、中、低三层，每层都有相应的信息系统为之提供服务，因此信息系统也分为三个层次：有为基层提供业务处理服务的事务处理系统，有为中层提供管理和控制服务的管理信息系统(MIS)、决策支持系统(DSS)、办公自动化系统(OAS)，以及为高层提供战略管理服务的高级经理支持系统(ESS)、战略信息系统(SIS)等。不同层次的信息系统负责为不同层次的职能部门提供专门的信息服务，不同层次的信息系统具有不同的特点。例如为高层管理者服务的信息系统所收集的信息来源于组织内部和外部，以综合性的概括数据为主，主要为组织执行战略决策服务；为中层管理者服务的信息系统的数据主要来源于组织内部，负责对组织内部业务数据进行汇总、统计报表，主要为组织执行战略决策、管理和控制组织活动服务；为基层操作者服务的信息系统的主要任务是负责处理每笔业务并记载每笔业务的详细信息，其目的是为了提高业务处理效率和处理质量。只有认清每种信息系统的特点，才能更有针对性地去收集相应的信息并对信息作出相应的处理，以符合使用者的要求。下面对一些比较重要的信息系统进行介绍。

1. 事务处理系统

事务处理系统又称为电子数据处理系统，产生于 20 世纪 50 年代中期，主要用于数据量较大的财务部门，如进行工资管理、制作财务报表等。现在事务处理系统已被广泛地应用到商场、超市、银行、证券、图书馆、书店等企事业单位中，主要为它们处理日常业务服务，其目的是为了提高信息处理速度和质量，节省人力资源和减少财政开支。

2. 管理信息系统

管理信息系统是在事务处理系统的基础上产生的。随着事务处理系统的应用，企业内部积累了许多详细的业务资料，对这些资料进行统计分析处理后往往会得到一些有助于企业决策的信息。管理信息系统正是为了充分利用企业内部信息资源而产生的。

3. 决策支持系统

早期的管理信息系统主要强调提高企业管理效率，而忽视了人在管理决策过程中的重要作用。决策支持系统是以辅助决策为目的，主要用于解决半结构化的决策问题的信息系统。决策支持系统强调人在决策中的作用,计算机信息技术只是起到“支持”决策的作用,而不是“代替”人进行决策,最终采取什么样的策略还得由人决定。决策支持系统结构一般包括数据库、模型库、方法库、知识库、人机交互模块等。

4. 高级经理支持系统

高级经理支持系统是专门为企业高层管理者提供战略决策服务的信息系统,主要用于解决半结构化和非结构化的问题。其信息主要来源于企业外部,同时也从内部的管理信息系统和决策支持系统中导出数据。

6.5.3 信息系统与数据库的关系

信息系统中处理的数据具有以下特点:

① 数据量大,数据比较密集。

② 绝大部分数据都需要长期保存。

③ 多数数据都要求可以被多个应用程序、多个用户共享。

数据库正是应上述要求而产生的。从数据库的概念也可看出数据库是管理信息的最佳工具,即数据库是存储在计算机内的、有组织的、可共享的数据集合。事实也是如此,数据库是信息系统的核心和基础,信息系统是随着数据库的产生而发展起来的。从技术层面上看,信息系统实际上就是一个数据库系统。因此对于一个信息系统开发者而言数据库技术是其首要具备的计算机技能。当然,要想成功地开发一个信息系统,光依靠数据库技术仍然不够,还需具备管理方面的知识、系统理论和方法以及相应领域的知识,如要开发一个财务管理系统,需要掌握财务管理方法和业务处理流程、系统分析和设计方法、数据库技术等知识。因此信息系统开发是一个庞大而复杂的系统工程,往往需要多方面的人员组成一个团队并通力合作才能完成。

6.5.4 信息系统的开发过程

信息系统从规划开始,需要经过分析、设计、实施才能投入运行,并在使用过程中不断进行修改和维护,当该系统不能适应需要时就要被新的信息系统所取代。这个从产生到被新系统所取代的过程称为信息系统的生命周期。

信息系统最常用的开发方法就是生命周期法,也称为结构化生命周期法。该方法将信息系统开发流程分为以下5个阶段:系统规划、系统分析、系统设计、系统实施、系统运行和维护。每个阶段都有明确的任务,并且当且仅当上一个阶段的任务完成并通过评审后才可以启动下一个阶段的任务。

系统规划阶段的主要任务是通过对现行系统进行初步调查研究,对新系统开发进行可行性论证。当确定可以开发新系统后,再从总体角度出发规划系统的组成部分,制定出开发计划,并撰写系统规划报告。

系统分析阶段是新系统的逻辑设计阶段,是系统开发中非常重要的一个阶段。系统分析阶段的主要任务是按照总体规划的要求,对系统组织机构、业务流程进行详细的调查,详细分析系统的信息需求和功能需求,将这些分析结果以数据流程图、数据字典等图表工具表达出来，形成新系统的逻辑模型，并撰写系统分析报告。

系统设计阶段是新系统的物理设计阶段，其主要任务是根据新系统的逻辑模型，结合计算机的具体配置设计各个组成部分在计算机上的具体实现，即具体选择一个物理的计算机信息处理系统，并撰写系统设计说明书。

系统实施阶段的主要任务包括：购买和安装设备，编写程序，录入数据，培训用户，测试系统和系统转换调试等，并撰写系统实施工作说明书。

信息系统交付使用后，研制工作即告结束，此后就进入信息系统的运行和维护阶段。该阶段的主要任务是对系统日常运行进行管理，记录和评价系统运行情况，对系统进行修改和扩充，并对新系统作出评价分析报告。系统维护是为了适应系统的运行环境和其他因素的各种变化，保证系统正常工作而对系统所进行的修改，它包括系统功能的改进和解决系统在运行期间发生的一切问题和错误。

生命周期法是一种比较严格的开发方法，其优点是开发出来的系统整体性比较好，功能比较全面，但也具有开发周期长、灵活性差、系统维护困难等缺点。原型法能够克服上述缺点，其基本思想是根据用户提出的基本要求在短时间内迅速开发出一个可以实际运行的系统原型供用户使用，然后再根据用户提出的意见修改原型，直到用户满意为止。但原型法也存在整体性差、不适合开发大系统等缺点。通常对于系统需求不太明确、技术上不太复杂的小型系统可以采用原型法开发，而对于系统需求明确、结构复杂的大型系统则采用生命周期法开发，也可以将两种方法结合起来使用，即先用原型法确定系统需求，再按照生命周期法的步骤对系统进行完整的开发。

6.5.5 信息系统开发工具简介

1. 电子表格制作工具

常用的电子表格制作工具有 Microsoft Excel、Lotus 1-2-3 等。这类工具一般都提供规模较大的电子工作表，用户可以通过键盘在表中填写数据，存入数据库。之后还可以将这些数据按图形方式显示或打印出来，如折线图、柱状图、饼图等。这类工具通常还提供许多统计和财会中常用的函数和模型，目前被广泛地用于金融管理、财会报表、预测决策等领域中，可以用于开发一些要求简单的信息系统。

2. 数据库管理系统软件

现在的数据库管理系统已不只局限于数据管理，还具备了相当强大的软件生成工具，如 Microsoft 公司的 Access、Visual Foxpro、SQL Server，Oracle 公司的 Oracle 等，不但可以利用这些软件建立和管理数据库，而且还可以利用这些软件提供的开发工具，如菜单设计器、窗口设计器、报表设计器、项目管理器等，方便快捷地进行信息系统开发。

3. 可视化编程工具

使用数据库管理系统软件建立的数据库也可以选用一些其他的可视化编程工具来进行开发。常见的可视化数据库编程工具有 Visual Basic、PowerBuilder、Delphi、VC、C＃等。这些工具都是面向对象的第四代语言，支持可视化编程，即在编写程序时，程序员无需编码，只需用鼠标选择编辑对象，如窗口或控件，这些对象就会被复制到程序中的指定位置上，并且所见即所得,程序员可以立刻见到界面的设计效果。另外,这些工具一般都有一个集成的开发环境,为开发人员提供了一些方便快捷的开发工具,如窗口、数据库、图形、报表、调试器等,其中还包括丰富多彩的用于美化人机界面的设计工具等。这些工具的使用大大提高了编程的效率,改善了系统的美观程度。

6.5.6 信息系统发展趋势

近几十年来,随着信息技术、现代管理思想、数学方法和系统方法的广泛应用,信息系统已经发展形成了一系列用于不同目的、不同管理层次的信息系统,如事务处理系统(Transaction Processing System,TPS)、管理信息系统(Management Information System,MIS)、决策支持系统(Decision Support System,DSS)、高级经理支持系统(Executive Support System,ESS)等。随着信息系统在深度和广度上的不断拓展,信息系统也出现了一些新的应用热点,如物料需求计划(MRP)系统、制造资源计划(MRP Ⅱ)系统、企业资源计划(ERP)系统、计算机集成制造系统(CIMS)等。以下就这 4 种信息系统的发展趋势作简要介绍。

1. MRP 系统

MRP(Material Requirements Planning)是指物料需求计划,这一概念产生于 20 世纪 60 年代,其基本思想是根据需求和预测来制定未来物料供应与生产计划,并提供物料需求的准确时间和数量。MRP 系统以物料清单上列出的每个产品的零部件以及零部件之间的关系信息为基础,按照主生产计划的每一最终产品的数量和必须完成的日期,逐层分解计算出每种物料的需求量和需求时间,从而解决了物料需求过程中的三大问题:“需要什么”、“需要多少”、“什么时候需要”。其目的是为了解决缺料和库存积压问题,做到按需生产,尽可能地降低库存成本,甚至达到零库存。

2. MRP Ⅱ 系统

MRP Ⅱ 系统是在 MRP 系统的基础上发展起来的一种更为完善和先进的管理思想,它克服了 MRP 系统的不足,在系统中增加了生产能力计划、生产活动控制、采购和物料管理计划三方面的内容,将生产、销售、财务、采购、工程紧密结合在一起,形成一个全面的生产管理的集成优化模式,以实现企业的整体效益。

3. ERP 系统

ERP(Enterprises Resources Planning)是指企业资源计划,ERP 系统是在 MRP Ⅱ 系统的基础上发展起来的。ERP 系统突破了原来只管理企业内部资源的方式,它把客户需求、供应商资源和企业内部资源有机地整合在一起,体现了完全按市场需求生产制造的经营思想。另外,ERP 系统已不仅仅局限于生产制造企业,而是应用于各个行业,如金融业、通信业、高科技产业、零售业等。

ERP 系统是在 MRP Ⅱ 系统的销售、制造、财务三大功能基础上扩展延伸而成的,其基本框架仍然遵循 MRP/MRP Ⅱ 系统,并无本质上的变化与改进,只是在内容范围上包含更广,如质量信息管理、仓库管理、运输管理、项目管理、实验室管理等。

4. CIMS

CIMS(Computer Integrated Manufacturing System)是计算机集成制造系统,它通过计算机技术把分散在产品设计和制造过程中各种孤立的自动化子系统,如计算机辅助设计(CAD)、计算机辅助制造(CAM)、计算机辅助工艺规划(CAPP)、计算机辅助测试(CAT)、计算机辅助质量控制(CAQ)等,有机地集成起来,形成适用于多品种、小批量生产,实现整体效益的集成化和智能化制造系统,以争取更优的全局效应。经过十多年的实践,我国"863计划"CIMS主题专家组在1998年将CIMS定义为:"将信息技术、现代管理技术和制造技术相结合,并应用于企业产品全生命周期(从市场需求分析到最终报废处理)的各个阶段。通过信息集成、过程优化及资源优化,实现物流、信息流、价值流的集成和优化运行,达到人(组织、管理)、经营和技术三要素的集成,以加强企业新产品开发的T(时间)、Q(质量)、C(成本)、S(服务)、E(环境),从而提高企业的市场应变能力和竞争能力。"与国外CIMS的发展相比较,我国CIMS不仅重视了信息集成,而且强调了企业运行的优化,并将计算机集成制造系统发展为以信息集成和系统优化为特征的现代集成制造系统。

习题6

一、选择题

1. 数据库系统具有许多特点,使其很快成为数据处理的主要工具,下列不是数据库系统的特点的是________。

A. 具有复杂的数据结构　　B. 不存在数据冗余

C. 有效地实现数据共享　　D. 具有较高的独立性

2. 数据独立性是指________。

A. 数据独立于计算机　　B. 数据独立于操作系统

C. 数据独立于数据管理系统　　D. 数据独立于应用程序

3. 规范化理论是关系数据库进行逻辑设计的理论依据。根据这个理论,关系数据库中的关系必须满足:其每一属性都是________。

A. 互不相关的　　B. 长度可变的

C. 不可分解的　　D. 互相关联的

4. 一个关系中的各元组________。

A. 前后顺序不能任意颠倒,一定要按照输入的顺序排列

B. 前后顺序可以任意颠倒,不影响关系

C. 前后顺序可以任意颠倒,但排列顺序不同,统计处理的结果可能不同

D. 前后顺序不能任意颠倒,一定要按照键的属性列顺序排列

5. 信息世界的实体对应于关系中的________。

A. 性质　　B. 属性　　C. 元组　　D. 列

6. 关于数据库,下列说法中不正确的是________。

A. 数据库避免了一切数据的重复

B. 若系统是完全可以控制的，则系统可确保更新时的一致性

C. 数据库中的数据可以共享

D. 数据库减少了数据冗余

7. 以下有关 SELECT 子句的叙述中不正确的是________。

A. SELECT 子句中只能包含表中的列及其构成的表达式

B. SELECT 子句规定了结果集中的列顺序

C. SELECT 子句中可以使用别名

D. 如果 FROM 子句中引用的两个表中有同名的列，则在 SELECT 子句中引用它们时必须使用表名前缀加以限制

8. 下列有关通配符“%”的叙述中正确的是________。

A. “%”代表一个字符　　B. “%”代表多个字符

C. “%”可以代表零个或多个字符　　D. “%”不能与“_”同使用

9. SQL 集数据查询、数据操纵、数据定义和数据控制功能于一体，其中 CREATE、DROP、ALTER 语句实现________功能。

A. 数据查询　　B. 数据操纵　　C. 数据定义　　D. 数据控制

10. 索引的作用之一是________。

A. 节省存储空间　　B. 便于管理

C. 加快查询速度　　D. 建立各数据表之间的关系

11. 已知关系 R 和 S，则 $R \cap S$ 等价于________。

A. $(R-S)-S$　　B. $S-(S-R)$　　C. $(S-R)-R$　　D. $S-(R-S)$

12. 设关系 R 和 S 的属性个数分别为 r 和 s，则 R 和 S 的笛卡儿积的属性个数为________。

A. $r+s$　　B. $r-s$　　C. $r \times s$　　D. $\max(r,s)$

13. 在关系代数中，可以用选择和笛卡儿积表示的运算是________。

A. 投影　　B. 连接　　C. 交　　D. 除法

14. 目前数据库中最重要、最流行的数据库是________。

A. 网状数据库　　B. 层次数据库

C. 关系数据库　　D. 非关系模型数据库

15. 设某数据库中有两个关系模式 R 与 S，其中属性 X 不是 R 的键，但是 S 的键，则称 R 中的 X 为 S 的________。

A. 外键　　B. 候选键　　C. 超键　　D. 主键

二、填空题

1. 数据独立性分为____________和____________。

2. 实体集间的联系方式分为三种：________、________、________。

3. ____________和____________是关系模型必须满足的完整性约束条件，被称为关系的两个____________。

4. SQL 语言提供了两种不同的使用方式：____________、____________。

5. ____________是指数据的正确性和相容性，防止错误数据进入数据库，防止数据存在不符合语义的数据。

6. 关系代数中的__________运算可以从关系中选取若干列组成新的关系。

7. 一个学生可以同时借阅多本图书，一本图书只能由一个学生借阅，则学生和图书之间的联系方式为________________。

8. 专门的关系运算有__________、__________、__________、__________4 种。

9. 基本的关系运算有________、__________、__________、__________、________5 种。

10. 在关系代数的传统集合运算中，假定有关系 R 和 S，运算结果为 RS。如果 RS 中的元组既属于 R 又属于 S，则 RS 是__________运算的结果。

三、简答题

1. 什么是数据库？数据库系统的特点是什么？
2. 数据库系统由哪几个部分组成？
3. 现实世界中实体集之间的联系分为哪几种？
4. 关系数据模型的基本数据结构是什么？什么是关系模型的键？
5. SQL 的中文全称是什么？它有哪些特点？
6. 修改基本表中的元组应该用什么命令？修改基本表的结构用什么命令？
7. 什么是信息系统？信息系统具有哪些类型？
8. 信息系统的开发过程分为哪几个阶段？

四、编程题

针对基本表 Student(Sno，Sname，Sage，Sdept，Ssex)，请用 SQL 语句表示以下操作：

1. 插入一个新元组(070601211，李瑞平，18，男)。
2. 查询年龄大于 19 岁的女同学的详细信息。
3. 删除学号为 060701102 的学生的记录。
4. 将学号为 070701212 的学生的年龄改为 19 岁。

参考文献

[1] 冯博琴,吕军,朱丹军. 大学计算机基础[M]. 北京:清华大学出版社,2004
[2] 张福炎,孙志挥. 大学计算机信息技术教程[M]. 南京:南京大学出版社,2006
[3] 耿国华. 计算机基础教程[M]. 北京:电子工业出版社,2000
[4] 网易科技报道. 盗版软件对用户的危害到底有多大. (2007-08-20) http://tech. 163. com/07. 16/3MBQT23V00091JFM. html
[5] 林曦. 78%中国个人电脑易感染病毒[N]. 羊城晚报,2013-4-4(A11)
[6] cnitinfo. 商业软件联盟调查称:57%的电脑使用者用盗版软件. (2012-05-17) http:// news. cnblogs. com/n/142744
[7] 李开复. 算法的力量. (2007-08-14) http://www. kuqin. com/itman/kaifulee/20070814/ 274. html
[8] 裘伯君. http://baike. baidu. com/view/1025234. htm
[9] 教育部考试中心. 图像处理小专家[M]. 西安:西安交通大学出版社,2004
[10] 教育部考试中心. 动画制作小专家[M]. 西安:西安交通大学出版社,2004
[11] 3D MAX. http://baike. baidu. com/view/23805. htm
[12] Ulead GIF Animator. http://baike. baidu. com/view/186148. htm
[13] 光影魔术手. http://baike. baidu. com/view/563889. htm
[14] 光影魔术手官方网站. http://www. neoimaging. cn/
[15] 解压缩软件. http://baike. baidu. com/view/51. htm? fromId=1074526
[16] ghost. http://baike. baidu. com/view/2666. htm
[17] 我形我速. http://baike. baidu. com/view/788349. htm
[18] 美图秀秀. http://baike. baidu. com/view/2088493. htm
[19] 会声会影. http://baike. baidu. com/view/402054. htm
[20] 汇编语言. http://baike. baidu. com/view/49. htm
[21] C++. http://baike. baidu. com/view/824. htm
[22] C++的用场. http://wenku. baidu. com/view/14172a5abe23482fb4da4cd5. html
[23] C#. http://baike. baidu. com/view/6590. htm
[24] C#语言简介. http://zhidao. baidu. com/question/416348967. html
[25] Java. http://baike. baidu. com/view/29. htm? fromId=229611

[26] 怎么学习编程. http://zhidao. baidu. com/question/225644545. html
[27] 比尔·盖茨传记. http://www. bookbao. com/view/201207/28/id_XMjgxNzUz. html
[28] 计算机软件行业好吗. http://www. gz-benet. com. cn/zswd/201210/zswd_21331. html
[29] 帕森斯,奥贾. 计算机文化[M]. 吕云翔,傅尔也,译. 北京:机械工业出版社,2011
[30] 谢希仁,谢钧. 计算机网络教程[M]. 3 版. 北京:人民邮电出版社,2012
[31] 李丽萍,马宪敏,战会玲,等. 多媒体技术[M]. 北京:清华大学出版社,2010
[32] 龚尚福. 多媒体技术及应用[M]. 西安:西安电子科技大学出版社,2009
[33] 王珊,萨师煊. 数据库系统概论[M]. 4 版. 北京:高等教育出版社,2006
[34] 薛华成. 管理信息系统[M]. 5 版. 北京:清华大学出版社,2007

《信息技术教程》习题

第 1 章　计算机与信息技术概述

一、选择题

1. 用晶体管作为电子器件制成的计算机属于________计算机。

A. 第一代　　B. 第二代　　C. 第三代　　D. 第四代

2. 在下列有关数的进制系统的叙述中，不正确的是________。

A. 所有信息在计算机中的表示均采用二进制形式

B. 以任何一种进制表示的数均可精确地用其他进制来表示

C. 二进制数的逻辑运算有三种基本类型，分别为“与”“或”和“非”

D. Windows 7 操作系统提供的计算器应用程序可以实现几种进制数之间的转换

3. 十进制数的算式“$3\times512+7\times64+4\times8+5$”的运算结果对应的二进制数是________。

A. 10111100101　　B. 11110100101

C. 11111100101　　D. 11111101101

4. 在微型计算机中，存储容量为 256 MB 等价于________。

A. $256\times1\ 024$ B　　B. $256\times1\ 024\times1\ 024$ B

C. $256\times1\ 000$ B　　D. $256\times1\ 000\times1\ 000$ B

5. 下列一组数据中的最小数是________。

A. $(227)_8$　　B. $(1FF)_{16}$

C. $(1010001)_2$　　D. $(789)_{10}$

6. 二进制数 11011 与 1101 相加的和等于________。

A. 100101　　B. 10101　　C. 101000　　D. 10011

7. 所谓超大规模集成电路(VLSI)是指一片 IC 芯片上能集成________个元件。

A. 数十　　B. 数百　　C. 数千　　D. 数万

8. 已知 $521+555=1406$，则此种加法是以________完成的。

A. 七进制　　B. 八进制　　C. 九进制　　D. 十进制

9. 为了避免混淆，十六进制数在书写时常在后面加________。

A. 字母 H　　B. 字母 O　　C. 字母 D　　D. 字母 B

10. 有一个数 311，它与十六进制数 C9 相等，则该数是用________表示的。

A. 二进制　　B. 八进制

C. 十进制　　D. 五进制

11. ________不属于逻辑运算。

A. 非运算　　B. 与运算

C. 求余运算　　D. 或运算

12. 在计算机中采用二进制形式来表示、处理、存储和传输信息，是因为________。

A. 可降低硬件成本　　B. 两个状态的系统具有稳定性

C. 二进制的运算法则简单　　D. 上述三个原因皆有

13. 逻辑算式 1010∧1110 的运算结果是________。

A. 0110　　B. 1111　　C. 0101　　D. 1010

14. 二进制数 10101 与 11101 之和为________。

A. 110100　　B. 110110

C. 110010　　D. 100110

15. 将十进制数 77 转换为二进制数是________。

A. 1001101　　B. 10101011

C. 10001110　　D. 1000111

16. 已知使用某进制计数时，7×3＝15，根据这个运算规则，7×5＝________。

A. 3A　　B. 35　　C. 29　　D. 23

17. 下列________不是网络传输速率单位的表示方法。

A. bps　　B. 波特　　C. b/s　　D. 比特

18. 下面关于比特的叙述中，错误的是________。

A. 比特是组成数字信息的最小单位

B. 比特只有“0”和“1”两个值

C. 比特既可以表示数值和文字，也可以表示图像和声音

D. 比特“1”大于比特“0”

19. 在计算机中，常用的英文单词“bit”的中文意思是________。

A. 二进制位　　B. 字符

C. 字节　　D. 字长

20. 一般而言，信息处理不包含________。

A. 查明信息的来源与制造者　　B. 信息的收集和加工

C. 信息的存储与传递　　D. 信息的控制与传递

21. 使用存储器存储二进制信息时，存储容量是一项很重要的性能指标。存储容量的单位有多种，下面的________不是存储容量的单位。

A. XB　　B. KB　　C. GB　　D. MB

22. 在下列汉字编码标准（字符集）中，不支持简化汉字的是________。

A. GB 2312　　B. GBK

C. BIG5　　D. UCS

23. 汉字的显示与打印需要有相应的字库支持，汉字的字形主要有两种描述方法：点阵字形码和________字库。

A. 仿真　　B. 轮廓　　C. 矩形　　D. 模拟

24. 计算机中“位”的英文名称为________。

A. unit　　B. byte　　C. word　　D. bit

25. 在下列4条叙述中，正确的是________。

A. 计算机中所有的信息都是以二进制形式存放的

B. 256 KB等于256 000字节

C. 2 MB等于2 000 000字节

D. 八进制数的基数为8，因此在八进制中可以使用的数字符号是0、1、2、3、4、5、6、7、8

26. 在下列汉字编码标准中，不支持繁体汉字的是________。

A. GB 2312　　B. GBK　　C. BIG5　　D. GB 18030

27. 在利用拼音输入汉字时，有时输入了正确的拼音码却找不到所要的汉字，其原因可能是________。

A. 计算机显示器的分辨率不支持该汉字的显示

B. 汉字显示程序不能正常工作

C. 操作系统当前所支持的汉字字符集不含该汉字

D. 输入软件出错

28. 一个非零的无符号二进制整数，若在其右边末尾加上两个"0"形成一个新的无符号二进制整数，则新的数是原来数的________。

A. 4倍　　B. 2倍

C. 1/4　　D. 1/2

29. 与点阵字库的字体相比，Windows操作系统中使用的轮廓字库的"TrueType"字体的主要优点是________。

A. 字形大小变化时不易失真　　B. 具有艺术字体

C. 输出过程简单　　D. 可以设置成粗体或斜体

30. 目前我国PC用户大多还使用GB 2312国家标准汉字编码进行中文信息处理。下面是有关使用GB 2312进行汉字输入/输出的叙述，其中错误的是________。

A. 使用不同的汉字输入法输入同一个汉字，其输入编码不完全相同

B. 使用不同的输入法输入同一个汉字，其内码不一定相同

C. 输出汉字时，需将汉字的内码转换成可阅读的汉字

D. 同一个汉字在不同字库中字形是不同的

31. 下列字符中，其ASCII码值最大的一个是________。

A. 8　　B. 9　　C. a　　D. b

32. 目前，个人计算机使用的电子器件主要是________。

A. 晶体管　　B. 中小规模集成电路

C. 大规模或超大规模集成电路　　D. 光电路

33. 按16×16点阵存放国标GB 2312中一级常用汉字(共3 755个)的汉字库，大约需占存储空间________。

A. 516 KB　　B. 256 KB

C. 128 KB　　D. 1 MB

二、填空题

1. 计算机中信息的最小单位是________。

2. 计算机中整数可分为________和________两类。

3. 有一个二进制编码为11001111，如将其作为带符号整数的补码，它所表示的十进制整数值为________。

4. 一个二进制整数从右向左数第8位上的1相当于2的________次方。

5. 已知一个数的机内8位二进制补码形式为10111011(设最高位为符号位)，其对应的十进制数为________。

6. 要存放500个24×24点阵的汉字字模，需要________存储空间。

7. 数字技术是用________和________两个数字来表示、处理、存储和传输信息的技术。

8. 在描述传输速率时常用的度量单位kb/s是b/s的________倍。

9. 7位无符号二进制数能表示的最大十进制整数是________。

10. 1 KB的存储空间中能存储________个汉字内码。

11. 1965年美国Intel公司创始人摩尔预测每________个月同样硅片面积上的晶体管数目将翻一番。

12. 目前使用最广泛的西文字符集代码是美国人制定的________，其全称是________。

13. 用于描述汉字字形信息的编码称为________，同一种字体的所有字形信息的集合称为________，根据描述方法的不同，汉字的字形编码分为________和________两大类，Windows操作系统中的“TrueType”字体属于________字库。

三、判断题(对的请打√，错的请打×)

1. BIG 5汉字编码标准采用双字节表示，并且可以兼容简体中文。 (　　)

2. 我国发布使用的汉字编码有多种，无论选用哪一种标准，每个汉字均用两个字节进行编码。 (　　)

3. 传统的电视/广播系统是一种典型的以信息交互为主要目的的系统。 (　　)

4. 信息技术是指用来取代人的信息器官功能，代替人类进行信息处理的一类信息技术。 (　　)

5. 集成电路技术的发展，大体遵循着单块集成电路的集成度平均每12个月翻一番的规律，未来的十多年还将继续遵循这个规律，这就是著名的摩尔定律。 (　　)

6. 采用GB 2312、GBK和GB 18030三种不同的汉字编码标准时，一些常用的汉字如“中”、“国”等，它们在计算机中的表示(内码)是相同的。 (　　)

7. GB 2312国家标准汉字编码字符集中的3 000多个一级常用汉字是按汉语拼音排列的。 (　　)

8. 任何信息都必须转换为二进制形式后才能由计算机进行表示、处理、存储和传输。 (　　)

9. 集成电路的工作速度主要取决于组成逻辑门电路的晶体管的尺寸，尺寸越小，速度越快。 (　　)

10. 烽火台是一种使用光来传递信息的系统，因此它是使用现代信息技术的信息系统。 (　　)

11. 计算机中使用的集成电路绝大部分是模拟集成电路。（　　）

12. 所有的十进制数都可精确转换为二进制数。（　　）

四、计算题

1. 在一个字长为 8 的机器中，数值信息的符号位占一位，请分别写出十进制数＋76、－28、－9、－128、＋127 在机器中的原码和补码的二进制表示（每 4 位请用逗号隔开）。

	原码	补码
＋76	________	________
－28	________	________
－9	________	________
－128	________	________
＋127	________	________

2. 已知一个汉字的区位码为 3565，求其机内码，要求写出计算步骤。

3. 如果要存放 1 000 个 16×16 点阵的汉字字模，至少需要多少 KB 的存储空间？写出计算步骤。

第 2 章　计算机硬件系统

一、选择题

1. CPU 又称为________。

A. 运算器　　B. 控制器　　C. 逻辑器　　D. 中央处理器

2. 计算机中的内存容量一般是以 MB 为单位,这里的 1 MB 等于________。

A. 1 000 B　　B. 1 024 B　　C. 1 024 KB　　D. 1 000 b

3. CPU 不能直接访问的存储器是________。

A. ROM　　B. RAM　　C. Cache　　D. 外存储器

4. 在计算机中,________中的程序是计算机硬件与软件之间的接口,也是操作系统的基础成分。

A. RAM　　B. ROM　　C. CMOS　　D. BIOS

5. 一条计算机指令中规定其执行功能的部分称为________。

A. 源地址码　　B. 操作码

C. 目标地址码　　D. 数据码

6. 配置高速缓存(Cache)的目的是为了解决________。

A. 内存与辅助存储器之间的速度不匹配问题

B. CPU 与辅助存储器之间的速度不匹配问题

C. CPU 与内存之间的速度不匹配问题

D. 主机与外设之间的速度不匹配问题

7. 世界上首次提出存储程序计算机体系结构的是________。

A. 莫奇莱　　B. 艾仑·图灵

C. 乔治·布尔　　D. 冯·诺依曼

8. “死机”是指________。

A. 计算机读数状态　　B. 计算机运行不正常状态

C. 计算机自检状态　　D. 计算机处于运行状态

9. 微型计算机中的内存储器通常采用________。

A. 光存储器　　B. 磁表面存储器

C. 半导体存储器　　D. 磁芯存储器

10. 微机硬件系统包括________。

A. 内存储器和外部设备　　B. 显示器、主机箱、键盘

C. 主机和外部设备　　D. 主机和打印机

11. 下列诸多因素中,对微型计算机工作影响最小的是________。

A. 尘土　　B. 噪声　　C. 温度　　D. 湿度

12. I/O 接口位于________。

A. 总线和设备之间
B. CPU 和 I/O 设备之间
C. 主机和总线之间
D. CPU 和主存储器之间

13. 下列各组设备中，全部属于输入设备的一组是________。

A. 键盘、磁盘和打印机
B. 键盘、扫描仪和鼠标
C. 键盘、鼠标和显示器
D. 硬盘、打印机和键盘

14. 下列属于输出设备的是________。

A. 键盘　B. 鼠标　C. 打印机　D. 扫描仪

15. 下列关于微处理器的叙述中不正确的是________。

A. 微处理器通常以单片集成电路制成
B. 微处理器具有运算和控制功能，但不具备数据存储功能
C. Pentium 4 及与其兼容的微处理器是目前 PC 中使用最广泛的一种微处理器
D. Intel 公司是国际上研制、生产微处理器最有名的公司

16. Pentium Ⅲ/500 微型计算机的 CPU 时钟频率是________。

A. 500 kHz
B. 500 MHz
C. 250 kHz
D. 250 MHz

17. 通常所说的某软盘为 1.44 MB，指的是________。

A. 厂家代号　B. 商标号　C. 磁盘编号　D. 存储容量

18. 微型计算机的内存储器是________。

A. 按二进制位编址
B. 按字节编址
C. 按字长编址
D. 按十进制位编址

19. 计算机的主机通常包括________。

A. 中央处理器和外存
B. 中央处理器和内存
C. 中央处理器和内存、硬盘
D. 计算机机箱内的所有硬件

20. 所存内容不可更改的存储器是________。

A. 硬盘　B. 软盘　C. ROM　D. RAM

21. 计算机字长取决于________的宽度。

A. 控制总线
B. 数据总线
C. 地址总线
D. 通信总线

22. 在一般情况下，软盘中存储的信息在断电后________。

A. 不会丢失
B. 全部丢失
C. 大部分丢失
D. 局部丢失

23. 下列打印机中，打印效果最佳的一种是________。

A. 点阵打印机
B. 激光打印机
C. 热敏打印机
D. 喷墨打印机

24. 下列术语中，属于显示器性能指标的是________。

A. 速度　B. 可靠性　C. 分辨率　D. 精度

25. 微处理器处理的数据基本单位为字,一个字的长度通常是________。

A. 16 个二进制位　　B. 32 个二进制位

C. 64 个二进制位　　D. 与微处理器芯片的型号有关

26. 下列存储器中存取速度最快的是________。

A. 内存　　B. 硬盘　　C. 光盘　　D. 软盘

27. 下列关于 PC 主板上的 CMOS 存储器的叙述中,错误的是________。

A. CMOS 中存放着基本输入/输出系统(BIOS)

B. CMOS 需要用电池供电

C. 可以通过 CMOS 来修改计算机的硬件配置参数

D. 在 CMOS 中可以设置开机密码

28. 微型计算机硬件系统的性能主要取决于________。

A. 微处理器　　B. 内存储器

C. 显示适配卡　　D. 硬磁盘存储器

29. 数码相机中 CCD 芯片的像素数目与图像的分辨率密切相关。假设一部数码相机的像素为 200 万,则它所拍摄的数字图像能达到的最大分辨率是________。

A. 1 024×768　　B. 1 280×1 024

C. 1 600×1 200　　D. 2 048×1 536

二、填空题

1. 微型计算机的主机由________和________组成。

2. 计算机的核心部件是________,它由________、________和________三部分组成。

3. 我们日常使用的计算机均属于________计算机,也叫存储程序式计算机。

4. 根据存储器在计算机中的位置不同,可分为________和________两大类。

5. 按照存取方式的不同,内存可以分为________和________两大类。

6. 微型计算机中,BIOS 的中文名称是________,其中包含了________、________、________和________4 个模块。

7. 用户若想修改 CMOS 中的某个系统参数(例如,设置/修改开机口令),需要运行保存在________中的 CMOS 设置程序来完成这项工作。

8. 根据总线传送信息的不同,可将总线分为________、________、________三类。

9. 键盘上的 12 个功能键(F1~F12)的具体功能是由正在前台运行的________决定的。

10. 目前在银行、证券等领域里用于打印票据的打印机通常是________。

11. 鼠标、打印机和扫描仪都有一个重要的性能指标,即分辨率,其含义是每英寸的像素数目,简写成 3 个英文字母为________。

12. 指令由________和________组成,一台计算机能够识别的所有指令的集合称为计算机的________。

三、判断题(对的请打√,错的请打×)

1. ROM 是只读存储器的英文缩写。　　(　　)

2. CPU 可以直接访问内存储器。　　(　　)

3. 包含了多个处理器的计算机系统就是“多处理器系统”。 (　　)

4. 所有计算机的字长都是固定不变的，都是 8 位。 (　　)

5. PC 是个人计算机。 (　　)

6. CD-ROM 光盘既能读又能写。 (　　)

7. 键盘上的 Alt 键只能在与另一个字母键或功能键同时按下时才起作用。 (　　)

8. 机器指令是一种使用二进制编码表示的操作命令，它用来规定计算机执行什么操作以及操作数所在的位置。一条机器指令是由运算符和操作数组成的。 (　　)

9. RAM 代表随机存取存储器，ROM 代表只读存储器，关机后前者存储的信息会丢失，后者不会。 (　　)

10. 保存在 BIOS 中的自举程序的功能是装入操作系统。 (　　)

11. 单击鼠标左键后完成什么样的操作是由操作系统决定的。 (　　)

12. 一条指令就是计算机能够执行的一次基本操作。 (　　)

13. 不同的计算机可能具有不同的指令系统。 (　　)

14. 高速缓存可以集成在 CPU 内，也可以集成在 CPU 外。 (　　)

15. 光盘的容量比软盘大，但是光盘保存信息的可靠性不如软盘高。 (　　)

四、计算题

1. 假设某硬盘的转速为 6 000 转/分，则此硬盘的平均等待时间为多少毫秒？

2. 硬盘存储容量是衡量其性能的重要指标。假设一个硬盘有 4 个盘片，每一个盘片有 2 个记录面，每个记录面有 16 383 个磁道，每个磁道有 63 个扇区，每个扇区的容量为 512 个字节，则该硬盘的存储容量为多少 GB？请写出计算步骤。

第 3 章　计算机软件

一、选择题

1. 计算机软件系统通常分为________。

A. 系统软件和应用软件　　B. 高级软件和低级软件

C. 一般软件和专门软件　　D. 民用软件和军用软件

2. 某学校的工资管理系统属于________。

A. 系统程序　　B. 应用程序　　C. 工具软件　　D. 文字处理软件

3. 下列关于系统软件的叙述中正确的是________。

A. 系统软件与具体应用领域无关　　B. 系统软件与具体硬件逻辑功能无关

C. 系统软件是在应用软件基础上开发的　　D. 系统软件并不具体提供人机界面

4. 应用软件是指________。

A. 所有能够使用的软件　　B. 能被各应用单位共同使用的某种软件

C. 所有计算机上都应使用的基本软件　　D. 专门为某一应用目的而编制的软件

5. 一个完整的计算机系统包括________。

A. 主机、键盘与显示器　　B. 计算机与外部设备

C. 硬件系统与软件系统　　D. 系统软件与应用软件

6. 在计算机系统中，可执行程序是________。

A. 源代码　　B. 汇编语言代码　　C. 机器语言代码　　D. ASCII 码

7. 用户使用计算机高级语言编写的程序通常称为________。

A. 源程序　　B. 汇编程序

C. 二进制代码程序　　D. 目标程序

8. 下面是关于操作系统的 4 条简单叙述，其中正确的为________。

A. 操作系统是软件和硬件的接口　　B. 操作系统是源程序和目标程序的接口

C. 操作系统是用户和计算机之间的接口　　D. 操作系统是外设与主机之间的接口

9. 系统软件中最重要的是________。

A. 操作系统　　B. 语言处理程序

C. 工具软件　　D. 数据库管理系统

10. 能将高级语言源程序转换成目标程序的是________。

A. 调试程序　　B. 解释程序　　C. 编译程序　　D. 编辑程序

11. WPS 和 Word 是________。

A. 财务软件　　B. 文字处理软件　　C. 统计软件　　D. 图形处理软件

12. “计算机辅助教学”的英文缩写是________。

A. CAI　　B. CAM　　C. CAE　　D. CAT

13. “计算机辅助设计”的英文缩写是________。

A. CAI　　B. CAM　　C. CAD　　D. CAT

14. 用 FORTRAN 语言编制的源程序要变为目标程序,必须经过________。

A. 汇编　　B. 解释　　C. 编辑　　D. 编译

15. 实现虚拟存储器的目的是________。

A. 实现存储保护　　B. 实现程序浮动

C. 扩充辅存容量　　D. 扩充内存容量

16. 与 Windows 操作系统相比,Linux 操作系统最显著的特色是________。

A. 开放性　　B. 稳定性　　C. 安全性　　D. 易用性

17. “Windows XP 是一个多任务操作系统”指的是________。

A. Windows 可运行多种类型的应用程序

B. Windows 可同时运行多个应用程序

C. Windows 可供多个用户同时使用

D. Windows 可同时管理多种资源

18. 在 Windows XP 环境下用户________。

A. 最多只能打开一个应用程序窗口

B. 最多只能打开一个应用程序窗口和一个文档窗口

C. 可以打开多个应用程序窗口和多个文档窗口

D. 最多只能打开一个应用程序窗口,而文档窗口可以打开多个

19. 下列哪个不是操作系统文件管理的主要职责________。

A. 文件存储管理　　B. 文件读写管理

C. 文件的共享与保护　　D. 修改文件

20. 一个文件的绝对路径名是从________开始,逐步沿着每一级子目录向下追溯,最后到指定文件的整个通路上所有子目录名组成的一个字符串。

A. 当前目录　　B. 根目录　　C. 多级目录　　D. 二级目录

21. MS-DOS 是________。

A. 分时操作系统　　B. 分布式操作系统

C. 单用户、单任务操作系统　　D. 单用户、多任务操作系统

22. 以下叙述中正确的是________。

A. C 语言比其他语言高级

B. C 语言可以不用编译就能被计算机识别执行

C. C 语言接近英语国家的自然语言和数学语言的表达形式

D. C 语言出现得最晚,具有其他语言的一切优点

二、填空题

1. 用户必须以________为单位对外存储器中的信息进行访问和操作。

2. 在 Windows 操作系统中,文件名可以长达________个字符,但不能包含________字符。

3. 文件是一组________的集合。文件中除了它所包含的数据或程序之外,为了管理的需要,还包含了________。

4. 对安装了操作系统的计算机,当加电启动时,CPU 首先执行________中的________,测试计算机中各部件的工作状态是否正常。若无异常情况,则继续执行 BIOS 中的自举程序,从硬盘中读出________并装入到内存,然后由其继续装入________。操作系统装入成功后,整个计算机就处于操作系统的控制之下,用户就可以正常地使用计算机了。

5. Windows 操作系统采用文件夹管理文件的最大优点是它为文件的________和________提供了方便,Windows 操作系统中的文件夹采用________结构表示。

6. 用户借助于________可以随时了解系统中有哪些任务正在运行。

7. Windows 操作系统用________来形象地表示系统中的文件、程序、设备等对象。

8. 低级程序设计语言有________和________。

9. 按源程序中语句的执行顺序,逐条翻译并立即执行相应功能的处理程序称为________。

10. 汇编语言用________来代替机器指令的操作码和操作数。

11. 对高级语言编写的源程序进行翻译有两种方式:________和________。

12. 理论上已经证明了求解可计算问题的程序框架都可用________、________、________这三种控制结构来描述。

13. 软件的主体是程序,程序的灵魂是________。

14. 要使计算机完成某一问题的解题任务,首先必须针对该问题设计一个解题步骤,然后据此编写程序。这里所说的解题步骤就是________,而________则是对解题对象和解题步骤用程序语言进行的一种描述。

三、判断题(对的请打√,错的请打×)

1. MS-DOS 是一个字符式单任务操作系统,Windows 是一个图形界面多任务操作系统。 (　　)

2. 高级语言在一定程度上与机器无关。 (　　)

3. 在 Windows 操作系统中,文件名可以长达 256 个字符。 (　　)

4. 高级语言编写的程序可以直接在计算机中执行。 (　　)

5. 机器语言面向机器,汇编语言面向用户。 (　　)

6. 由机器指令构成的、完整的、可直接运行的程序称为"可执行程序",相应的文件称为"可执行文件"。 (　　)

7. 所有存储在软盘或光盘上的数字作品都是软件。 (　　)

8. 在 Windows 操作系统中,一个文件只可以有一种文件属性。 (　　)

9. Windows 操作系统采用并发多任务方式支持系统中多个任务的执行。所以说从微观上讲,任何时刻执行的多个任务都是由 CPU 同时执行的。 (　　)

10. 算法是程序设计的灵魂。瑞士计算机科学家尼·沃思在 20 世纪 70 年代曾经提出过一个著名的公式:数据结构+算法=程序。 (　　)

11. 程序语言处理系统对各种语言的处理方法和处理过程都是相同的。 (　　)

第 4 章　计算机网络与 Internet 应用

一、选择题

1. 以下传输介质中性能最好的是________。

A. 同轴电缆　　B. 双绞线　　C. 光纤　　D. 电话线

2. 信息高速公路传送的是________。

A. 二进制数据　　B. 多媒体信息　　C. 程序数据　　D. 文字信息

3. 通常所说的 ADSL 是指________。

A. 上网方式　　B. 电脑品牌　　C. 网络服务商　　D. 网页制作

4. Windows XP 系统内置的浏览器软件是________。

A. Internet Explorer　　B. Outlook Express

C. Netmeeting　　D. Communicator

5. 域名服务器上存放着 Internet 主机的________。

A. 域名　　B. IP 地址

C. 电子邮件地址　　D. 域名和 IP 地址的对照表

6. 电子邮箱地址(账户)中的用户名与邮箱所在的计算机域名间用________隔开。

A. /　　B. //　　C. @　　D. ，

7. 互联网络上的每一台主机都有自己的 IP 地址，IP 地址是一个________的二进制地址。

A. 8 位　　B. 16 位　　C. 32 位　　D. 128 位

8. 下列选项中不属于网络操作系统的是________。

A. Windows NT　　B. Linux

C. Windows 2003　　D. DOS

9. 因特网为我们提供了一个海量的信息库，为了快速地找到需要的信息，必须使用搜索引擎，下面不是搜索引擎的是________。

A. Google　　B. Frontpage　　C. 百度　　D. 天网

10. Internet 的基本结构与技术起源于________。

A. DECnet　　B. ARPANet　　C. Novell　　D. Aloha

11. C 类地址用于主机数量不超过________台的小型网络。

A. 234　　B. 255　　C. 256　　D. 254

12. 某台计算机的 IP 地址为 132.121.100.001，那么它属于________网。

A. A 类　　B. B 类　　C. C 类　　D. D 类

13. URL 格式中，协议名与主机名间用________隔开。

A. /　　B. //　　C. @　　D. ||

14. IP 地址 193.12.176.55 属于________类 IP 地址。

A. A　　B. B　　C. C　　D. D

15. 下列顶级域名中，表示商业网站的是________。

A. .gov　　B. .com　　C. .net　　D. .org

16. 在地址栏中显示 http://www.sina.com.cn，则所采用的协议是________。

A. HTTP　　B. FTP　　C. WWW　　D. 电子邮件

17. 下列关于计算机病毒的叙述中，有错误的是________。

A. 计算机病毒是一个标记或一个命令

B. 计算机病毒是人为制造的一种程序

C. 计算机病毒是一种通过磁盘、网络等媒介传播并能传染给其他程序的程序

D. 计算机病毒是能够实现自身复制，并借助一定的媒体存在的具有潜伏性、传染性和破坏性的程序

18. 下列叙述中正确的是________。

A. 计算机病毒只能传染给可执行文件

B. 计算机软件是指存储在软盘中的程序

C. 计算机每次启动的过程之所以相同，是因为 RAM 中的信息在关机后不会丢失

D. 硬盘虽然装在主机箱内，但它属于外存

19. 下列叙述中，________是正确的。

A. 反病毒软件通常滞后于新计算机病毒的出现

B. 反病毒软件总是超前于病毒的出现，它可以查杀任何种类的病毒

C. 感染过计算机病毒的计算机具有对该病毒的免疫性

D. 计算机病毒会危害计算机用户的健康

20. E-mail 地址的格式为________。

A. 用户名@邮件主机域名　　B. @用户名:邮件主机　域名

C. 用户名　邮件主机@域名　　D. 用户名:邮件主机域名

21. 用户在利用客户端邮件应用程序从邮件服务器接收邮件时通常使用的协议是________。

A. FTP　　B. POP3　　C. HTTP　　D. SMTP

22. Internet 上有许多应用，其中用来传输文件的是________。

A. WWW　　B. FTP　　C. Telnet　　D. Gopher

23. IP 地址用________个十进制数点分表示。

A. 3　　B. 2　　C. 4　　D. 8

24. 局域网中的计算机为了相互通信，必须安装________。

A. 调制解调器　　B. 网卡　　C. 声卡　　D. 电视卡

25. 每台计算机必须知道对方的________才能在 Internet 上与之通信。

A. 电话号码　　B. 主机号

C. IP 地址　　D. 邮编

26. 超文本是一个________结构。

A. 顺序的树型　　B. 非线性的网状

C. 线性的层次　　D. 随机的链式

27. 当今世界上最大的计算机网络是________。

A. CERNET　　B. Internet　　C. Interanet　　D. ARPANet

28. 调制解调技术主要用于________的通信方式中。

A. 模拟信道传输数字数据　　B. 模拟信道传输模拟数据

C. 数字信道传输数字数据　　D. 数字信道传输模拟数据

29. 调制解调器(Modem)的主要功能是________。

A. 模拟信号的放大　　B. 数字信号的整形

C. 模拟信号与数字信号的转换　　D. 数字信号的编码

30. 计算机网络最突出的优点是________。

A. 传输信息速度快　　B. 共享资源

C. 内容容量大　　D. 交互性好

二、填空题

1. 按照覆盖的地理范围划分,可以把计算机网络分为________、________和________。

2. 要连接到局域网的用户,其个人计算机上要增加的硬件设备是________。

3. 在频带传输中,经常采用________对信号进行调制和解调。

4. 常用的通信介质分为________和________。

5. 为了提高线路利用率,常常采用________技术,使得多种信号可以在同一个传输介质上同时进行传输。

6. ________是世界上最大的计算机网络,使用________进行互连,它起源于美国国防部高级研究计划局研制的________。

7. TCP/IP 协议标准将 Internet 体系结构分为 4 个层次,最高层是________,IP 数据报属于________层,WWW 服务属于 TCP/IP 分层结构中的________层。

8. 因特网上的每台主机和路由器都有一个________地址,它包括________和________。

9. 因特网中,一台安装有管理域名的软件并负责完成域名到 IP 地址的转换的主机称为________,其英文简称为________。

10. WWW 的英文全称为________,中文译名为________,它以________方式组织多媒体信息。

11. URL 的中文全称为________,由________、________和________组成。

12. 超文本标记语言的英文缩写是________。

13. 电子邮件由________和________组成,电子邮件地址的格式为________。

14. 计算机网络中,通信双方必须共同遵守的规则或约定称为________。因特网中,通常利用________协议实现不同计算机之间的文件传输。

15. Homepage 是指个人或机构的基本信息页面,我们通常称之为________。

三、判断题（对的请打√，错的请打×）

1. 计算机网络的带宽是指网络可通过的最高数据传输速率。（　　）

2. ADSL 是指非对称数字式用户网络，其上行速率远远高于下行速率。（　　）

3. ADSL 可以在普通电话线上提供 10 Mbps 的下行速率，即意味着理论上 ADSL 可以提供的文件下载速度达到每秒 10×1 024×1 024 个字节。（　　）

4. 分组交换机的基本工作模式是存储—转发。（　　）

5. C 类 IP 地址用于规模适中的网络，其主机数最多可达到 65 534 台。（　　）

6. 在因特网中，一个域名只能与一个 IP 地址相对应；反之，一个 IP 地址也只能与一个域名相对应。（　　）

7. 计算机病毒是一些人蓄意编制的一种寄生性的、破坏性的生物病毒，对人体有危害。（　　）

8. 发送电子邮件需要依靠简单邮件传输协议（SMTP），该协议的主要任务是负责服务器之间的邮件传送。（　　）

9. TCP/IP 协议将计算机网络分为 4 层，其中最上面的一层是传输层。（　　）

10. 邮件服务器是电子邮件系统的核心构件。（　　）

11. Unix、Linux、Windows Server 2003 是最常见的网络应用服务软件。（　　）

12. 总线式以太网的特点是连接在集线器上的所有节点独享一定的带宽。（　　）

四、计算题

1. 数据加密问题。假设每一个英文字母被排列在其后的第三个字母所替换，例如 a b c … x y z 被替换为 d e f … a b c，如果发送“attack”，请问经过加密后的密文是什么？

2. 某一 PC 用户通过电话线上网，使用传输速率为 56 kb/s 的 Modem，他在网络空闲时间（例如早上 5 点）下载一个 5 MB 的文件大约要多少分钟？（请写出具体计算步骤）

第 5 章　多媒体技术及应用

一、选择题

1. 超文本是一个________结构。

A. 顺序的树型　　B. 非线性的网状

C. 线性的层次　　D. 随机的链式

2. 下面关于图像的叙述中错误的是________。

A. 图像的压缩方法很多，但是一台计算机只能选用一种

B. 图像的扫描过程指将画面分成 $M \times N$ 个网格，形成 $M \times N$ 个取样点

C. 一般来说，图形比图像的数据量要少一些

D. 图形比图像更容易编辑、修改

3. 利用计算机浏览信息时，可以实现任意页面之间的跳转，这种技术最恰当的说法是________。

A. 多媒体技术　　B. 网络技术　　C. 超文本技术　　D. 链接技术

4. 为了使计算机能有效地加工、处理、传输感觉媒体而在计算机内部采用的二进制编码形式称为________。

A. 存储媒体　　B. 表现媒体　　C. 传输媒体　　D. 表示媒体

5. 下列设备中不能向 PC 输入视频信息的是________。

A. 视频投影仪　　B. 视频采集卡　　C. 数字摄像头　　D. 数字摄像机

6. 表示 R、G、B 三个基色的二进制位数目分别是 6 位、6 位、4 位，因此可显示颜色的总数是________种。

A. 14　　B. 256　　C. 65 536　　D. 16 384

7. 下列关于数字图像的描述中错误的是________。

A. 图像大小也称为图像分辨率

B. 图像容量的大小取决于图像的分辨率和像素深度

C. 颜色空间的类型也叫颜色模型

D. 像素深度决定了一幅图像中允许包含的像素的最大数目

8. 计算机只能处理数字声音，在数字音频信息获取过程中，下列顺序中正确的是________。

A. 模数转换、采样、编码　　B. 采样、编码、模数转换

C. 采样、模数转换、编码　　D. 采样、数模转换、编码

9. CD 唱片上记录的音乐是一种数字化的声音，其对保真度要求非常高，因此其要求的采样频率也比较高，通常要达到________。

A. 8 kHz　　B. 11.025 kHz　　C. 75 kHz　　D. 44.1 kHz

10. 关于 MIDI,下列叙述中不正确的是________。

A. 使用 MIDI 不需要许多的乐理知识

B. MIDI 的数据量比数字波形声音的数据量少得多

C. MIDI 是合成声音

D. MIDI 文件是一系列指令的集合

11. 下面关于超链的说法中,错误的是________。

A. 超链的链宿可以是文字,也可以是声音、图像或视频

B. 超文本中的超链是不定向的

C. 超链的起点叫链源,它可以是文本中的标题

D. 超链的目的地称为链宿

12. MP3 音乐所采用的音频数据压缩编码的标准是________。

A. MPEG-4　　B. MPEG-1

C. MPEG-2　　D. MPEG-3

13. CD-ROM ________。

A. 仅能存储文字　　B. 仅能存储图像

C. 仅能存储声音　　D. 能存储文字、声音和图像

14. 数字波形声音的数据量与下列________参数无关。

A. 量化位数　　B. 采样频率

C. 声道数目　　D. 声卡类型

15. 使用 16 位二进制编码表示声音与使用 8 位二进制编码表示声音的效果不同,前者比后者________。

A. 噪音小,保真度低,音质差　　B. 噪音小,保真度高,音质好

C. 噪音大,保真度高,音质好　　D. 噪音大,保真度低,音质差

16. 下列采集的波形声音中________的质量最好。

A. 单声道、8 位量化、22.05 kHz 采样频率

B. 双声道、8 位量化、44.1 kHz 采样频率

C. 单声道、16 位量化、22.05 kHz 采样频率

D. 双声道、16 位量化、44.1 kHz 采样频率

17. 下列关于 DPI 的叙述中________是正确的。

(1) 每英寸的 bit 数　　(2) 每英寸的像素点

(3) DPI 越高图像质量越低　　(4) 描述分辨率的单位

A. (1)(3)　　B. (2)(4)　　C. (1)(4)　　D. 全部

18. 显示器分辨率指的是整屏可显示像素的多少,这与屏幕的尺寸和点距密切相关。例如 15 英寸的显示器,水平和垂直显示的实际尺寸大约为 280 mm×210 mm,当点距是 0.28 mm 时,其分辨率大约是________。

A. 800×600　　B. 1 000×750

C. 1 600×1 200　　D. 1 280×1 024

19. 下列说法中错误的是________。

A. 现实世界中很多景物如树木、花草、烟火等很难用几何模型描述

B. 计算机图形学主要是研究使用计算机描述景物并生成其图像的原理、方法和技术

C. 用于描述景物的几何模型可分为线框模型、曲面模型和实体模型等许多种

D. 利用扫描仪输入计算机的机械零件图属于计算机图形

20. 一幅具有真彩色(24 位)、分辨率为 1 024×768 的数字图像,在没有进行数字压缩时,它的数据量大约是________。

A. 900 KB　　B. 18 MB　　C. 3.75 MB　　D. 2.25 MB

21. PC 中有一种类型为 MID 的文件,下面关于此类文件的叙述中,错误的是________。

A. 它是一种使用 MIDI 规范表示的音乐,可以由媒体播放器之类的软件进行播放

B. 播放 MID 文件时,音乐是由 PC 中的声卡合成出来的

C. 同一 MID 文件使用不同的声卡播放时,音乐的质量完全相同

D. PC 中的音乐除了使用 MID 文件表示之外,也可以使用 WAV 文件表示

22. 为了区别于通常的取样图像,计算机合成图像也称为________。

A. 点阵图像　　B. 光栅图像　　C. 矢量图形　　D. 位图图像

23. 显示存储器 VRAM 的容量与显示器的分辨率及每个像素的位数有关。假定 VRAM 的容量为 4 MB,每个像素的位数为 24 位,则显示器的分辨率理论上最高能达到________。

A. 800×600　　B. 1 024×768

C. 1 280×1 024　　D. 1 600×1 200

24. 目前计算机中用于描述音乐乐曲并由声卡合成出音乐来的语言(规范)为________。

A. MP3　　B. JPEG2000　　C. MIDI　　D. XML

25. 在下面 PC 使用的外设接口中,可用于将键盘、鼠标、数码相机、扫描仪和外接硬盘与 PC 相连的是________。

A. PS/2　　B. IEEE 1394　　C. USB　　D. SCSI

26. 一般说来,要求声音的质量越高,则________。

A. 量化级数越低和采样频率越低　　B. 量化级数越高和采样频率越高

C. 量化级数越低和采样频率越高　　D. 量化级数越高和采样频率越低

27. 计算机辅助教学课件的辅导型模式中,计算机扮演了________。

A. 学生的角色　　B. 教师的角色

C. 出题者的角色　　D. 家长的角色

28. 在数字摄像头中,________像素相当于成像后的 640×480 分辨率。

A. 10 万　　B. 30 万　　C. 80 万　　D. 100 万

29. 静止图像的文件扩展名为________。

A. .bmp　　B. .gif　　C. .jpeg　　D. .tif

二、填空题

1. 传统的文本是以________方式组织的,而超本文是以________方式组织的。

2. HTML 的中文全称是________。

3. 图像上的采样点叫________,其光强值叫________。

4. 计算机中的数字图像按照其生成方法可以分为两类:________和________。

5. 影响图像文件容量大小的参数主要有两个:________和________。

6. MP3 与 MIDI 均是常用的数字音频文件格式,用它们表示同一首钢琴乐曲时,相比而言,________的数据量要小得多。

7. 一幅图像的分辨率为 1 024×768,像素深度为 8,则该图像的数据量为________。

8. ________是微软公司在 Windows 操作系统中使用的标准图像文件格式。

9. 音频数字化实际上就是________、________和________的过程。

10. 假设像素深度为 16,那么一幅图像具有的不同颜色数目最多是________种。

11. 计算机合成音乐常用的是________音乐,其文件扩展名为________。

12. ________格式文件是目前广泛应用的一种视频文件格式,其中包括了________、________和________三种标准。

13. 微软公司定义的________流媒体文件格式适用于 Internet 上的视频直播、视频点播和视频会议等。

14. 目前最常用的 Web 网页动画制作软件是 Micromedia 公司的________,其所制作的动画文件扩展名为________。

15. 数字摄像机所拍摄的数字视频及其伴音数据量很大,为了将音频和视频数据输入计算机,一般要求它与计算机的接口能达到每秒百兆位以上的数据传输率,所以目前数字摄像机大多采用________接口。

16. 计算机动画是采用计算机生成一系列可供实时演播的连续画面的一种技术。设电影每秒钟放映 24 帧画面,则现有 2 880 帧图像,它们可在电影中播放________分钟。

17. 一台数码相机一次可以连续拍摄 65 536 色的 1 024×1024 的彩色相片 40 张,如不进行数据压缩,则它使用的 flash 存储器的容量是________MB。

三、判断题(对的请打√,错的请打×)

1. 对于位图来说,如果每个像素用一个二进位来表示,则这幅图可以表示的颜色最多只有两种,如果每个像素用两个二进制位来表示,则这幅图可以表示的颜色最多有三种。 ( )

2. 对音频数字化来说,在相同条件下,立体声比单声道占的空间大,采样频率越高则占的空间越大。 ( )

3. 一般来说,在计算机中图像比图形更容易编辑和修改,而且在相同的条件下,位图图像所占的空间比矢量图形小。 ( )

4. 计算机动画也是一种流媒体。 ( )

5. 传统的电视/广播系统是一种典型的以信息交互为主要目的的系统。 ( )

6. 在音频数字化处理中,要考虑采样、量化的编码问题。 ( )

7. DVD 与 VCD 相比，其图像和声音的质量均有了较大提高，所采用的视频压缩编码标准是 MPEG-2。（　）

8. 位图可以用画图程序获得、在荧光屏上直接抓取、用扫描仪或视频图像抓取设备从照片抓取。（　）

9. 在 PC 上安装数字摄像头的目的是通过镜头拍摄图像，并将图像转换成数字视频信号输入到计算机中。（　）

10. MP3 与 MIDI 均是常用的数字音频文件格式，用它们表示同一首钢琴乐曲时，相比而言，MP3 格式文件的数据量要小得多。（　）

四、计算题

1. 以 PAL 制式的 25 f/s 帧率为例，已知一帧彩色静态图像(RGB)的分辨率为 256×256，每种颜色用 16 bit 表示，则该视频每秒钟的数据量为多少？

2. 如果按照采样频率 44.1 kHz、量化精度 32 位、双声道来录制 5 分钟的 CD 音乐，则该 CD 音乐文件的大小为多少？

3. 一幅具有真彩色(24 位)、分辨率为 1 024×768 的数字图像，在没有进行数字压缩时，它的数据量大约是多少？

综合练习一

一、选择题

1. 用户使用计算机高级语言编写的程序通常称为________。

A. 源程序　　B. 汇编程序

C. 二进制代码程序　　D. 目标程序

2. 两个字节包含的二进制位数是________。

A. 8　　B. 16　　C. 64　　D. 128

3. 计算机硬盘的容量通常以 G 为单位表示，1 GB 等于________字节。

A. 10 的 6 次方　　B. 2 的 20 次方

C. 2 的 30 次方　　D. 10 的 3 次方

4. “ASCII”表示________。

A. 美国国家标准局　　B. 美国信息交换标准代码

C. 美国国家信息基础设施　　D. 美国国家标准控制字符

5. 下列存储器中存取速度最快的是________。

A. 内存　　B. 硬盘　　C. 光盘　　D. 软盘

6. 下列不能用作存储容量单位的是________。

A. Byte　　B. MIPS　　C. KB　　D. GB

7. 为了区别于通常的取样图像，计算机合成图像也称为________。

A. 点阵图像　　B. 光栅图像　　C. 矢量图形　　D. 位图图像

8. $(101011)_2$ 转换成八进制数是________。

A. 4　　B. 22　　C. 53　　D. 223

9. 下列数中最小的是________。

A. $(11011001)_2$　　B. $(75)_{10}$　　C. $(37)_8$　　D. $(A7)_{16}$

10. 下列属于输出设备的是________。

A. 键盘　　B. 鼠标　　C. 打印机　　D. 扫描仪

11. 微型计算机的内存储器是________。

A. 按二进制位编址　　B. 按字节编址

C. 按字长编址　　D. 按十进制位编址

12. 完整的计算机硬件系统一般包括外部设备和________。

A. 运算器和控制器　　B. 存储器

C. 主机　　D. 中央处理器

13. 为解决某一特定问题而设计的指令序列称为________。

A. 文档　　B. 语言　　C. 程序　　D. 系统

14. 启动 Windows 操作系统就是________。

A. 把硬盘中的 Windows 操作系统加载到引导区中

B. 把硬盘中的 Windows 操作系统自动装入 C 盘中

C. 把硬盘中的 Windows 操作系统装入内存指定区域中

D. 给计算机接通电源

15. 一条计算机指令中规定其执行功能的部分称为________。

A. 源地址码　　B. 操作码　　C. 目标地址码　　D. 数据码

16. 二进制数 11101.010 转换成十六进制数为________。

A. 1D.4　　B. 1D.2　　C. 1D.1　　D. 1D.01

17. 利用计算机浏览信息时，可以实现任意页面之间的跳转，这种技术最恰当的说法是________。

A. 多媒体技术　　B. 网络技术　　C. 超文本技术　　D. 链接技术

18. 下列 4 种软件中，属于系统软件的是________。

A. WPS　　B. Word　　C. DOS　　D. Excel

19. 以下叙述中正确的是________。

A. C 语言比其他语言高级

B. C 语言可以不用编译就能被计算机识别和执行

C. C 语言接近英语国家的自然语言和数学语言的表达形式

D. C 语言出现得最晚，具有其他语言的一切优点

20. 下列关于 PC 主板上的 CMOS 存储器的叙述中，错误的是________。

A. CMOS 中存放着基本输入/输出系统(BIOS)

B. CMOS 需要用电池供电

C. 可以通过 CMOS 来修改计算机的硬件配置参数

D. 在 CMOS 中可以设置开机密码

21. 下列叙述中，正确的是________。

A. 存储在任何存储器中的信息在断电后都不会丢失

B. 操作系统是只对硬盘进行管理的程序

C. 硬盘装在主机箱内，因此硬盘属于主存

D. 硬盘驱动器属于外部设备

22. I/O 接口位于________。

A. 总线和设备之间　　B. CPU 和 I/O 设备之间

C. 主机和总线之间　　D. CPU 和主存储器之间

23. 计算机的发展经历了四代，“代”的划分主要是根据计算机的________。

A. 功能　　B. 主要逻辑元件

C. 运算速度　　D. 应用范围

24. 二进制数 1110111.11 转换成十进制数是________。

A. 119.375　　B. 119.75　　C. 119.125　　D. 119.3

25. 配置高速缓存(Cache)是为了解决________。

A. 内存与辅助存储器之间的速度不匹配问题

B. CPU 与辅助存储器之间的速度不匹配问题

C. CPU 与内存储之间的速度不匹配问题

D. 主机与外设之间的速度不匹配问题

26. IP 协议属于 TCP/IP 模型的________。

A. 网络接口层　　B. 网络互连层

C. 传输层　　D. 应用层

27. 常用的多媒体输入设备是________。

A. 显示器　　B. 扫描仪　　C. 打印机　　D. 绘图仪

28. 在计算机中,硬件与软件的关系是________。

A. 互相支持　　B. 软件离不开硬件

C. 硬件离不开软件　　D. 相互独立

29. 下列 IP 地址中________是 C 类地址。

A. 127.233.13.34　　B. 152.87.209.51

C. 169.196.30.54　　D. 202.96.209.21

30. 计算机系统由________。

A. 主机和系统软件组成　　B. 硬件系统和应用软件组成

C. 硬件系统和软件系统组成　　D. 微处理器和软件系统组成

31. 原码 11010111 的反码是________。

A. 10101000　　B. 00101000

C. 10000000　　D. 00000010

32. 信息处理是指为了更多、更有效地获取和使用信息而施加于信息的各种操作,包括________的全过程。

(1) 信息收集　　(2) 信息加工和存储

(3) 信息传输　　(4) 信息维护及使用

A. (1)和(2)　　B. (1)和(3)

C. (1)、(2)和(3)　　D. (1)、(2)、(3)、(4)

33. 下面是有关超文本的叙述,其中错误的是________。

A. 超文本节点可以是文字,也可以是图形、图像、声音等信息

B. 超文本节点之间通过指针链接

C. 超文本节点之间的关系是线性的

D. 超文本的节点可以分布在互联网上不同的 WWW 服务器中

34. 在下列汉字编码标准中,不支持繁体汉字的是________。

A. GB 2312　　B. GBK　　C. BIG5　　D. GB 18030

35. 汉字字库中存储的是汉字的________。

A. 输入码　　B. 字形码　　C. 机内码　　D. 区位码

36. MS-DOS 是________。

A. 分时操作系统　　B. 分布式操作系统

C. 单用户、单任务操作系统　　D. 单用户、多任务操作系统

37. 所有 E-mail 地址的通用格式是________。

A. 主机域名@用户名　　B. 用户名@主机域名

C. 用户名#主机域名　　D. 主机域名#用户名

38. 把内存中的数据传送到计算机的硬盘这一过程称为________。

A. 显示　　B. 读盘　　C. 输入　　D. 写盘

39. 在机器数________中，零的表示形式是唯一的。

A. 原码　　B. 补码

C. 补码和反码　　D. 反码

40. 将十进制数 32.57 转换成二进制数，结果是________。

A. 11111.1001　　B. 100000.1001

C. 11110.1011　　D. 11011.101

41. 计算机中使用的图像文件格式有多种。下面关于常用图像文件的叙述中，错误的是________。

A. JPG 图像文件是按照 JPEG 标准对静止图像进行压缩编码生成的一种文件

B. BMP 图像文件在 Windows 环境下得到几乎所有图像应用软件的广泛支持

C. TIF 图像文件在扫描仪和桌面出版系统中得到广泛应用

D. GIF 图像文件能支持动画，但不支持图像的渐进显示

42. 因特网为我们提供了一个海量的信息库，为了快速地找到需要的信息，必须使用搜索引擎，下面不是搜索引擎的是________。

A. Google　　B. Adobe　　C. 百度　　D. 天网

43. 在因特网浏览信息时，常用的浏览器是________。

A. KV3000　　B. Word 97

C. WPS 2000　　D. Internet Explorer

44. 已知在某进制计数下，2 * 4=11，根据这个运算规则，5 * 16 的结果是________。

A. 80　　B. 122　　C. 143　　D. 212

45. 一个硬盘的转速为每分钟 5 400 转，则它的平均等待时间约为________。

A. 1 ms　　B. 2 ms　　C. 9 ms　　D. 6 ms

46. 使用存储器存储二进制信息时，存储容量是一项很重要的性能指标。存储容量的单位有多种，下面不是存储容量的单位的是________。

A. XB　　B. KB　　C. GB　　D. MB

47. 计算机内部所有的信息的表示和存储都采用________。

A. 十进制　　B. 十六进制　　C. ASCII 码　　D. 二进制

48. 已知 521+555=1 406，则此种加法使用了________。

A. 七进制　　B. 八进制　　C. 九进制　　D. 十进制

49. 下列关于计算机病毒的叙述中，错误的是________。

A. 计算机病毒是一个标记或一个命令

B. 计算机病毒是人为制造的一种程序

C. 计算机病毒是一种通过磁盘、网络等媒介传播扩散并能传染其他程序的程序

D. 计算机病毒是能够实现自身复制，并借助一定的媒体存在的具有潜伏性、传染性和破坏性的程序

50. 显示存储器 VRAM 的容量与显示器的分辨率及每个像素的位数有关。假定 VRAM 的容量为 8 MB，每个像素的位数为 24 位，则显示器的分辨率理论上最高能达到________。

A. 800×600　　B. 1 024×768

C. 1 920×1 440　　D. 1 600×1 200

二、填空题

1. 实数在计算机内部采用________方法表示。

2. 电子公告牌的英文缩写是________。

3. 为了提高传输线路的利用率，人们采取了________技术。

4. 8 个二进制位可表示________种状态。

5. ________是目前全球规模最大的计算机网络。

6. 通用顶级域名是由三个字母组成，“edu”表示________。

7. 磁盘、光盘、软盘属于计算机的________。

8. 网页是一种采用________语言描述的超文本文件。

9. 在 Internet 中，把各单位、各地区的局域网进行互连，并在通信时负责选择数据路径的网络设备是________。

10. 取样点是组成图像的基本单位，称为________；一幅图像的分辨率为 1 024×768，像素深度为 8，则该图像的数据量为________。

11. 要存放 10 个 24×24 点阵的汉字字模，需要________存储空间。

12. 按无符号整数对待，一个字节的二进制数最大相当于________十进制数。

13. 将要被 CPU 执行的指令从主存或 Cache 取出后保存在 CPU 中的________寄存器内。

14. 局域网是一种在小区域内使用的网络，其英文缩写为________。

15. ________类 IP 地址用于规模适中的网络(主机台数≤65 534)。

16. 对逻辑值 1 和逻辑值 0 实行逻辑与操作的结果是________。

17. Windows 操作系统由________公司开发。

18. 计算机网络是________和________相结合的产物。

三、判断题(对的请打√，错的请打×)

1. 所有存储在软盘或光盘上的数字作品都是软件。(　　)

2. TCP/IP 协议簇的最上层是传输层。(　　)

3. ADSL 可以在普通电话线上提供 10 M bps 的下行速率，即意味着理论上 ADSL 可以提供的文件下载速度达到每秒 10×1 024×1 024 个字节。(　　)

4. Windows 操作系统采用并发多任务方式支持系统中多个任务的执行。所以从微观上讲，任何时刻执行的多个任务是由 CPU 同时执行的。 (　　)

5. 对音频数字化来说，在相同条件下，立体声比单声道占的空间大，分辨率越高则占用的空间越小，采样频率越高则占用的空间越大。 (　　)

6. 理论上已经证明了求解可计算问题的程序框架都可以用顺序、选择和重复这三种控制结构来描述。 (　　)

7. 程序＝程序语言＋数据结构。 (　　)

8. 光盘的容量比软盘大，但是光盘保存信息的可靠性不如软盘高。 (　　)

9. 网卡属于计算机网络通信设备。 (　　)

10. 传统的电视/广播系统是一种典型的以信息交互为主要目的的系统。 (　　)

四、计算题

1. 请计算对于双声道立体声、采样频率为 44.1 kHz、采样位数为 16 位的激光唱盘，用一个 650 MB 的 CD-ROM 可存放多长时间的音乐(需要写清计算公式和步骤)。

2. 在一个字长为 8 的机器中，数值的符号位占一位，请分别写出十进制数＋0、－11、－128、127、－1 在机器中的原码和补码的二进制表示(每 4 位请用逗号隔开)。

综合练习二

一、选择题

1. 计算机软件系统通常分为________。

A. 系统软件和应用软件　　B. 高级软件和一般软件

C. 军用软件和民用软件　　D. 管理软件和控制软件

2. 二进制数 1011+101 等于________。

A. 10000　　B. 10110　　C. 10001　　D. 10111

3. 在因特网浏览信息时，常用的浏览器是________。

A. KV3000　　B. Word 97　　C. WPS 2000　　D. Internet Explorer

4. 用电子管作为电子器件制成的计算机属于________计算机。

A. 第一代　　B. 第二代　　C. 第三代　　D. 第四代

5. 程序中的一个数据 $(10010.101)_2$，对应的八进制数是________。

A. 110.5　　B. 22.5　　C. 50.5　　D. 42.5

6. 下面是关于 Windows 2000 文件名的叙述，错误的是________。

A. 文件名中允许使用汉字　　B. 文件名中允许使用多个圆点分隔符

C. 文件名中允许使用空格　　D. 文件名中允许使用竖线"|"

7. 以下列举的 Internet 的各种功能中，错误的是________。

A. 编译程序　　B. 传送电子邮件　　C. 查询信息　　D. 数据库检索

8. 把内存中的数据传送到计算机硬盘的这一过程称为________。

A. 显示　　B. 读盘　　C. 输入　　D. 写盘

9. 计算机中的字节是个常用的单位，它的英文名称是________。

A. bit　　B. byte　　C. bout　　D. baud

10. 逻辑表达式 1001∨1011 等于________。

A. 1010　　B. 1011　　C. 1100　　D. 1110

11. 在计算机系统中，鼠标是一种________。

A. 输入设备　　B. 输出设备　　C. 存储设备　　D. 运算设备

12. 微型计算机中，控制器的基本功能是________。

A. 进行算术运算和逻辑运算　　B. 存储各种控制信息

C. 保持各种控制状态　　D. 控制机器各个部件协调一致地工作

13. 在利用拼音输入汉字时，有时虽输入了正确拼音码却找不到所要的汉字，其原因可能是________。

A. 计算机显示器的分辨率不支持该汉字的显示

B. 汉字显示程序不能正常工作

C. 操作系统当前所支持的汉字字符集不含该汉字

D. 汉字输入软件出错

14. 在课堂教学中利用计算机软件给学生演示实验过程，这种信息技术的应用属于________。

A. 数据处理　　B. 辅助教学　　C. 自动控制　　D. 辅助设计

15. Internet 的主机的域名不能超过________个字符。

A. 254　　B. 255　　C. 236　　D. 256

16. 汉字的显示与打印需要有相应的字形库支持，汉字的字形主要有两种描述方法：点阵字形和________字库。

A. 仿真　　B. 轮廓　　C. 矩形　　D. 模拟

17. 原码 01111111 的反码是________。

A. 10000000　　B. 01111111　　C. 10000001　　D. 10000010

18. 信息处理是指为了更多、更有效地获取和使用信息而施加于信息的各种操作，包括________的全过程。

(1) 信息收集　　(2) 信息加工和存储

(3) 信息传输　　(4) 信息维护及使用

A. (1)和(2)　　B. (1)和(3)　　C. (1)、(2)和(3)　　D. (1)、(2)、(3)、(4)

19. 计算机的发展经历了四代，“代”的划分主要是根据计算机的________。

A. 功能　　B. 主要逻辑元件　　C. 运算速度　　D. 应用范围

20. 某工厂的仓库管理软件属于________。

A. 应用软件　　B. 系统软件　　C. 工具软件　　D. 字处理软件

21. 从用户角度看，因特网是一个________。

A. 广域网　　B. 信息资源网　　C. 综合业务服务网　　D. 远程网

22. 下列________不是网络传输速率单位的表示方法。

A. bps　　B. 波特　　C. b/s　　D. 比特

23. CPU 不能直接访问的存储器是________。

A. ROM　　B. RAM　　C. Cache　　D. 外存储器

24. 设 $A=1010$，则对 A 进行取反运算后的结果是________。

A. 0010　　B. 1010　　C. 0101　　D. 1011

25. 一个 USB 接口最多能连接________个设备。

A. 32　　B. 127　　C. 64　　D. 128

26. 下面不是 BIOS 的主要部分的程序的是________。

A. 决定系统下一条要执行的指令地址　　B. POST 程序，系统自举程序

C. CMOS 设置程序　　D. 基础外围设备的驱动

27. 现代通信是指使用电波或光波传递信息的技术，故使用________传输信息不属于现代通信范畴。

A. 电报　　B. 电话　　C. 传真　　D. 明信片

28. 在下列 4 条叙述中正确的是________。

A. 计算机中所有的信息都是以二进制形式存放的

B. 操作系统是应用软件

C. 计算机硬件系统最核心的部件是内存

D. 八进制数的基数为 8,因此在八进制中可以使用的数字符号是 0、1、2、3、4、5、6、7、8

29. 将高级语言编写的程序翻译成机器语言程序,采用的两种翻译方式是________。

A. 编译和解释　　B. 编译和汇编　　C. 编译和链接　　D. 解释和汇编

30. 用于计算机输入/输出数据的材料及其制品称为________。

A. 输入/输出媒体　　B. 输入/输出通道

C. 输入/输出接口　　D. 输入/输出端口

31. 在微型计算机的内存储器中,不能用指令修改其存储内容的是________。

A. RAM　　B. DRAM　　C. ROM　　D. SRAM

32. 在下列汉字编码标准中,不支持繁体汉字的是________。

A. GB 2312　　B. GBK　　C. BIG5　　D. GB 18030

33. 在下列字符中,其 ASCII 码值最大的一个是________。

A. 8　　B. 9　　C. a　　D. b

34. 计算机病毒可以使整个计算机瘫痪,危害极大。计算机病毒是________。

A. 一条命令　　B. 一段特殊的程序　　C. 一种生物病毒　　D. 一种芯片

35. 计算机通信中数据传输速率单位 bps 代表________。

A. 兆每秒　　B. 字节每秒　　C. 位每秒　　D. 百万每秒

36. 在计算机领域中,不常用到的数制是________。

A. 二进制　　B. 四进制　　C. 八进制　　D. 十六进制

37. 一个文件的绝对路径名是从________开始,逐步沿着每一级子目录向下追溯,最后到指定文件的整个通路上所有子目录名组成的一个字符串。

A. 当前目录　　B. 根目录　　C. 多级目录　　D. 二级目录

38. Enter 键是________。

A. 输入键　　B. 回车换行键　　C. 空格键　　D. 换挡键

39. 计算机中,常用的英文单词“bit”的中文意思是________。

A. 二进制位　　B. 字符　　C. 字节　　D. 字长

40. CPU 又称为________。

A. 运算器　　B. 控制器　　C. 逻辑器　　D. 中央处理器

41. 在计算机系统中,可执行程序是________。

A. 源代码　　B. 汇编语言代码

C. 机器语言代码　　D. ASCII 码

42. 在计算机中采用二进制是因为________。

A. 可降低硬件成本　　B. 两个状态的系统具有稳定性

C. 二进制的运算法则简单　　D. 上述三个原因皆有

43. 在操作系统中，存储管理主要是对________。

A. 外存的管理　　　　B. 内存的管理

C. 辅助存储器的管理　　　　D. 内存和外存的统一管理

44. 当个人计算机以拨号方式接入 Internet 网时，必须使用的设备是________。

A. 网卡　　B. 浏览器软件　　C. 电话机　　D. 调制解调器

45. 汉字字库中存储的是汉字的________。

A. 输入码　　B. 字形码　　C. 机内码　　D. 区位码

46. 目前有许多不同的图像文件格式，下列________不属于图像文件格式。

A. TIF　　B. JPEG　　C. GIF　　D. DOC

47. 因特网为我们提供了一个海量的信息库，为了快速地找到需要的信息，必须使用搜索引擎，下面不是搜索引擎的是________。

A. Google　　B. Frontpage　　C. 百度　　D. 天网

48. 下列不能用作存储容量单位的是________。

A. Byte　　B. MIPS　　C. KB　　D. GB

49. 下面关于计算机图形和图像的叙述中，正确的是________。

A. 图形比图像更适合表现类似于照片和绘画之类的有真实感的画面

B. 一般说来图像比图形的数据量要少一些

C. 图形比图像更容易编辑、修改

D. 图像比图形更有用

50. 下面是有关超文本的叙述，其中错误的是________。

A. 超文本节点可以是文字，也可以是图形、图像、声音等信息

B. 超文本节点之间通过指针链接

C. 超文本节点之间的关系是线性的

D. 超文本的节点可以分布在互联网上不同的 WWW 服务器中

二、填空题

1. 瑞士计算机科学家尼·沃思曾提出一个著名的公式：________＋________＝程序。

2. 用于辅助人们进行信息获取、传递、存储、加工处理、控制及显示的综合使用各种信息技术的系统，可通称为________。

3. 将指令中的操作码翻译成相应的控制信号的部件称为________器。

4. 用于连接异构网络的基本设备是________。

5. 因特网一词源于英文单词________。

6. 通信系统的物理通道可以从不同的角度进行分类，按照传输介质的类型，可以把信道分为________和________。

7. 可以方便地实现快速跳转的文本称为________。

8. 取样点是组成图像的基本单位，称为________；一幅图像的分辨率为 1 024×768，像素深度为 8，则该图像的数据量为________。

9. 计算机动画是采用计算机生成一系列可供实时演播的连续画面的一种技术。设电影每秒钟放映 24 帧画面，则现有 2 880 帧图像，它们可在电影中播放________分钟。

10. 计算机网络是计算机与________相结合的产物。

11. 微型计算机中，ROM 的中文名字是________。

12. 湖北教育学院的域名“hubce. edu. cn”中的“edu”代表教育部门，“cn”代表________。

13. 一台显示器中的 R、G、B 分别用 3 位二进制数来表示，那么可以有________种不同的颜色。

14. 计算机中整数可分为________和________两类。

15. 在计算机网络中传输二进制信息时，传输速率的度量单位是每秒多少比特。某校校园网的主干网传输速率是每秒 10 000 000 000 比特，它可以简写为________Gb/s。

16. 数字图像的主要参数有图像分辨率、像素深度、位平面数目、彩色空间类型以及采用的压缩编码方法等。假设像素深度为 10，那么一幅图像具有的不同颜色数目最多是________种。

三、判断题(对的请打√，错的请打×)

1. 烽火台是一种使用光来传递信息的系统，因此它是使用现代信息技术的信息系统。 ( )

2. 所有计算机的字长都是固定不变的，都是 8 位。 ( )

3. 单击鼠标左键后完成什么样的操作是由操作系统决定的。 ( )

4. 交换机的基本工作模式是存储——转发。 ( )

5. 在 Windows 操作系统中，一个文件只可以有一种文件属性。 ( )

6. 在互联网中，为了实现计算机相互通信，必须为每一台计算机分配一个唯一的地址(IP 地址)。 ( )

7. 高级语言就是自然语言。 ( )

8. 通常键盘上的功能键是 12 个。 ( )

9. 内存和外存不是统一编址的。内存储器的编址单位是字节，外存储器的编址单位不是字节。 ( )

10. 机器指令是一种使用二进制编码表示的操作命令，它用来规定计算机执行什么操作以及操作数所在的位置。一条机器指令是由运算符和操作数组成的。 ( )

四、计算题

1. 以 PAL 制式的 25 f/s 帧率为例，已知一帧彩色静态图像(RGB)的分辨率为 256×256，每种颜色用 16 bit 表示，则该视频每秒钟的数据量为多少？要求写出计算步骤。

2. 将五进制数 234 转换为八进制数和十进制数，要求写出具体步骤。

综合练习三

一、选择题

1. 计算机中的字节是个常用的单位，它的英文名称是________。

A. bit　　B. byte　　C. bout　　D. baud

2. 计算机硬盘的容量通常以 G 为单位表示，1 GB 等于________字节。

A. 10 的 6 次方　　B. 2 的 20 次方

C. 2 的 30 次方　　D. 10 的 3 次方

3. 下列叙述中错误的是________。

A. 任何二进制整数都可以完整地用十进制整数来表示

B. 任何十进制小数都可以完整地用二进制小数来表示

C. 任何二进制小数都可以完整地用十进制小数来表示

D. 任何十进制整数都可以完整地用二进制整数来表示

4. 一个非零的无符号二进制整数，若在其右边末尾加上三个“0”形成一个新的无符号二进制整数，则新的数是原来数的________。

A. 8 倍　　B. 4 倍　　C. 1/8　　D. 1/4

5. 已知 345＋241＝606，则此种加法是在________下完成的。

A. 七进制　　B. 十进制　　C. 九进制　　D. 八进制

6. 执行下列逻辑加运算（即逻辑或运算）：01010100 $\vee$ 10010011，其运算结果是________。

A. 00010000　　B. 11010111　　C. 1110011　　D. 11000111

7. 下列 4 个十进制数中，能表示成八位二进制数的是________。

A. 257　　B. 313　　C. 201　　D. 296

8. 下列不同数制的 4 个数中，最大的是________。

A. $(110001)_2$　　B. $(57)_8$　　C. $(2E)_{16}$　　D. $(45)_{10}$

9. 从第一台计算机诞生到现在，按计算机所用的电子器件来划分，计算机的发展经历了________个阶段。

A. 7　　B. 6　　C. 4　　D. 3

10. 十进制小数 0.5625 转换成二进制小数是________。

A. 0.1001　　B. 1.0011　　C. 0.1011　　D. 0.0111

11. 以下关于计算机指令的说法中，不正确的是________。

A. 计算机所有基本指令的集合构成了计算机的指令系统

B. 不同指令系统的计算机的软件相互不能通用是因为基本指令的条数不同

C. 加、减、乘、除等四则运算是每一种计算机都具有的基本指令

D. 用不同程序设计语言编写的程序都要转化为计算机的基本指令才能执行

12. 对软盘写保护后，下列说法中错误的是________。

A. 不能删除盘中的数据　　B. 可以读出盘中的数据

C. 可以列出盘中目录　　D. 能修改盘中的数据

13. 计算机存储数据的最小单位是________。

A. 位(比特)　　B. 字节　　C. 字长　　D. 千字节

14. 指出 CPU 下一次要执行的指令地址的部分称为________。

A. 程序计数器　　B. 指令寄存器　　C. 目标地址码　　D. 数据码

15. 下列说法中正确的是________。

A. 硬盘通常安装在主机箱内，所以硬盘属于内存

B. Cache 是用于 CPU 与主存储器之间进行数据交换的缓冲存储器

C. 计算机的字长都是 4 个字节

D. 外存中的数据可以直接进入 CPU 中被处理

16. 微型计算机键盘上的 Shift 键称为________。

A. 回车换行键　　B. 退格键　　C. 换档键　　D. 空格键

17. 下列几种存储器中，存取周期最短的是________。

A. 内存　　B. 光盘　　C. 硬盘　　D. 软盘

18. 微型计算机存储器中的 Cache 是________。

A. 只读存储器　　B. 高速缓冲存储器

C. 可编程只读存储器　　D. 可擦除可再编程只读存储器

19. 计算机的“存储程序控制”工作原理是由________提出的。

A. 布尔　　B. 巴贝奇　　C. 冯·诺依曼　　D. 图灵

20. 下列叙述中，正确的是________。

A. 激光打印机属于击打式打印机　　B. CAI 软件属于系统软件

C. 软磁盘驱动器是存储介质　　D. 计算机运算速度可用 MIPS 表示

21. 为将一个汇编语言源程序或一个高级语言源程序变为机器可执行的形式，需要一个________。

A. 语言翻译程序　　B. 操作系统　　C. 目标程序　　D. BASIC 程序

22. 下面关于解释程序和编译程序的论述中，正确的是________。

A. 编译程序和解释程序均能产生目标程序

B. 编译程序和解释程序均不能产生目标程序

C. 编译程序能产生目标程序而解释程序不能

D. 编译程序不能产生目标程序而解释程序能

23. 下列关于系统软件的 4 条叙述中，正确的是________。

A. 系统软件与具体应用领域无关　　B. 系统软件与具体硬件功能无关

C. 系统软件是在应用软件基础上开发的　　D. 系统软件并不具体提供人机界面

24. 计算机能直接识别和执行的语言是________。

A. 机器语言　　B. 高级语言　　C. 汇编语言　　D. 数据库语言

25. 计算机软件系统由________两部分组成。

A. 网络软件、应用软件　　B. 操作系统、网络软件

C. 系统软件、应用软件　　D. 服务器系统软件、客户端应用软件

26. 用户使用计算机高级语言编写的程序通常被称为________。

A. 源程序　　B. 汇编程序　　C. 二进制代码程序　　D. 目标程序

27. 在操作系统中,存储管理主要是对________。

A. 外存的管理　　B. 内存的管理

C. 辅助存储器的管理　　D. 内存和外存的统一管理

28. 所谓“裸机”是指________。

A. 单片机　　B. 单板机

C. 不安装任何软件的计算机　　D. 只安装操作系统的计算机

29. 系统软件中最重要的是________。

A. 操作系统　　B. 语言处理程序　　C. 工具软件　　D. 数据库系统

30. “计算机辅助设计”的英文缩写是________。

A. CAD　　B. CAM　　C. CAE　　D. CAT

31. 如果电子邮件到达时你的电脑没有开机,那么该电子邮件将________。

A. 退回给发信人　　B. 永远不用发送

C. 过一会儿对方再重新发送　　D. 保存在服务器的主机上

32. 下列域名中,属于教育部门的是________。

A. www. pku. edu. cn　　B. ftp. cnc. ac. cn

C. www. ioa. sc. cn　　D. ftp. bta. net. cn

33. 计算机病毒是________。

A. 一种令人生畏的传染病

B. 一种使硬盘无法工作的细菌

C. 一种可治的病毒性疾病

D. 一种使计算机无法正常工作的破坏性程序

34. 网址中的“http”是指________。

A. 超文本传输协议　　B. 文本传输协议

C. 计算机主机名　　D. TCP/IP 协议

35. 在因特网中,IP 数据报从源节点到目的节点可能需要经过多个网络和路由器。在整个传输过程中,IP 数据报报头中的________。

A. 源地址和目的地址都不会发生变化

B. 源地址有可能发生变化而目的地址不会发生变化

C. 源地址不会发生变化而目的地址有可能发生变化

D. 源地址和目的地址都有可能发生变化

36. 在因特网电子邮件系统中,电子邮件应用程序________。

A. 发送邮件和接收邮件通常都使用 SMTP 协议

B. 发送邮件通常使用 SMTP 协议,而接收邮件通常使用 POP3 协议

C. 发送邮件通常使用 POP3 协议,而接收邮件通常使用 SMTP 协议

D. 发送邮件和接收邮件通常都使用 POP3 协议

37. 在我国开展的所谓"一线通"业务中,窄带 ISDN 的所有信道可以合并成一个信道,以达到高速访问因特网的目的。它的速率为________。

A. 16 kbps　　B. 64 kbps　　C. 128 kbps　　D. 144 kbps

38. 联网计算机在相互通信时必须遵循统一的________。

A. 软件规范　　B. 网络协议　　C. 路由算法　　D. 安全规范

39. 从用户角度看,因特网是一个________。

A. 广域网　　B. 远程网　　C. 综合业务服务网　　D. 信息资源网

40. 当今世界上最大的计算机网络是________。

A. CERNET　　B. Internet　　C. Intranet　　D. ARPANet

41. 标准 ASCII 码在计算机中的表示方法的准确描述应是________。

A. 使用 8 位二进制数,最右边一位为 1　　B. 使用 8 位二进制数,最左边一位为 1

C. 使用 8 位二进制数,最右边一位为 0　　D. 使用 8 位二进制数,最左边一位为 0

42. 下列字符中,ASCII 码值最小的是________。

A. a　　B. A　　C. x　　D. Y

43. 存放 10 个 16×16 点阵的汉字字模,需占的存储空间为________。

A. 64 B　　B. 128 B　　C. 320 B　　D. 1 KB

44. 将字母"A"的 ASCII 码当成数值,转换成十六进制数是 41H,则字母"Y"的 ASCII 码转换成十六进制数是________H。

A. 59　　B. 62　　C. 69　　D. 89

45. 汉字字库中存储的是汉字的________。

A. 输入码　　B. 字形码　　C. 机内码　　D. 区位码

46. 下面关于计算机图形和图像的叙述中,正确的是________。

A. 图形比图像更适合表现类似于照片和绘画之类的有真实感的画面

B. 一般说来图像比图形的数据量要少一些

C. 图形比图像更容易编辑、修改

D. 图像比图形更有用

47. 彩色图像所使用的颜色描述方法称为颜色模型,显示器使用的颜色模型为 RGB 三基色模型,PAL 制式的电视系统在传输图像时所使用的颜色模型为________。

A. YUV　　B. HSV　　C. CMYK　　D. RGB

48. 目前我国 PC 用户大多还使用 GB 2312 国家标准汉字编码进行中文信息处理。下面是使用 GB 2312 进行汉字输入/输出的叙述,错误的是________。

A. 使用不同的汉字输入法,汉字的输入编码不完全相同

B. 使用不同的输入法输入同一个汉字,其内码不一定相同

C. 输出汉字时,需将汉字的内码转换成可阅读的汉字

D. 同一个汉字在不同字库中,字形是不同的

49. 下面关于PC数字声音的叙述中，正确的是________。

A. 语音信号进行数字化时，每秒产生的数据量大约是64 KB(千字节)

B. PC中的数字声音指的是对声音的波形信号数字化后得到的波形声音

C. 波形声音的数据量较大，一般需要进行压缩编码

D. MIDI是一种特殊的波形声音

50. 微软公司开发了一种音视频流媒体文件格式，其视频部分采用了MPEG-4压缩算法，音频部分采用了压缩格式WMA，且能依靠多种协议在不同网络环境下支持数据的传送。这种流媒体文件的扩展名是________。

A. .asf　　B. .wav　　C. .gif　　D. .mpeg

二、填空题

1. Modem俗称________，它是用来实现信号的调制和________功能的一种专用设备。

2. 通信系统的物理通道可以从不同的角度进行分类，按照传输介质的类型，可以把信道分为________和________。

3. 光盘存储器从读/写能力来区分，可以分为________、________、________。

4. 图像的数字化大体要经过扫描、________、________和量化4四个步骤。

5. 电子邮件一般由两部分组成：________和________。

6. 在一个字长为8的机器中，数值的符号位占1位，请分别写出下列十进制数在机器中的原码、反码和补码的二进制表示形式(每4位用逗号隔开)。

	原码	反码	补码
+56	0011,1000		
−3		1111,1100	
−128		不能表示	
+127			0111,1111

三、计算题

1. 已知GB 2312字符集中某个汉字的机内码是BEDF(十六进制表示)，请问它的区号和位号分别是多少(用十进制表示)？

2. 有一部数码相机，其Flash存储器容量为20 MB，它一次可以连续拍摄65 536色的1 024×1 024的彩色照片40张，请问该图像数据的压缩倍数是多少？

试卷(一)

1. 下列有关通信技术的叙述中,错误的是________。

A. 无论是模拟通信还是数字通信,目前都是通过载波技术实现远距离信息传输

B. 多路复用技术可以降低信息传输的成本,常用的多路复用技术有 TDM 和 FDM

C. 卫星通信属于微波通信,它是微波接力通信技术和空间技术相结合的产物

D. 目前 3G 移动通信有多种技术标准,我国三大电信运营商均采用同一标准

2. 使用存储器存储二进制信息时,存储容量是一项很重要的性能指标。存储容量的单位有多种,下面不是存储容量单位的是________。

A. TB　　B. XB　　C. GB　　D. MB

3. 设有补码表示的两个单字节带符号整数 $a=01001110$ 和 $b=01001111$,则 $a-b$ 的结果用补码表示为________。

A. 11111111　　B. 10011101

C. 00111111　　D. 10111111

4. 下列有关 PC 主板上 BIOS 和 CMOS 的叙述中,错误的是________。

A. BIOS 芯片是一块闪烁存储器,其存储的信息关机后不会丢失

B. BIOS 中包含加电自检程序、系统自举程序等

C. CMOS 芯片属于易失性存储器,它使用电池供电

D. CMOS 中存放着与硬件相关的一些配置信息以及 CMOS 设置程序

5. 下列有关 PC 中央处理器(CPU)和内存(内存条)的叙述中,错误的是________。

A. 目前 PC 所使用的 Pentium 和 Core 2 微处理器的指令系统有数百条不同的指令

B. 所谓双核 CPU 或四核 CPU,是指 CPU 由两个或四个芯片组成

C. DDR 内存条、DDR2 内存条在物理结构上有所不同,例如它们的引脚数目不同

D. 通常台式机中的内存条与笔记本电脑中的内存条不同,不能互换

6. 下列有关 PC 的 I/O 总线与 I/O 接口的叙述中,正确的是________。

A. PC 中串行总线的数据传输速率总是低于并行总线的数据传输速率

B. SATA 接口主要用于连接光驱,不能连接硬盘

C. 通过 USB 集线器,一个 USB 接口理论上可以连接 127 个设备

D. IEEE 1394 接口的连接器与 USB 连接器完全相同,均有 6 根连接线

7. 蓝光光盘(BD)是全高清影片的理想存储介质,其单层盘片的存储容量大约为________。

A. 4.7 GB　　B. 8.5 GB　　C. 17 GB　　D. 25 GB

8. 下列有关 PC 常用 I/O 设备(性能)的叙述中,错误的是________。

A. 通过扫描仪扫描得到的图像数据可以保存为多种不同的文件格式,例如 JPEG、TIF 等

B. 目前数码相机的成像芯片均为 CCD 类型,存储卡均为 SD 卡

C. 刷新速率是显示器的主要性能参数之一,目前 PC 显示器的刷新速率一般在

60 Hz 以上

D. 从彩色图像输出来看，目前喷墨打印机比激光打印机有性价比优势

9. 下列有关计算机软件的叙述中，错误的是________。

A. 软件的主体是程序，单独的数据和文档资料不能称为软件

B. 软件受知识产权(版权)法的保护，用户购买软件后仅得到了使用权

C. 软件的版权所有者不一定是软件的作者(设计人员)

D. 共享软件允许用户对其进行修改，且可在修改后散发

10. PC 从硬盘启动 Windows XP 操作系统是一个比较复杂的过程。在这个过程中，它需要经过以下这些步骤：

Ⅰ. 装入并执行引导程序　　Ⅱ. 读出主引导记录

Ⅲ. 装入并执行操作系统　　Ⅳ. 加电自检

在上述步骤中，正确的工作顺序是________。

A. Ⅰ、Ⅱ、Ⅲ、Ⅳ　　B. Ⅳ、Ⅰ、Ⅱ、Ⅲ

C. Ⅳ、Ⅱ、Ⅰ、Ⅲ　　D. Ⅳ、Ⅲ、Ⅱ、Ⅰ

11. 下列有关算法和程序关系的叙述中，正确的是________。

A. 算法必须使用程序设计语言进行描述

B. 算法与程序是一一对应的

C. 算法是程序的简化

D. 程序是算法的具体实现

12. 采用 ADSL 方式接入因特网时，ADSL Modem 将电话线传输信道分为三个信息通道：语音通道、上行数据通道、下行数据通道。下列有关这三个信息通道的叙述中，错误的是________。

A. 语音通道的频带最宽、采用的频率最高，以保证电话通话的质量

B. 通常上行数据通道的数据传输速率低于下行数据通道的数据传输速率

C. ADSL 的数据传输速率是根据线路情况自动调整的

D. 这三个信息通道可以同时工作，即可以同时传输信息(数据)

13. 无线局域网是以太网与无线通信技术相结合的产物，其采用的网络协议主要是 IEEE 制定的________。

A. IEEE 802.3　　B. IEEE 802.11

C. IEEE 1394　　D. IEEE 1394b

14. 在因特网中目前主要采用 IPv4 协议，IP 地址长度为 32 位，只有大约 36 亿个地址。新的第 6 版 IP 协议(IPv6)已经将 IP 地址的长度扩展到________位，几乎可以不受限制地提供地址。

A. 48　　B. 64　　C. 128　　D. 256

15. 因特网由大量的计算机和信息资源组成，它为网络用户提供了非常丰富的网络服务。下列与 WWW 服务相关的叙述中，错误的是________。

A. WWW 采用客户机/服务器工作模式

B. 网页到网页的链接信息由 URL 指出

C. 浏览器是客户端应用程序

D. 所有的网页均是 HTML 文档

16. 目前 Windows 操作系统支持多种不同语种的字符集，即使同一语种（例如汉语）也可有多种字符集。下列字符集中，不包括“臺”、“灣”等繁体汉字的是________。

A. GBK　　B. BIG5　　C. GB 2312　　D. GB 18030

17. 下列与图像和图形相关的叙述中，错误的是________。

A. 彩色图像在数字化过程中需进行分色处理，然后对不同的基色进行取样和量化

B. 如果某 RGB 图像的像素深度为 12，则可表示的颜色数目为 2

C. 数码相机常用 JPEG 格式保存图像文件，该格式的图像大多采用有损压缩编码

D. 图形是计算机合成的图像，也称为矢量图形

18. 文件的扩展名用于标记文件的类型，用户应该尽可能多地知晓各类文件的扩展名。下列文件中，属于数字视频的文件是________。

A. ABC. rmvb　　B. ABC. dll

C. ABC. pdf　　D. ABC. midi

19. 下列几种类型的系统软件中，不属于计算机集成制造系统（CIMS）范畴（或者说，与 CIMS 无直接关系）的是________。

A. GIS　　B. CAM　　C. MRP　　D. ERP

20. 下列有关 Microsoft PowerPoint 2003 和 Microsoft FrontPage 2003 软件的叙述中，错误的是________。

A. 利用 PowerPoint 编辑演示文稿时，可以将每张幻灯片保存为 JPEG 图片

B. 利用 PowerPoint 编辑演示文稿时，可以录制声音

C. 利用 FrontPage 制作网页时，无法直接查看网页的 HTML 代码

D. 利用 FrontPage 制作网页时，背景图片可以设置为“水印”效果

试卷(二)

1. 下列关于信息、信息技术、信息产业与信息化的叙述中,错误的是________。

A. 世间一切事物都在运动,都具有一定的运行状态,因而都在产生信息

B. 现代信息技术的主要特征之一是以数字技术为基础

C. 信息产业特指利用信息设备进行信息处理与服务的行业,它不包括任何生产制造行业

D. 信息化是一个推动人类社会从工业社会向信息社会转变的社会转型过程

2. 下列关于数字技术与微电子技术的叙述中,错误的是________。

A. 数字技术的处理对象是比特,只有两种取值,即数字 0 和数字 1

B. 数据通信和计算机网络中传输二进制信息时,传输速率的单位通常为 B/s、KB/s、MB/s 等

C. 微电子技术是实现电子电路和电子系统超小型化及微型化的技术,它以集成电路为核心

D. Intel 公司的创始人之一摩尔曾预测,单块集成电路的集成度平均每 18～24 个月翻一番

3. 以下选项中,数值相等的一组数是________。

A. 十进制数 54020 与八进制数 54732

B. 八进制数 13657 与二进制数 1011110101111

C. 十六进制数 F429 与二进制数 1011010000101101

D. 八进制数 7324 与十六进制数 B93

4. 下列关于台式 PC 的 CPU 的叙述中,错误的是________。

A. 目前的 PC 中,CPU 都是直接固定在主板上的,用户不可对其进行更换

B. PC 的 CPU 芯片有多个生产厂商,例如 Intel 公司、AMD 公司等

C. Intel 公司的 Core i7/i5/i3 处理器是 64 位多内核 CPU 芯片

D. 目前的 CPU 芯片中一般都集成了一定容量的高速缓冲存储器

5. 下列关于台式 PC 主板的叙述中,错误的是________。

A. 为了便于不同 PC 主板的互换,主板的物理尺寸已经标准化,例如 ATX 和 BTX 规格

B. 芯片组是主板上的重要部件,它与 CPU 芯片及外设同步发展

C. 主板上的 BIOS 集成电路芯片中存储了 CMOS 设置程序

D. 主板上的 CMOS 存储器是一种非易失性存储器,在任何情况下其信息均不会丢失

6. 下列 4 种 I/O 总线(接口)中,数据传输方式为并行方式的是________。

A. PCI-Express　　B. PCI

C. USB　　D. IEEE 1394

7. 下列关于常用 I/O 设备的叙述中，错误的是________。

A. 鼠标与主机的接口主要有 PS/2 和 USB 两种

B. 光学分辨率是扫描仪的重要性能指标，目前普通办公用扫描仪的分辨率可达 1 000 DPI 以上

C. 数码相机的成像芯片均为 CCD 类型，且绝大多数相机的存储卡是通用的、可互换的

D. 宽屏 LCD 显示器是目前最常见的 PC 显示器，其显示屏的宽度与高度之比为 16∶9 或 16∶10

8. 下列关于 PC 外存储器的叙述中，错误的是________。

A. PC 硬盘接口主要有 PATA(并行 ATA)和 SATA(串行 ATA)两种，PATA 的传输速率更高些

B. 目前 U 盘不仅能方便地保存数据，还可以模拟光驱和硬盘启动操作系统

C. 固态硬盘是基于半导体存储器芯片的一种外存储设备，一般用在便携计算机中

D. 光盘可分为 CD 光盘、DVD 光盘和蓝光光盘

9. 下列关于软件的叙述中，错误的是________。

A. 软件是用于特定用途的一套程序、数据及相关的文档

B. 共享软件是没有版权的软件，允许用户对其进行修改并散发

C. 目前，Adobe Reader、360 杀毒软件是有版权的免费软件

D. 操作系统、程序设计语言处理系统、数据库管理系统均属于系统软件

10. 下列关于 Windows 操作系统多任务处理的叙述中，正确的是________。

A. 如果用户只启动一个应用程序工作，那么该程序就可以自始至终地独占 CPU

B. 仅当计算机中有多个处理器或处理器为多内核处理器时，操作系统才能同时执行多个任务

C. 无论是系统程序还是应用程序，所有运行程序获得 CPU 使用权的优先级相同

D. 在多任务处理时，后台任务与前台任务都能得到 CPU 的及时响应

11. 下列关于程序设计语言及其处理系统的叙述中，错误的是________。

A. 机器语言就是计算机的指令系统，机器语言程序为二进制代码形式

B. 汇编程序是指用汇编语言编写的源程序，不同计算机的汇编程序通常相同

C. Microsoft Office 软件中包含 VBA 程序设计，VBA 是 VB 的子集

D. 高级语言的语言处理系统的工作方式通常分为“解释”和“编译”两种方式

12. 下列关于移动通信的叙述中，错误的是________。

A. 第一代个人移动通信采用模拟传输技术，从第二代开始均采用数字传输技术

B. 目前广泛使用的 GSM 和 CDMA 都是第二代移动通信

C. 我国的 3G 通信目前有三种技术标准，这三种标准的网络不能互通，但终端设备互相兼容

D. 第四代移动通信(4G)集 3G 与 WLAN 于一体，能够快速传输数据、音频、视频和图像等

13. 下列关于因特网接入技术的叙述中,错误的是________。

A. 采用电话拨号接入时,需要使用电话 Modem,其主流产品的速率为 56 kbps

B. 采用 ADSL 接入时,数据上传速度低于数据下行速度,理想状态下数据下行速度可达 8 Mbps

C. 采用有线电视网接入时,多个终端用户均可独享连接段线路的带宽

D. 目前我国许多城市采用“光纤到楼、以太网入户”的做法,用户可享受数兆乃至百兆的带宽

14. Internet 使用 TCP/IP 协议实现了全球范围的计算机网络的互联,连接在 Internet 上的每一台主机都有一个 IP 地址。下面不能作为 IP 地址的是________。

A. 201.109.39.68　　B. 120.34.0.18

C. 21.18.33.48　　D. 127.0.257.1

15. 现在因特网上的多数邮件系统使用________协议,它允许邮件正文具有丰富的排版格式,可以包含图片、声音和超链接,从而使邮件的表达能力更强,内容丰富。

A. MIME　　B. SMTP　　C. POP3　　D. HTML

16. 下列关于网络信息安全的叙述中,错误的是________。

A. 信息在网络传输过程中,会受到窃听、伪造、篡改等安全威胁

B. 最简单也是最普遍的身份鉴别方法是使用口令(密码),但其安全性不高

C. 数据加密是常用的网络信息安全措施,也是数字签名等安全措施的基础

D. 入侵检测与防火墙一样,都是被动保护系统免受攻击的一种网络安全技术

17. 下列关于字符编码标准的叙述中,错误的是________。

A. ASCII 标准是美国制定的标准,也是目前使用最为广泛的西文字符编码标准

B. GB 2312、GBK 和 GB 18030 都是我国制定的标准,在这些标准中所有字符均采用双字节编码

C. 目前在我国台港澳等地区广泛使用 BIG5 编码标准,它与 GB 2312 不兼容

D. UCS 是 ISO 制定的标准,相应的工业标准称为 Unicode

18. 人们说话时所产生的语音信号必须数字化才能由计算机存储和处理。假设语音信号数字化时取样频率为 8 kHz,量化精度为 8 位,数据压缩比为 4,那么 1 分钟数字语音的数据量(压缩后)大约为________。

A. 960 KB　　B. 480 KB　　C. 120 KB　　D. 60 KB

19. 目前数字有线电视和卫星电视所传输的数字视频采用的压缩编码标准大多是________。

A. MPEG-1　　B. MPEG-2　　C. MPEG-4　　D. MPEG-7

20. 下列关于 Microsoft 软件功能的叙述中,错误的是________。

A. Word 编辑处理的文档可以保存为多种文件格式,例如 DOC、RTF、TXT、HTML 等

B. 一个 Excel 文件不可引用另一个 Excel 文件中的数据

C. PowerPoint 编辑处理的文档可以保存为网页或图像文件

D. Access 是一个数据库管理系统,Access 数据库中可以包含表、查询、窗体等对象

试卷(三)

1. 下列关于信息、信息技术、信息产业与信息化的叙述中，错误的是________。

A. 信息是人们认识世界、改造世界的一种基本资源，没有信息则任何事物都没有意义

B. 雷达、卫星遥感等感测与识别技术不属于现代信息技术

C. 进入 21 世纪以来，信息产业已成为全球第一大产业

D. 目前我国正处于工业化的中期阶段，因此必须走适合我国国情的信息化道路，既要充分发挥工业化对信息化的基础和推动作用，又要使信息化成为带动工业化升级的强大动力

2. 下列关于数字技术与微电子技术的叙述中，错误的是________。

A. 数字技术的处理对象是"比特"，一个触发器可以存储 2 个比特

B. 在数字通信时，远距离传输或无线传输时需要用比特对载波进行调制

C. 现代集成电路使用的半导体材料主要是硅

D. 我国第二代居民身份证中使用了非接触式 IC 芯片

3. 对二进制数 01 与 01 分别进行算术加和逻辑加，其结果的二进制形式分别是________。

A. 01，10　　B. 01，01　　C. 10，01　　D. 10，10

4. 下列关于 PC 的 CPU 的叙述中，错误的是________。

A. 目前 CPU 芯片的主频越来越高，主流 CPU 芯片的主频已达 8 GHz 以上

B. AMD 公司是重要的 CPU 生产厂商，其 CPU 芯片与 Intel 保持指令系统兼容

C. 目前 Intel 公司的 Core i7 是一种高端 CPU 芯片，它有 4 个或 6 个内核

D. 为了提高 CPU 性能，目前主流 CPU 芯片都采用了流水线处理技术和超线程技术

5. 下列关于台式 PC 芯片组的叙述中，错误的是________。

A. 芯片组是主板上最为重要的部件之一，存储器控制、I/O 控制等功能主要由芯片组决定

B. 芯片组与 CPU 同步发展，有什么样功能和速度的 CPU，就需要使用什么样的芯片组

C. 芯片组决定了主板上能安装的内存最大容量及可使用的内存条类型

D. 同 CPU 一样，用户可以很方便、很简单地更换主板上的芯片组

6. 下列 4 种 I/O 总线(接口)标准中，数据传输速率最高的是________。

A. PS/2　　B. USB3.0　　C. IEEE 1394　　D. SATA

7. 下列关于 I/O 设备的叙述中，错误的是________。

A. 目前平板电脑、智能手机的触摸屏大多为多点触摸屏，可以同时感知屏幕上的多个触控点

B. 扫描仪可分为手持式、平板式和滚筒式等类型，目前普通家用/办公扫描仪大多为滚筒式

C. 一些型号的数码相机具有拍摄视频和进行录音的功能

D. 为了降低成本，目前许多 PC 采用集成显卡，其显示控制器被集成在芯片组中

8. 下列关于 PC 外存储器的叙述中,错误的是________。

A. 目前 PC 采用的硬盘,其盘片的直径通常为 3.5 英寸、2.5 英寸或 1.8 英寸

B. U 盘和存储卡都是采用闪烁存储器制作的,目前容量大多为几 GB 甚至几十 GB

C. 目前固态硬盘的存储容量大多为数百 GB,但其读写速度远不如传统硬盘(硬磁盘)

D. 蓝光光盘是目前最先进的大容量光盘,单层盘片的存储容量可达 25 GB

9. 下列关于软件的叙述中,正确的是________。

A. BIOS 是固化在 ROM 芯片中的程序,它既不属于系统软件也不属于应用软件

B. Microsoft Access 等数据库管理系统属于应用软件

C. 大多数自由软件为免费软件,但免费软件不全是自由软件

D. 所有商品软件均保证百分之百正确,软件厂商对其软件使用的正确性、精确性、可靠性做出承诺

10. 下列关于 Windows 操作系统的叙述中,错误的是________。

A. 对于多任务处理,系统一般采用按时间片轮转的策略进行处理器调度

B. 系统采用了虚拟存储技术进行存储管理,其页面调度算法为"最近最少使用(LRU)"算法

C. 系统支持多种文件系统(如 FAT32、NTFS、CDFS 等)以管理不同的外存储器

D. 系统支持任何 I/O 设备的即插即用和热插拔

11. 下列关于程序设计语言的叙述中,错误的是________。

A. 虽然机器语言不易记忆、机器语言程序难以阅读和理解,但目前还是有很多人用其编程

B. 汇编语言与计算机的指令系统密切相关,不同类型的计算机,其汇编语言通常不同

C. VBScript 语言是 VB 的子集,用其编写的程序可以嵌入 HTML 文档中

D. Java 语言是一种适用于网络环境的程序设计语言,目前许多手机软件正是用 Java 编写的

12. 下列关于通信技术的叙述中,错误的是________。

A. 调制解调技术主要用于模拟通信,在数字通信中不需要使用调制解调技术

B. 使用多路复用技术的主要目的是提高传输线路的利用率,降低通信成本

C. 在数据通信中采用分组交换技术,可以动态分配信道资源,提高传输效率和质量

D. 数据通信网络大多采用分组交换技术,但不同类型网络的数据包格式通常不同

13. 下列是我国第二代和第三代移动通信采用的一些技术标准,其中我国自主研发的是________。

A. GSM　　B. TD-SCDMA

C. CDMA2000　　D. WCDMA

14. 下列 Internet 接入技术中,理论上数据传输速率最高的是________。

A. ADSL 接入　　B. 无线局域网(WLAN)接入

C. GRPS 移动电话网接入　　D. 3G 移动电话网接入

15. Internet 使用 TCP/IP 协议实现了全球范围内的计算机网络的互联，连接在 Internet 上的每一台主机都有一个 IP 地址。目前使用的是 IPv4 标准(32 位地址)，下一代互联网将会采用 IPv6 标准，其 IP 地址为________位。

A. 48　　B. 64　　C. 96　　D. 128

16. 下列关于网络信息安全与计算机病毒防范的叙述中，错误的是________。

A. 网络信息安全不仅需要相关技术的支持，更要注重管理

B. 目前 Windows XP 等操作系统内置软件防火墙，在一定程度上可以保护本地计算机免受攻击

C. “木马”病毒是一种后门程序(远程监控程序)，黑客常用它来盗窃用户账号、密码和关键数据

D. 目前所有防毒软件均为商品软件，例如金山毒霸、360 杀毒软件等均需要用户付费才能使用

17. 下列关于字符编码标准的叙述中，错误的是________。

A. 在 ASCII 标准中，每个字符采用 7 位二进制编码

B. 在绝大多数情况下，GB 2312 字符集包含的 1 万多个汉字足够使用

C. Unicode 字符集既包含简体汉字，也包含繁体汉字

D. 中文版 Windows XP 及其后的 Windows 系列操作系统均支持 GB 18030 字符集

18. 由于采用的压缩编码方式及数据组织方式的不同，图像文件形成了多种不同的文件格式，下列 4 种图像文件中，常用于在网页上发布并可具有动画效果的是________。

A. BMP　　B. JPEG　　C. GIF　　D. TIF

19. 下列 4 种声音文件中，不可能用于保存歌曲的是________。

A. WAV　　B. MP3　　C. MIDI　　D. WMA

20. 下列关于 Microsoft Office 软件(2003/2007 版本为例)功能的叙述中，错误的是________。

A. Word、Excel、PowerPoint 文件均不可设置打开文件的密码

B. Word 文档中设置为标题样式的内容可以直接导入到 PowerPoint 演示文稿中

C. 可以将 Access 表的数据直接导入到 Excel 工作表中

D. 用 PowerPoint 制作幻灯片时，可以在幻灯片中直接插入“Excel 工作表”对象